农药学

实验技术与指导

第二版

孙家隆　慕卫　主编

U0231318

化学工业出版社
·北京·

本书在第一版的基础上，结合最新农药学专业发展要求和实验课程，系统介绍了农药学实验室基本常识、农药合成、农药分析与残留检测、农药剂型加工、农药生物测定与田间药效试验、农药毒理与农药环境毒理等农药学实验课程中的基础知识与实验技术。另外，为增加本书的实用指导性，在农药合成部分还精选了部分农药品种的实际生产工艺等内容。

本书可作为与农药学相关的制药工程、药学、应用化学即植保等专业的本科及研究生的实验教材，也可供农业、卫生、食品、环境、化工等行业从事农药科研和管理的企业技术人员参考。

图书在版编目（CIP）数据

农药学实验技术与指导/孙家隆，慕卫主编. —2 版.
—北京：化学工业出版社，2017.1
ISBN 978-7-122-28487-7

Ⅰ.①农… Ⅱ.①孙…②慕… Ⅲ.①农药-实验
Ⅳ.①TQ450.2-33

中国版本图书馆 CIP 数据核字（2016）第 269972 号

责任编辑：刘　军　　　　　　　　　文字编辑：孙凤英
责任校对：吴　静　　　　　　　　　装帧设计：关　飞

出版发行：化学工业出版社（北京市东城区青年湖南街 13 号　邮政编码 100011）
印　　刷：北京市振南印刷有限责任公司
装　　订：北京国马印刷厂
787mm×1092mm　1/16　印张 16¼　字数 403 千字　　2017 年 2 月北京第 2 版第 1 次印刷

购书咨询：010-64518888（传真：010-64519686）　　售后服务：010-64518899
网　　址：http://www.cip.com.cn
凡购买本书，如有缺损质量问题，本社销售中心负责调换。

定　　价：39.00 元

本书编写人员名单

主　　编：孙家隆　慕　卫

副 主 编：郝双红　刘　峰　杨从军

编写人员：（按姓名汉语拼音排序）

杜春华　青岛农业大学

郝双红　青岛农业大学

李兴海　沈阳农业大学

林　琎　山东农业大学

刘　峰　山东农业大学

罗　兰　青岛农业大学

慕　卫　山东农业大学

祁之秋　沈阳农业大学

孙家隆　青岛农业大学

杨从军　青岛农业大学

张保华　青岛农业大学

张清明　青岛农业大学

张卫光　山东农业大学

前　言

本书自 2009 年初版，已历七年。同仁的肯定，实为对作者的鼓励和鞭策。

这次修订，主要是在第一版的基础上、根据农药学实验的发展和需要，进行了适当的精简和补充，以便在开阔学生知识面的同时，增加使用院校的选择性与机动性。具体做法简述如下。

更新：重新编写了各章的理论知识和实验内容。如第 2 章的学生实验、第 3 章的实验前准备、第 5 章的杀菌剂生物测定方法等。

精简：限于篇幅，第二版删除了部分一般教科书能够检索到的相关仪器设备及其操作和理论知识内容。如第一版中第 2 章的无水无氧操作、第 4 章的制剂生产工艺等。

充实：与第一版相比，第二版增加了学生应该掌握的知识内容，如实验室剧毒品管理制度等；增加了学生实验的量，如第 2 章增加了 4 个、第 3 章 2 个、第 5 章 11 个。

这本实验用书，一如其他诸多教材，表达了基础教育工作者期待已久的愿望：向农药学相关教师奉献一本较实用的实验教学参考书，为其教学、科研带来方便；帮助农药学及相关专业的学生掌握农药学基本实验技能知识，为以后的农药学研究打下坚实的基础。

本书为"山东农业大学应用型人才培养特色名校建设""青岛农业大学应用型人才培养特色名校建设"相关专业研究课题研究成果之一。

本次修订工作由（按姓名汉语拼音顺序）杜春华、郝双红、李兴海、林珊、刘峰、罗兰、慕卫、祁之秋、孙家隆、杨从军、张保华、张清明、张卫光等完成，最后由孙家隆统稿。朱永哲博士审阅了书稿，修改并提出了许多建设建议，在此表示真诚的感谢。

本书再版之际，首先衷心感谢化学工业出版社的大力支持以及广大读者的关心和鼓励。农药学实验技术研究发展极快，文献材料极其丰富。限于编者的水平和经验，这次修订也只能从手头和感觉有价值的资料中做一些选择与加工，难免有疏漏之处。恳请广大读者将宝贵意见赐予 qauyaoxue12345@163.com，以便在重印和再版时做进一步修改和充实。

编　者

2016 年 10 月

第一版前言

农药学是一门实验科学。农药学实验是帮助人们认识、验证农药学知识的重要手段，也是探索和发现农药学新知识的必要条件。目前我国设置的面向农药的应用化学专业、制药工程专业和药学专业的高等院校已经有 20 多所，农药合成、农药分析与残留检测、农药剂型加工、农药生物测定与田间药效试验、农药毒理与农药环境毒理等课程多为这些专业的必修课程或骨干课程。然而其中大部分课程缺乏与之配套的实验教科书。为满足教学的需要，根据国家关于农药学相关专业学生的培养要求，青岛农业大学、山东农业大学、沈阳农业大学等院校的多位长期从事农药学教学工作的教师在已有农药学科实验讲义的基础上，经过整理与修改，编写了这本《农药学实验技术与指导》。

本书总结了参编院校的农药学实验教学经验，凝结了多位农药教育工作者的心血。根据我国农药发展现状以及当前农药学教学需求，本书内容共分为六部分：农药学实验室基本常识、农药合成、农药分析与残留检测、农药剂型加工、农药生物测定与田间药效试验、农药毒理与农药环境毒理。考虑到农药学相关专业的培养要求和相应学生的基础，按照高等教育关于"厚基础、宽口径"的精神，本书力求系统阐述各类农药学实验的技术与方法，以对学生进行全面而系统的农药学实验知识体系的培养与训练，从而为以后从事农药工作打下基础。另外，考虑到学生毕业后实际工作的需要，本书亦尽量介绍生产实例，并编辑了相关图片与农药生产工艺流程，同时本书还介绍了国家相关农药的规范与标准，以期毕业生尽快适应工作岗位，并为从事农药工作的读者提供借鉴。

本书的主要编写分工如下。

农药合成：郝双红、孙家隆；农药分析与残留测定：慕卫、张清明、林琏；农药剂型加工：刘峰、张保华、张卫光；农药生物测定与田间药效试验：杨从军、罗兰；农药毒理与农药环境毒理：李兴海、祁之秋；校对：张保华、张清明；统稿：孙家隆。中国农业大学刘尚钟教授对全书进行了审稿，并提出了很多宝贵意见。

农药学专家慕立义教授、张兴教授、王智教授在编写思路及结构框架方面给予了细致的指导，先生们的谆谆教诲和严谨的治学态度使编者受益匪浅，是本书能够成功出版的关键。青岛农业大学吕海涛教授审阅了"农药分析与残留测定"，并提出很多宝贵意见，在此深表感谢。

由于编者水平所限，书中疏漏与不妥之处在所难免，希望得到广大读者的指正。

编　者
2009.2

缩略语

缩略语	英文全名	中文译名
a. i.	active ingredient	活性成分
AchE	acetylcholinesterase	乙酰胆碱酯酶
ALS	acetolactate synthase	乙酰乳酸合成酶
ASE	accelerated solvent extraction	加速溶剂提取法
AST	allatostatin	抑咽侧体神经肽
AT	allatotropin	促咽侧体神经肽
ATI	actural toxicity index	实际毒力指数
b. p.	boiling point	沸点
BME	biomedical engineering	生物医学工程
CA	corpus allatum	咽侧体
CIPAC	Collaborative International Pesticides Analytical Council Limited	国际农药分析协作委会员
CMA	corn meat medium	玉米粉琼脂培养基
CMR	continuous microwave reactor	连续微波反应器
CTC	CO-toxicity coefficient	共毒系数
DL	detection limit	检测限
DMF	N,N-dimethylformamide	N,N-二甲基甲酰胺
DTNB	3-carboxy-4-nitrophenyl disulfide	二硫双对硝基苯甲酸
EC_{50}	median effective concentration	有效中浓度
ECD	electron capture detector	电子捕获检测器
ED_{50}	median effective dose	有效中量
ETP	emulsion inversion point	乳液转变点法
FAD	flavin adenosine dinucleotide	黄素腺嘌呤二核苷酸
FAO	Food and Agriculture Organization of the United Nations	联合国粮农组织
FDA	Food and Drug Administration	(美国)食品及药物管理局
FID	hydrogen flame ionization detector	氢火焰离子化检测器
FPD	flame photometric detector	火焰光度检测器
GABA	gamma-amino butyric acid	γ-氨基丁酸

缩略语	英文全名	中文译名
GAP	good agricultural practice	农产品规范化管理
GB		国标
GC	gas chromatograph	气相色谱仪
GLP	good laboratory practice	实验室管理规范
HLB	hydrophile-lipophile balance	亲水亲油平衡值法
HPLC	high performance liquid chromatography	高效液相色谱法
HTS	high throughput screening	高通量筛选
i. d.	inner diameter	内径
IR	infrared spectra	红外光谱
ISO	International Organization for Standardization	国际标准化组织
JH	juvenile hormone	保幼激素
LC_{50}	median lethal concentration	半数致死浓度
LD_{50}	median lethal dose	半数致死量
LLE	liquid-liquid extraction	液-液萃取
m. p.	melting point	熔点
MASE	microwave assisted solution extraction	微波辅助溶剂萃取法
MH	moulting hormone	蜕皮激素
mol	mole(s)	摩尔
NAD^+	nicotinamide adenine dinucleotide	烟酰胺腺嘌呤二核苷酸
$NADP^+$	nicotinamide adenine dinucleotide phosphate	烟酰胺腺嘌呤二核苷酸磷酸
NAGA	N-acetyl-D-($+$)-glucosamine	N-乙酰葡萄糖胺
NPD	nitrogen phosphorus detector	氮磷检测器
O/W	oil/water	油/水
OD	optical density	光密度
ODS	ozone depleting substances	消耗臭氧层物质
OECD	Organisation for Economic Cooperation and Development	经济合作与发展组织
OP	organic phosphor	有机磷
OSHA	Occupational Safety and Health Administration	美国职业安全与健康事务管理局
2-PAM	pyriding-2-aldoxime methyl iodide PAM	碘解磷啶
PDA	potato dextrose agar	马铃薯葡萄糖琼脂培养基
PIT	phase inversion temperature	相转变温度法
PMT	photomultiplier tube	光电倍增管
POPOP	1,4-bis(5-phenyl-2-oxazolyl)benzene	1,4-双(5-苯基-2-噁唑) 苯
PPO	2,5-diphenyloxazole	2,5-二苯基噁唑
PSA	pressure swing absorb	变压吸附

缩略语	英文全名	中文译名
PTFE	Teflon	聚四氟乙烯
PTTH	prothoracicotropic hormone	促前胸腺激素
PVC	polyvinyl chloride	聚氯乙烯
RCA	radioanalytical chemistry analyse	放射化学分析法
RI	retardation index	阻碍指数
RIA	radioimmunoassay	放射免疫分析
RSD	relative standard deviation	相对标准偏差
SC	suspension concentrates	悬浮剂
SF	supercritical fluid	超临界流体
SFE	supercritical fluid extraction	超临界流体萃取
SPE	solid phase extraction	固相萃取
TLC	thin lay chromatography	薄层色谱
TLC-EI	thin-layer chromatographic-plant enzyme inhibition	薄层-酶抑制法
TPP	thiamine pyrophosphate	硫胺素焦磷酸
TTC	triphenyltetrazolium chloride	氯代三苯基四氮唑
TTI	theoretical toxicity index	理论毒力指数
UVD	ultraviolet detector	紫外检测器
Vc	vitamin C	抗坏血酸
W/O	water/oil	水/油
WHO	World Health Organization	世界卫生组织
WP	wettable powders	可湿性粉剂

目　录

③ 农药分析与残留测定 / 46

❹ 农药剂型加工 / 101

❺ 农药生物测定与田间药效试验 / 145

6 农药毒理与农药环境毒理 / 214

参考文献 / 245

1 农药学实验室基本常识

农药属于有毒精细化工产品，农药研究工作者必须养成良好的实验室工作习惯并严格遵守相关规则，掌握农药学实验室基本常识，了解潜在的危险及其预防方法，使实验顺利进行。

1.1 学生实验室守则

为了保证实验的顺利进行，培养严谨的科学态度和良好的实验习惯，创造一个高效和清洁的工作环境，必须遵守下列实验室规则。

① 实验前，必须做好预习报告，明确实验目的，熟悉实验原理和实验步骤，了解所用药品的毒性及防护措施。进实验室后，应明确记录姓名、时间、试验项目以及离开时间。检查用具是否齐全，并注意室内通风。

② 实验操作开始前，首先检查仪器种类与数量是否与需要相符，仪器是否有缺口、裂缝或破损等，再检查仪器是否干净（或干燥），确定仪器完好、干净再使用，仪器装置安装完毕，要请教师检查合格后，方能开始实验。

③ 实验操作中，要仔细观察现象，积极思考问题，严格遵守操作规程，实事求是地做好实验记录，要严格遵守安全守则与每个实验的安全注意事项，一旦发生意外事故，应立即报告教师，采取有效措施，迅速排除事故。

④ 实验室内应保持安静，不得谈笑、打闹和擅自离开岗位，不得将书报、体育用品等与实验无关的物品带入实验室，严禁在实验室吸烟、饮食，离开实验室及饭前要洗净双手。

⑤ 服从指导，有事要先请假，不经教师同意，不得离开实验室。严格遵守实验操作规范（均按剧毒物品对待），不许擅自乱动与实验无关的药品。

⑥ 要始终做到台面、地面、水槽、仪器的"四净"，实验室废物应放入废物缸中，不得丢入水槽或扔在地上。废酸、酸性反应残液应倒入废酸缸中，严禁倒入水槽。实验完毕，应及时将仪器洗净，并放回指定位置。

⑦ 要爱护公物，节约药品，养成良好的实验习惯。要严格按照规定称量或量取药品，

使用药品不得乱拿乱放，药品用完后，应盖好瓶盖放回原处。公用设备和材料使用后，应及时放回原处，对于特殊设备，应在指导教师示范后方可使用。

⑧ 实验期间必须穿工作服。进入实验室应穿实验服或工作服，严禁赤脚或穿漏空的鞋子（如凉鞋或拖鞋）进入实验室。在进行有毒、有刺激性、有腐蚀性的实验时，必须戴上防护眼镜、口罩、耐酸手套或面罩。

⑨ 轮流值日，打扫、整理实验室。值日生应负责打扫卫生，整理公共器材，倒净废物缸并检查水、电、窗等是否关闭。

⑩ 实验完毕，及时整理实验记录，正确处理实验数据，写出完整的实验报告，按时交教师审阅。

1.2 农药学实验室安全与环保

1.2.1 基本设施安全使用

进入实验室首先要熟悉实验室的水阀门、电源总开关、灭火器、沙箱或其他消防器材的位置。实验室基本设施的使用注意事项如下所述。

（1）排水系统　目前主要采用的是硬质聚氯乙烯（PVC）管件，其耐温工作温度只有80℃左右，实验室的液体排放必须做到：温度低于80℃，有机溶剂必须集中回收处理。

（2）实验台面　耐腐蚀理化板耐热等级只有140℃左右，必须禁止将电炉等较高温度物体直接置于耐腐蚀理化板上使用。

（3）电器使用　使用电器时，应防止人体与电器导电部分直接接触，不能用湿的手或手握湿物接触电插头。为了防止触电，装置和设备的金属外壳等都应接地线。实验后应切断电源，拔下插头。

1.2.2 化学药品的正确使用和安全防护

（1）防毒　化学药品都有不同程度的毒性，实验前应了解所用药品的毒性、理化性质和防护措施。①在取、用有毒和易挥发药品时（如硝酸、盐酸、二氯甲烷、苯等），应在有良好通风的通风橱内进行，以免中毒。有中毒症状者，应立即到室外通风处；进行有危险性反应时使用防护装置，戴防护面罩和眼镜。②开启装有腐蚀性物质（如硫酸、硝酸等）的瓶塞时，不能面对瓶口，以免液体溅出或腐蚀性烟雾造成伤害，也不能用力过猛或敲打，以免瓶子破裂；在搬运盛有浓酸的容器时，严禁用一只手握住细瓶颈搬动，防止瓶底裂开脱落。③苯、四氯化碳、乙醚、硝基苯等蒸气经常吸入会使人嗅觉减弱，必须高度警惕。④有机溶剂能穿过皮肤进入人体，应避免直接与皮肤接触。⑤剧毒药品如氰化物、汞盐、镉盐、铅盐等应妥善保管。

附：美国职业安全与健康事务管理局（Occupational Safety and Health Administration，OSHA）颁布的实验室中常见有致癌变性能的化学物质

乙酰胺、石棉、1-氮杂环丙烯、苯、联苯胺、4-氨基联苯、双（2-氯乙基）硫、双（氯甲基）醚、四氯化碳、氯仿、三氧化二铬、香豆素、重氮甲烷、1,2-二溴-3-氯丙烷、1,2-二溴乙烷、硫酸二甲酯、对二氧六环、氨基甲酸乙酯、重氮乙酸乙酯、甲磺酸乙酯、1,2,3,4，

5,6-六氯环己烷、肼及其盐类、醋酸铅（二价）、N-甲基亚硝基脲、α-萘胺、4-硝基联苯、苯肼及其盐类、多氨联苯、硫代乙酰胺、硫脲、邻甲苯胺、三氯乙烯、氯乙烯。

若按化学物质的类型来分类时，以下几类物质的致癌活性较高。

烷基化试剂、砷及其化合物、偶氮化合物、肼的衍生物、二价铅的化合物、氮代芥子气（β-氯代胺）、硫代芥子气（β-氯代硫）、镍和它的化合物、铍及其化合物、镉及其化合物、雌性及雄性激素甾体、N-亚硝基化合物、多氯代化合物、多环芳香族胺、多环芳烃。

上述这些物质，在实验室中应尽量少与其直接接触。使用时应戴防护手套并尽量在通风橱中进行操作。其中特别要注意的是苯、四氯化碳、氯仿等常见溶剂。现在实验室中常用甲苯代替苯，用二氯甲烷代替四氯化碳和氯仿，用四氢呋喃代替二氧六环。

（2）防火

① 乙醚、酒精、丙酮、二硫化碳、苯等有机溶剂易燃，实验室不得存放过多，且不可倒入下水道，以免集聚引起火灾。②金属钠、钾、铝粉、电石、黄磷以及金属氢化物要注意使用和存放，尤其不宜与水直接接触。③点燃煤气灯以前要将附近实验台上的易燃溶剂移开，不再使用的火源要随时熄灭。④实验前要了解灭火器的位置、种类和使用方法。木头、纸张、纺织品着火时可使用任何灭火器。油类着火时不要用水浇，否则会使火种蔓延。电气设备着火可用二氧化碳灭火器。活泼金属（钠、钾、锂等）和金属氢化物可用黄沙或碳酸钠覆盖灭火。⑤一旦发生火灾，不要惊慌失措，应立即采取相应措施：如遇较小范围内火灾，可用湿抹布或其他衣物覆盖火源即可，千万不要扑打，扑打时有风，反而会使火势更旺；若火势较大时，要先切掉电源和煤气，移去易燃物，然后用灭火器灭火。

四氯化碳灭火器，可用以扑灭电器内或电器附近火灾，但不能在狭小和不通风的实验室中应用，因四氯化碳在高温时生成剧毒的光气；此外，四氯化碳和金属钠接触也会发生爆炸。

二氧化碳灭火器，是实验室中最常用的一种灭火器，其钢筒内装有压缩的液态二氧化碳，使用时打开开关，二氧化碳气体即会喷出，用以扑灭有机物及电气设备的着火。使用时一手提灭火器，一手应握在喷二氧化碳喇叭筒的把手上，因喷出的二氧化碳压力骤然降低，温度也骤降，手若握在喇叭筒上易被冻伤。

泡沫灭火器内部分别装有含发泡剂的碳酸氢钠溶液和硫酸铝溶液，使用时将筒身颠倒，两种溶液即反应生成硫酸氢钠、氢氧化铝及大量二氧化碳泡沫喷出。除非大火，否则通常不用泡沫灭火器，因后处理比较麻烦。

无论使用何种灭火器，皆应从火的四周开始向中心扑灭。

若衣服着火，切勿奔跑，用厚的外衣包裹使熄灭。较严重者应躺在地上（以免火焰烧向头部）用防火毯紧紧包住，直至熄灭，或打开附近的自来水开关用水冲淋熄灭。烧伤严重者应立即送医院治疗。

（3）防爆　氢、乙烯、乙炔、苯、乙醇、乙醚、丙酮、乙酸乙酯、一氧化碳、水煤气和氨气等可燃性气体与空气混合至爆炸极限，一旦有热源诱发，极易发生爆炸，应防止以上气体或蒸气散失在室内空气中，保持室内通风良好。当大量使用可燃性气体时，应严禁使用明火和可能产生电火花的电气。过氧化物、高氯酸盐、叠氮铅、乙炔铜、三硝基甲苯等易爆物质，受震或受热也可能发生爆炸。强氧化剂和强还原剂必须分开存放，使用时轻拿轻放，远离热源。

（4）防灼伤　除了高温以外，液氮、强酸、强碱、强氧化剂、溴、磷、钠、钾、苯酚、醋酸等物质都会灼伤皮肤，应注意不要让皮肤与之接触，尤其防止溅入眼中。

附：眼睛的保护

① 在实验室进行实验的所有时间内都要戴好防护眼镜。如已经佩戴了一般的矫正视力的眼镜，在一些情况下可以不必加戴防护眼镜。但是隐形眼镜（或称接触型眼镜）要比不戴眼镜还要危险，因此佩戴这种隐形眼镜的实验工作者，必须再配戴防护眼镜。

② 不要对着反应瓶口直接观察反应进行情况，也不要使反应瓶口对着自己或邻近的实验人员。

③ 量取酸、碱或其他危险性化学品时，不要凑在眼睛附近进行。应将量筒放在实验台上，慢慢地加入液体物质。

1.2.3　使用高压容器的安全防护

实验常用到高压储气钢瓶和一般受压的玻璃仪器，使用不当，会导致爆炸，需掌握有关常识和操作规程。

(1) 气体钢瓶的识别　颜色相同的要看气体名称。氧气瓶为天蓝色；氢气瓶为深绿色；氮气瓶为黑色；纯氩气瓶为灰色；氦气瓶为棕色；压缩空气瓶为黑色；氨气瓶为黄色；二氧化碳气瓶为黑色。

(2) 高压气瓶的安全使用　①气瓶应专瓶专用，不能随意改装。②气瓶应存放在阴凉、干燥、远离热源的地方，易燃气体气瓶与明火距离不小于 5m；氢气瓶最好隔离。③气瓶搬运要轻要稳，放置要牢靠。④各种气压表一般不得混用。⑤氧气瓶严禁油污，注意手、扳手或衣服上的油污沾染。⑥气瓶内气体不可用尽，以防倒灌。⑦开启气门时应站在气压表的一侧，不准将头或身体对准气瓶总阀，以防气体冲出阀门或气压表伤人。

1.2.4　环保守则

按照国家环保总局《关于加强实验室类污染环境监管的通知》的规定。从 2005 年 1 月 1 日起，科研、监测（检测）、试验等单位实验室、化验室、试验场将按照污染源进行管理，实验室、化验室、试验场的污染将纳入环境监管范围。实验室排放的废液、废气、废渣等虽然数量不大，但不经过必要的处理直接排放，会对环境和人身造成危害，也不利于养成良好的习惯。因此在实验室必须遵守实验室环保守则。

① 爱护环境、保护环境、节约资源、减少废物产生，努力创造良好的实验环境，并不对实验室外的环境造成污染。

② 实验室所有药品、中间产品、集中收集的废物等，必须贴上标签，注明名称，防止误用和因情况不明而处理不当造成环境事故。

③ 废液必须集中处理，应根据废液种类及性质的不同分别收集在废液桶内，并贴上标签，以便处理。严格控制向下水道排放各类污染物，向下水道排放废水必须符合排放标准，严禁把易燃、易爆和容易产生有毒气体的物质（如氰化物）倒入下水道。

④ 严格控制废气的排放，必要时要对废气吸收处理。处理有毒性、挥发性或带刺激性物质时，必须在通风橱内进行，防止散逸到室内，但排到室外的气体必须符合排放标准。

⑤ 严禁乱扔固体废物，要将其分类收集，分别处理。

⑥ 接触过有毒物质的器皿、滤纸、容器等要分类收集后集中处理。

⑦ 控制噪声，积极采取隔声、减声和消声措施，使其环境噪声符合国家规定的《声环

境噪声标准》。

⑧ 一旦发生环境污染事件，应及时处理并上报。

1.2.5 实验室事故处理

在实验中，一旦发生了意外，不要着急，要沉着冷静处理，发挥实验室的医药柜或医药箱在紧急情况下的作用。为此，实验室医药箱应备有下列急救药品和器具：医用酒精、碘酒、红药水、创可贴、止血粉、烫伤油膏（或万花油）、1%硼酸或2%醋酸溶液、1%碳酸氢钠溶液、20%硫代硫酸钠溶液、70%酒精、3%双氧水等；医用镊子、剪刀、纱布、药棉、棉签和绷带等。下面介绍几种实验室内事故发生时的急救处理方法。

（1）眼睛的急救　实验室中一般应配有喷水洗眼器，如果没有洗眼器，那么至少应设一只配有一段软管的洗涤槽。学生应该记住最近的洗眼器或洗涤槽的位置。一旦化学试剂溅入眼内，立即用缓慢的流水彻底冲洗。洗涤后把病人送往眼科医院治疗。玻璃屑进入眼睛，绝不要用手揉擦，尽量不要转动眼球，可任其流泪。也不要试图让别人取出碎屑，用纱布轻轻包住眼睛后，把伤者送往医院处理。

（2）烧伤的急救　烧伤的急救方法因原因不同而不同。

如为化学烧伤，则必须用大量的水充分冲洗患处。如为有机化合物灼伤，则用乙醇擦去有机物是特别有效的。溴的灼伤要用乙醇擦至患处不再有黄色为止，然后再涂上甘油以保持皮肤滋润。酸灼伤，先用大量水冲洗，以免深部受伤，再用稀 $NaHCO_3$ 溶液或稀氨水浸洗，最后用水洗。碱灼伤，先用大量水冲洗，再用1%硼酸或2%醋酸溶液浸洗，最后用水洗。

明火烧伤，要立即离开着火处，迅速用冷水冷却。轻度的火烧伤，用冰水冲洗是一种极有效的急救方法。如果皮肤并未破裂，那么可再涂擦治疗烧伤用药物，使患处及早恢复。当大面积的皮肤表面受到伤害时，可以用湿毛巾冷却，然后用洁净纱布覆盖伤处防止感染。然后立即送医院请医生处理。

如果着火，那么要及时灭火，万一衣服着火，切勿奔跑，要有目的地走向最近的灭火毯或灭火喷淋器。用灭火毯把身体包住，火会很快熄灭。

（3）割伤的急救　不正确地处理玻璃管、玻璃棒则可能引起割伤。若小规模割伤，则先将伤口处的碎玻璃片取出，用水洗净伤口，挤出一点血后，再消毒、包扎；也可在洗净的伤口，贴上"创可贴"，立即止血且易愈合。

若严重割伤，出血多时，则必须立即用手指压住或把相应动脉扎住，使血尽快止住，包上压定布，而不能用脱脂棉。若绷带被血浸透，不要换掉、再盖上一块施压，立即送医院治疗。

（4）烫伤的急救。被火焰、蒸汽、红热的玻璃或铁器等烫伤，立即将伤处用大量的水冲淋或浸泡，以迅速降温避免深部烧伤。若起水泡，不宜挑破。对轻微烫伤，可在伤处涂烫伤油膏或万花油。严重烫伤者应送医院治疗。

（5）中毒的急救　当发生急性中毒，紧急处理十分重要。若在实验中感到咽喉灼痛、嘴唇脱色或发绀、胃部疼挛或恶心呕吐、心悸、头晕等症状时，则可能是中毒所致的。

因口服引起的中毒时，可饮温热的食盐水（1杯水中放3～4小勺食盐），把手指放在嘴中触及咽后部，引发呕吐。当中毒者失去知觉或因溶剂、酸、碱及重金属盐溶液引起中毒时，不要使其呕吐。误食碱者，先饮大量水再喝些牛奶；误食酸者，先喝水，再服 $Mg(OH)_2$ 乳剂，再饮些牛奶，不要用催吐剂，也不要服用碳酸盐或碳酸氢盐；重金属盐中毒者，喝一杯含有几克 $MgSO_4$ 的水溶液，立即就医，也不得用催吐剂。

因吸入引起中毒时，要把病人立即抬到空气新鲜的地方，让其安静地躺着休息。

（6）腐蚀的急救　身体的一部分被腐蚀时，应立即用大量的水冲洗。被碱腐蚀时，应用 1% 的醋酸水溶液洗；被酸腐蚀时，应用 1% 的碳酸氢钠水溶液洗。应及时脱下被化学药品沾污的衣服。

附录1　实验室剧毒品管理制度

1　适用范围

适用于实验室砷化物、氰化物、汞化物、磷化物、二氯化钡及其他剧毒物品的管理。

2　职责

剧毒物品保管员：按照该程序进行管理，做好收支台账，保证入出数量相符合。

主管部门：对剧毒物品的管理进行监督。

实验人员：按规定安全使用剧毒物品。

3　内容

3.1　剧毒物品的申购

依据生产品种计划和库存情况，由实验人员做出购买计划单，报主管部门，主管部门到指定公安机关办理审批手续，领取购买证。购买时至少两人在场。

3.2　剧毒物品的验收

3.2.1　剧毒物品保管员由获得授权的 2 人担任，负责剧毒物品管理工作。

3.2.2　保管员验收。

3.2.2.1　两位保管员先后核对实物与购买计划单的一致性。

3.2.2.2　检查毒品。应包装完好、封口严密、标签清晰、无渗漏、无启封痕迹、称定重量，以上有一项不合格，保管员有权拒绝接收。

3.3　剧毒物品的贮存、保管

3.3.1　剧毒物品须置于双锁柜中贮存，分类编码排放整齐。

3.3.2　双锁柜应由两位保管员各有一把锁的钥匙。

3.3.3　保管员对化学性质不够稳定的剧毒品每月检查一次，性质稳定的每季检查一次，发现问题及时采取措施，并及时报告实验人员。

3.3.4　氰化物严禁与酸混存，若发生火灾，不能使用酸碱或泡沫灭火器，可用沙土灭火，灭火时应戴防毒面具。

3.3.5　不准在剧毒品存放室内休息、饮食、吸烟，无关人员严禁入内。

3.4　剧毒物品的领用发放

3.4.1　使用者两人领料，两位保管员发料，入出数量必须相符合。剩余物品密封退回保管员处。两位保管员核对无误后，存入专用贮柜保存。

3.4.2　保管员填写《化学试剂（剧毒品）领用记录》，双方签字认可。记录保存至毒品用完后 5 年。

3.5　剧毒物品的销毁

3.5.1　使用完毕后的剧毒品内包装材料或剩余品严禁擅自丢弃，必须交保管员统一管理，填写《剧毒物品销毁记录》申请销毁。剧毒品及其内包装材料销毁主管批准后，指定四人按批准方法销毁，两人销毁，两人监督。

3.5.2 销毁须严格记录，归档保存至销毁后 10 年。

注：资料据多家企业、高校剧毒品管理规定整理而成，仅供参考，具体执行遵照法规和所在单位规定。

附录2　农药原药(急性经口LD₅₀＜2000mg/kg)的毒性及中毒救护

农药名称	急性经口 LD$_{50}$/(mg/kg)	急性经皮 LD$_{50}$(mg/kg)	中毒救护
特丁硫磷	1.6	0.81(兔)	用阿托品或碘解磷啶(2-P A M)进行急救,并立即送医院进行抢救
对硫磷	13	50	
甲基对硫磷	14	45	
磷胺	17.9～30	374～530	
久效磷	18	126	
水胺硫磷	25	197	
氧化乐果	25	200	
杀扑磷	25～54	1546	
甲基异柳磷	28	49.2	常规有机磷农药中毒救护：
敌敌畏	50	300	①用阿托品 1～5mg 皮下或静脉注射;用碘解磷啶 0.4～1.2g 静脉注射;禁用吗啡、茶碱、吩噻嗪、利血平;误服立即引吐、洗胃、导泻(清醒时才能引吐)
三唑磷	57～68	＞2000	
丙线磷	62	26(兔)	
毒死蜱	135～163	＞2000	②WS/T 85—1996《食源性急性有机磷农药中毒诊断标准及处理原则》
倍硫磷	250	700	
乐果	290～325	＞800	
丙溴磷	358	3300	
杀螟硫磷	530	810	
敌百虫	560	＞5000(大鼠)	
乙酰甲胺磷	945	＞2000(兔)	
马拉硫磷	1375～2800	＞4100(兔)	
涕灭威	0.93	20(兔)	
克百威	8	＞3000	
灭多威	17～24	＞5000	
硫双威	66	＞2000	
丙硫克百威	138	＞2000	常规氨基甲酸酯农药中毒救护:用阿托品 0.5～2mg 口服或肌肉注射,重者加用肾上腺素。禁用碘解磷啶、氯磷定、双复磷、吗啡。
抗蚜威	147	＞500	
丁硫克百威	250	＞2000	
异丙威	450	500	
仲丁威	524	＞5000	
速灭威	580	＞2000	
甲萘威	850	＞4000	

农药名称	急性经口 LD$_{50}$/(mg/kg)	急性经皮 LD$_{50}$(mg/kg)	中毒救护
联苯菊酯	54.5	＞2000	常规拟除虫菊酯农药中毒救护:无特殊解毒剂,可对症治疗;大量吞服时可洗胃;不能催吐
氯氟氰菊酯	166	1000～2500	
氰戊菊酯	451	＞5000	
溴氰菊酯	135～5000	＞2000	
氟氯氰菊酯	500	＞5000	
高效氯氰菊酯	649	＞1830	
杀虫单	89.9(小鼠)	451	用碱性液体彻底洗胃或冲洗皮肤。草蕈碱样症状明显者可用阿托品类药物对抗,但注意防止过量。忌用胆碱酯酶复能剂
杀虫双	680	2060(小鼠)	
阿维菌素	10	＞2000	经口:立即引吐并给患者服用吐根糖浆或麻黄素,但勿给昏迷患者催吐或灌任何东西。抢救时避免给患者使用增强 γ-氨基丁酸活性的药物,如巴比妥、丙戊酸等
硫丹	70	＞4000	①无特殊解毒剂,如经口摄入要催吐。②尽可能保持病人安静,控制病人激动。清醒时,可给予常用剂量的巴比妥与其他镇静剂。③注意维持呼吸,如有衰竭进行人工呼吸。④禁用肾上腺素或阿托品
氟虫腈	100	＞2000	皮肤和眼睛用大量的肥皂水和清水冲洗,如仍有刺激感去医院对症治疗。误服者立即送医院对症治疗
三唑锡	209	＞5000	①误服者立即催吐、洗胃、导泻。②无特殊解毒剂,预防治疗,防止脑水肿发生。③严禁大量输液
啶虫脒	217	＞2000	对症治疗,洗胃,保持安静
杀螟丹	345	＞1000(小鼠)	①用阿托品 0.5～2mg 口服或肌肉注射,重者加用肾上素。②禁用碘解磷啶、氯磷定、双复磷、吗啡
抑食肼	258.3	＞5000	对症治疗
吡虫啉	450	＞2000	如发生中毒应及时送医院对症治疗
噻虫嗪	1563	＞2000	无专用解毒剂,对症治疗
双甲脒	600～800	＞1600	中毒后无特效解毒药物,对症治疗
哒螨灵	1350	＞2000(兔)	对症治疗
吡螨胺	595	＞2000	对症治疗
虫螨腈	626(大鼠)	＞2000(兔)	接触皮肤或眼睛,立即用肥皂和大量的清水冲洗,送医院诊治;不慎吞服,勿催吐,应立即请医生治疗
氟草净	681	＞4640	无特效解毒剂,中毒后对症治疗
2,4-滴	375		对症治疗
甲草胺	930～1200	13300(兔)	若大量摄入,应使患者呕吐,并用等渗浓度的盐溶液或 5% 碳酸氢钠溶液洗胃。无解毒剂,对症治疗
莠灭净	1110	＞8160(兔)	对症治疗。眼、皮肤充分冲洗干净
杀草强	1100～24600	＞10000	目前尚无解毒药,可采取吐根糖浆催吐,12 岁以上为 30mL,以下减半。呕吐后服活性炭,还可在炭泥中加山梨糖醇导泻,若病人不清醒,可插管保护呼吸道
莠去津	1869～3080	3100	误服时用吐根糖浆诱吐,呕吐停止后服用活性炭及山梨糖醇导泻。无解毒剂,对症治疗

农药名称	急性经口 LD$_{50}$/(mg/kg)	急性经皮 LD$_{50}$(mg/kg)	中毒救护
灭草松	1000	>2500	如误服,需饮入食盐水冲洗肠胃,使之呕吐,避免给患者服用含脂肪的物质(如牛奶、蓖麻油等)或酒等,可使用活性炭。目前尚无特效解毒药
烯草酮	1630	>5000(兔)	有呼吸道感染特征可对症治疗。溅入皮肤和眼睛要用大量清水冲洗。对症治疗
禾草灵	481~693	>5000	尚无特效解毒剂。若摄入量大,病人十分清醒,可用吐根糖浆诱吐,还可在服用的活性炭泥中加入山梨糖醇
敌草快	231	>2000	无特殊解毒剂。催吐,活性炭调水让病人喝下
杀草胺	432		对症治疗
2甲4氯丁酸乙酯	1780	>4000	要及早利尿,对病人采取催吐、洗胃,忌用温水洗胃。也可用活性炭与轻泻剂,对症治疗
威百亩	464	2150	在一般情况下中毒,心脏活动减弱时,可用浓茶、浓咖啡暖和身体;偶然进入人体内部,可使中毒者呕吐,用1%~3%单宁(鞣酸)溶液或15%~20%的悬浮液洗胃
百草枯	157	230~500(兔)	催吐,活性炭调水让病人喝下,无特效解毒剂
二甲戊灵	1250	5000(兔)	无特效解毒药,若大量摄入,清醒时可引吐。对症治疗
毒草胺	(小鼠)1260	2000	出现中毒症状送医院对症治疗
喹禾灵	1670	>10000	若误服饮大量水催吐,保持安静,并送往医院对症治疗
精喹禾灵	1210		
禾草丹	1300	>2000	误服时可采用吐根糖浆催吐,避免饮酒。对症治疗
灭草敌	1500	>5000(兔)	尚无特效解毒剂。若摄入量大,病人十分清醒,可用吐根糖浆诱吐,还可在服用的活性炭泥中加入山梨糖醇
代森铵	450		误食立即催吐、洗胃、导泻。对症治疗;忌油类食物,禁酒
福美胂	335~370(小鼠)		误食者立即催吐、洗胃。解毒剂有二巯基苯磺酸钠、二巯基丙醇和二巯基丁二酸钠
溴菌腈	681	>10000	接触药物后应用肥皂和大量清水冲洗,误服催吐、洗胃。对症治疗
王铜	700~800	>2000	经口中毒,立即催吐、洗胃。解毒剂为依地酸二钠钙,并配合对症治疗
环丙唑醇	大鼠(雌/雄)1290	大鼠(雌/雄)2000	误服请勿引吐,可使用活性炭洗胃,注意防止胃容物进入呼吸道
苯醚甲环唑	1453	兔>2010	如接触皮肤,用肥皂和清水彻底清洗受污的皮肤;如溅及眼睛,用清水冲洗眼睛至少10min,送医就诊;如误服,立即携带标签,送医就诊。无专用解毒剂,对症状治疗
菌核净	1688~2552	>5000	对症治疗。误食立即催吐、洗胃
稻瘟净	237(小鼠)	570	①用阿托品1~5mg做皮下或静脉注射。②用碘解磷啶0.4~1.2g静脉注射(按中毒轻重而定)。③禁用吗啡、茶碱、吩噻、利血平。④误服立即引吐、洗胃、导泻(清醒时才能引吐)
石硫合剂	400~500		用药后应彻底洗净被污染的衣服和身体。误服时,除给水外不要饮食任何食物,对症治疗
甲霜灵	633	>3100	可服活性炭催吐,尚无特效解毒剂,对症治疗
腈菌唑	1600	>5000(兔)	对症治疗。误食立即催吐、洗胃
咪鲜胺	1600	>3000	
丙环唑	1517	>4000	

农药名称	急性经口 LD$_{50}$/(mg/kg)	急性经皮 LD$_{50}$(mg/kg)	中毒救护
福美双	560	＞1000	误食者应迅速催吐、洗胃、导泻。对症治疗。忌油类食物,禁酒
福美锌	1400	＞6000	
三唑酮	约1000	＞5000	目前无解毒药,对症治疗。误食立即催吐、洗胃
三唑醇	约700	＞5000	
三环唑	314	＞2000(兔)	如接触要立刻用清水冲洗。误服要立即送医院对症治疗
氟菌唑	715	＞5000	误食立即催吐、洗胃,对症治疗

注:数据来源于《农药电子手册》。

农药合成

2.1 特殊实验技术与仪器设备

2.1.1 低温实验技术

通常将物质的温度降低到低于环境温度的实验技术，称为低温或制冷技术。

一般来说，在 273K（0℃）以下称为低温，根据其获得的方法和应用情况的不同，可将室温～173.15K（-100℃）称为普通冷冻（简称普冷）；将 4.2～173.5K 之间称为深度冷冻或深冷；将 4.2K 以下称为极冷（超低温）。

在工程技术方面，将获得普冷的技术称为制冷技术，把获得低温和超低温的技术称为低温技术。

用以获得低温的方法很多，一些主要的制冷方法见表 2-1。

表 2-1　获得低温的一些主要的方法

获得低温的方法	可达到温度/K	获得低温的方法	可达到温度/K
一般半导体致冷	约 150	气体部分绝热膨胀的三级 G-M 制冷机	6.5
三级级联半导体致冷	77	气体部分制冷绝热膨胀西梦氦液化器	约 4.2
气体节流	约 4.2	液体减压蒸发逐级冷冻	约 63
一般气体做外功的绝热膨胀	约 10	液体减压蒸发(^{4}He)	0.7～4.2
带氦两相膨胀机气体做外功的绝热膨胀	约 4.2	液体减压蒸发(^{3}He)	0.3～3.2
二级飞利浦制冷机	12	氦涡流流制冷	0.6～1.3
三级飞利浦制冷机	7.8	^{3}He 绝热压缩相变制冷	0.002
气体部分绝热膨胀的三级脉管制冷机	80	^{3}He-^{4}He 稀释制冷	0.001～1
气体部分绝热膨胀的六级脉管制冷机	20	绝热去磁	10^{-6}～1
气体部分绝热膨胀的二级沙尔凡制冷机	12		

在化学实验中，通常可以作为低温源的有冰盐浴、干冰浴、液氮、液氨。

（1）冰盐浴　碎冰块和细盐充分混合可以达到较低的温度，如下为一些冰盐混合物所达到的温度：

3份冰＋1份氯化钠可达－21℃，

1份冰＋1份氯化钠可达－40℃。

（2）干冰浴　这是化学实验室经常采用的一种低温浴，干冰升华温度为－78.3℃，使用时经常加入一些有机溶剂，如丙酮、乙醇、氯仿等，以使其制冷效果更好一些。

（3）液氮　氮气液化的温度为－195.8℃，是有机合成反应实验中经常使用的一种低温浴，有时也和干冰调和起来使用，是很好的低温浴。

（4）液氨　液氨也是经常使用的一种冷浴，它的正常沸点是－33.4℃，在化学实验室经常使用，但必须在通风良好的实验室使用。

低温的控制方法主要有两种，即使用恒温冷浴和低温恒温器。

（1）恒温冷浴　恒温冷浴通常是干冰浴，是在保温容器里慢慢地加入一些碎干冰和一种有机溶剂（如95％乙醇）而得到的。制好的干冰浴应由漫过干冰1～2cm的液体组成，但这样的干冰浴是在准备好之后，再在里面放置反应仪器，而最好的方法是在制浴之前就在保温容器里装好仪器，然后再加入干冰和有机溶剂。随着干冰的升华，干冰块逐渐减少，应不断补充新的干冰块以维持冷浴的低温。有机溶剂用作热传导介质，一些低沸点的液体，如丙酮、异丙醇等都可以使用。

图 2-1　低温恒温器

铜棒

液氮

聚苯乙烯容器

双金属片开关

加热器

搅拌棒

乙醇

（2）低温恒温器　一种液体浴低温恒温器，如图 2-1 所示，可以保持－70℃以下的温度。其制冷方法是通过一根铜棒来进行的，铜棒作为冷源，一段和液氮接触，可以借助铜棒浸入液氮的深度来调节温度，使得冷浴温度比所需的温度低大约5℃。此外还有一个控制加热的开关，经冷热调节可使温度始终保持在恒定的±0.1℃。

2.1.2　真空实验技术

在有机合成实验中，具有挥发性的物质和对空气和氧敏感的化合物的合成和分离均须在真空条件下进行。真空是指压力小于标准大气压的气态空间。真空状态下气体的稀薄程度通常以压强值来表示，俗称真空度。真空一般可分为：真空（1kPa～0.1MPa）、低真空（0.1Pa～0.1kPa）、高真空（10^{-6}～0.1Pa）、极高真空（10^{-10}～10^{-6}Pa）和超高真空（10^{-10}Pa以下）。

通常使用真空设备来获得真空度。常用的真空设备有扩散泵、机械泵等。可达到超高真空的泵有离子泵、升华泵、吸附泵和低温泵等；用液氮和液氦作为冷凝剂组成的低温泵可以达到极高真空和超高真空。

2.1.2.1　真空的获得

产生真空的过程称为抽真空。用于产生真空的装置称为真空泵，如常用的水泵、机械泵、扩散泵、冷凝泵、吸气剂离子泵和涡轮分子泵等。由于真空度要求较高，通常不能仅只使用一种泵来获得，而是用多种泵进行组合才能达到要求。一般实验室常用的是水泵、机械泵、扩散泵和各种冷凝泵。各种真空泵获得的真空度见表2-2。

表 2-2　各种真空泵获得不同的真空度

真空度/Pa	主要真空泵
$10^3 \sim 10^5$	水泵、机械泵、各种一般的真空泵
$10 \sim 10^3$	机械泵、油泵或机械增压泵、冷凝泵
$10^{-6} \sim 10$	扩散泵、吸气离子泵
$10^{-12} \sim 10^{-6}$	扩散泵加阱、涡轮分子泵、吸气剂离子泵
$< 10^{-12}$	深冷泵、扩散泵加冷冻升华阱

通常用 4 个参量来表征真空泵的工作特性：真空泵开始工作的压强；临界反应压强；真极限压强（又称极限真空，即指在真空系统密封的情况下，长时间抽真空后，给定真空泵所能达到的最小压强）；抽气速率（在一定压强和温度下，单位时间泵从容器中抽出气体的体积）。

（1）水循环真空泵　见图 2-2。其使用步骤如下。

图 2-2　水循环真空泵及其内部构造

① 注水　将水槽内注入适量的水，一般情况下水面至槽内上水口处即可。

② 连接　真空泵通过高压管通过缓冲瓶与操作目标相连，背面循环水出口与进口用橡胶软管相连。

③ 使用　接通电源，将背面水循环开关拧至 ON，打开水循环真空泵开关，通过缓冲瓶调节阀控制真空度。

④ 结束　通过缓冲瓶调节阀控制真空度至常压，关闭真空泵开关，拔下电源。

注意　保持真空泵内循环水清洁，及时换水。

（2）机械泵　在实验室为了获得高真空度，机械泵经常作为前级泵使用。其作用是使体系从大气压抽到 1.33Pa 左右的压力，从而产生一定真空。机械泵主要部件是由转子、定子和旋片组成的（图 2-3）。在泵定子空腔内装着偏心转子，转子槽里装入两块旋片，由弹簧的弹力作用贴紧缸壁。因此，定子的进气口、排气口被转子和旋片分割成两部分。所以，转子在缸内旋转，周期性的将进气口方面的容积逐渐扩大，而吸入气体，同时逐渐缩小排气口方面的容积，将已吸入的气体压缩，从排气阀排出，从而达到抽气的目的。

在使用机械泵时，因被抽气体中均含有可凝气体，所以在进气口前应接一冷阱或吸收塔（如用氯化钙或分子筛吸收水蒸气，用活性炭或石蜡吸附有机蒸气等）。当停泵时，应先使泵与大气相通，避免停泵后因存在压差而把泵内的油倒吸到系统中。

（3）扩散泵　为了获得高真空可将扩散泵作为后继泵与前级泵的机械泵并用。前级泵将系统抽到 1.33Pa 后，扩散泵的作用是继续将系统中气体排出，使系统达到高真空度。扩散泵的种类很多，按其喷嘴个数可分为二级、三级和四级扩散泵。其结构如图 2-4 所示。

图 2-3　旋片式真空泵示意图
1—进气嘴；2—油窗；3—放油塞；4—排气管；
5—排气阀；6—定子；7—转子；8—弹簧；9—旋片

图 2-4　扩散泵结构示意图
1—被抽气体；2—油蒸气；3—冷却水
4—冷凝油回入；5—电炉；6—硅油
7—接抽真空系统；8—接机械泵

用泵底电炉加热使得泵中的工作液体（常为硅油）达到沸腾状态，然后气化，在通过中心导管顶部的喷口隙缝向泵壁喷射。大量密集的油蒸气分子的喷射，形成了一个稳定的伞形的高速蒸气射流，由于气体分子的热运动，许多分子扩散进入蒸气射流中，并经过与质量大、速度快的蒸气分子相碰撞而获得与蒸气射流方向一致的定向运动速度；这样，气体分子在蒸气流的作用下，不断向泵的出气口压缩，在出气口由于前级泵的作用而不断被抽走。喷向泵壁的蒸气流由于冷凝作用而沿着内壁返回蒸发器中循环使用。

使用扩散泵时，为避免硅油氧化裂解，要待前级泵将系统压力抽到小于 1.33Pa 后再启动。将泵停止下来时，应先将扩散泵的活塞关闭，这样使泵处于高真空状态，然后停止加热，待泵冷却下来，才能关闭冷却水，最后停止前级泵。

（4）其他类型的泵　欲获得超高真空需要使用工作介质不使用油的真空泵，如分子泵、分子筛吸附泵、钛升华泵。

分子泵是通过机械高速旋转以很高抽速达到 10^{-6}Pa 的超高真空设备，其极限真空在 $10^{-9} \sim 10^{-7}$Pa。分子筛吸附泵利用物理吸附气体的可逆性质，制成分子筛吸附泵。通常把分子筛吸附泵与钛泵组成排气系统，用其作为前级泵。吸附泵要用液氮冷却，其极限真空主要取决于系统中惰性气体的含量，一般为 10^{-7}Pa。钛升华泵是一种吸气剂泵，其工作过程是将钛加热到足够高的温度，钛不断升华而沉淀在泵壁上，从而形成一层层新鲜的钛膜，气体与新鲜的钛膜相碰撞而化合成固相化合物，即相当于气体被抽走，其极限真空一般可达到 10^{-7}Pa。

2.1.2.2　真空的测量

检查真空系统的真空度（压强），可采用不同的真空监测仪表，每一种真空计只能测量有限的量程范围（表 2-3）。

表 2-3　不同真空表的测量范围

表 2-3　不同真空表的测量范围

类型	测量范围
薄膜真空计	$0.133 \sim 13.3 \mathrm{kPa}$
U 形真空计	$1.33 \times 10^{4} \sim 13.33 \times 10^{4} \mathrm{Pa}$
麦氏真空计	$1.33 \times 10^{-4} \sim 133 \mathrm{Pa}$
电离真空计	$1.33 \times 10^{-9} \sim 1.33 \times 10^{-2} \mathrm{Pa}$

进行高真空度的测量之前，首先进行低真空测验。一般是使用真空枪，利用低压强的气体在高频电场感应放电时所产生不同的颜色，估计真空度的数量级。一般情况下，真空度为 $10^{3} \mathrm{Pa}$，为无色；真空度为 $10 \mathrm{Pa}$ 时，为红紫色；真空度为 $1 \mathrm{Pa}$ 时，为淡红色；真空度为 $0.1 \mathrm{Pa}$ 时，为灰白色；真空度为 $0.01 \mathrm{Pa}$ 时，为微黄色；真空度 $< 0.01 \mathrm{Pa}$ 时，为无色。

2.1.2.3　实验室常用的真空装置

一般实验室中常用的真空装置包括 3 部分：真空泵、真空测量装置和所涉及的仪器装置。真空系统中常装有冷阱，其作用是减少油蒸气、水蒸气、汞蒸气及其他腐蚀性气体对系统的影响，有利于分离或提高系统的真空度。特殊的真空管路和仪器对于易挥发的物质和对空气敏感的化合物的分离、合成有很大的作用。

（1）阀（玻璃旋塞）　玻璃旋塞是使用最方便的阀门，其具有易清洗、化学性质稳定、绝缘性好和易于检漏的特点，如图 2-5 所示。使用这种玻璃塞时，要涂一层薄的真空脂，旋动活塞使其均匀分布且不再有气泡存在。

图 2-5　几种玻璃活塞

（2）阱　阱的主要类型有机械阱、冷凝阱、热电阱、离子阱和吸附阱。机械阱加冷凝装置后用来阻止扩散泵油蒸气的反流并阻止油蒸气进入前级泵。冷凝阱一般用液氮作为冷凝剂获得较低的温度，使系统内各种有害气体的蒸气压降低，从而获得较高的极限真空，根据实验要求其冷凝剂可以使用自来水、低温盐水、干冰等。在真空条件下的合成实验中，常用冷阱来储存常温下易于挥发的组分，同时用于挥发化合物的分离等。一些冷凝阱的示意图如图 2-6 所示。

（3）对空气和水汽敏感物质反应的真空系统　如图 2-7 所示，其包括液体物质或溶剂的储存部分、反应器部分和分离系统。整个真空体系预先要抽空和除去水汽。

操作时，先将液体物质或溶剂置于储存管中，固体物料事先储存在带磨口的充氮气的管子中，通过接口在逆流的氮气下将固体物料装入反应烧瓶中，然后把仪器抽空，从液体物料储存管向反应烧瓶中蒸馏进去液体物料或溶剂，此时反应烧瓶用液氮或干冰-丙酮冷冻剂冷冻以收集蒸馏物。待反应物料和溶剂全部进入反应烧瓶后，将烧瓶熔封并从真空管路上取下。然后将烧瓶和在内的物质升温，并在一定温度下充分的摇荡使之反应。反应完成后，通常在冷却条件下并在氮气下把烧瓶打开，若产物是液体，可在氮气流下把烧瓶在接口处连接到真空管路的过滤段上。将仪器抽真空后，将溶液通过滤板过滤到捕集器中，从滤液中蒸除溶剂即得到需要的产物。若产物是固体，则在接口处将烧瓶与真空管路的过滤段相接，将产物过滤到滤板上。产物可用溶剂洗涤，最后用真空泵连续抽真空以除去痕量溶剂。

许多金属有机化合物和配合物的合成，均可在如上的系统中进行。

图 2-6　冷阱示意图

(a) ～ (i) —玻璃冷阱；(j) ～ (l) —金属冷阱

图 2-7　对空气和水汽敏感物质反应的真空系统

1,2—储存管；3—反应烧瓶；

4,5,8—接口；6—过滤板；7—捕集器；9—滤板

2.1.3　高压实验技术及装置

2.1.3.1　高压实验技术

化学实验中进行的压力高于常压的实验称为高压实验。物质在压力条件下所发生的化学或物理变化并非都是在非常高的压力下进行的，所以也有人把介质在高于常压下进行的一系列实验称为加压实验。所有加压实验都处在一个密封的系统中进行。这个系统包括单独的容器或经管路连接的几个容器，同时还要有压力测量和供压装置。

高压实验的压力单位有下列几种：atm（标准大气压）；kgf/cm^2（千克力/厘米^2）；lbf/in^2（英镑力/平方英寸），亦称 psi；lbf/ft^2（英镑力/英尺^2）；mmHg（毫米汞柱），亦称 Torr（托）；Pa（帕斯卡）。过去的文献中常用 kgf/cm^2 或 psi 表达实验压力，现在都采用国际计量会议颁布的国际单位制，压力单位一律采用 Pa，通常使用 mPa 或 bar（巴）表示。巴定义为 $1cm^2$ 的面积上承受 $10^6 dyn$ 的作用力，巴的压力单位与大气压或 kgf/cm^2 压力单位接近，表达比较方便，国际计量大会曾决议 bar 和 Pa 可并用，但它仍是非法定计量单位。

各有关压力单位换算：$1atm = 1.01325 \times 10^5 Pa = 1.01325 \times 10^6 dyn/cm^2 = 1.01325bar = 1.033227kgf/cm^2 = 1.033227 \times 10^4 kgf/m^2 = 760.002mmHg$（0℃）$= 1.03326 \times 10^3 cmH_2O$

（4℃）＝14.6961lbf/in²。

一般地讲，小于5MPa压力的实验称为低压实验；压力在10～30MPa下的实验称为中压实验；压力在30～100MPa下的实验称为高压实验；压力大于100MPa的实验称为超高压实验。

2.1.3.2 高压实验的装置

（1）实验室常用压力釜的构造 实验室常用的压力釜为不锈钢材质，有一定的标定容积，其附属设施有电加热装置、温度自控装置及搅拌器。搅拌的形式有摇荡式、电磁搅拌或脉冲控制的搅拌，使用压力不高的也有密封轴动搅拌。覆盖上有2个或4个手柄。热电偶温度计与自控仪表相连，压力表管线要分别连接压力表，出料、入料的插底管，以及进气和排空阀门。电磁搅拌高压釜如图2-8所示。

图 2-8　电磁搅拌高压釜

1—压料管；2—热电偶套管；3—釜体；4—安全阀；
5—压力表；6—釜盘；7—起盖螺钉；8—搅拌器；
9—线包；10—主螺栓；11—针形阀；12—手柄；13—电加热器

高压釜常用耐腐蚀性良好的不锈钢制作，由釜体和釜盖两部分组成。釜体为厚壁筒形容器，釜盖上有针形阀、安全阀、压力表、热电偶及搅拌装置，容积大的高压釜还带有内部冷却的盘管。釜体和釜盖的密闭通过拧紧螺母来实现，它们的接触面要求光洁度很高，由于二者是线接触，所以密封性能很好。

（2）使用高压釜的注意事项 尽量避免打开高压釜的釜盖，靠插底管在搅拌的情况进出物料及洗涤反应釜。如需要打开封闭釜时，盖要垂直移上、移下，以避免碰击接口影响密封性能，要分次、对称地松动或上紧螺栓，每一只螺栓都要上下对号入座，打开釜后，先用溶剂清洗釜盖接口，用吸管边搅动、边减压吸出物料，然后洗釜或继续加入下一步反应的原料。

对于加氢的反应来说，首先充入氮气0.15～0.2MPa，然后放空，再充一次氮气，然后放空。如充入氮气一样，充入氢气两次再放空，但不要将其放尽，最后充入氢气至所要的压力，并开始加热及搅拌。加氢连续完成后，压力不再下降，保持 1～2h 后再停止加热及搅拌，冷却后放去余压。如果来不及放压，依物料的稳定性可以在不高的余压下过夜。

2.2 实验部分

实验 1 敌百虫（trichlorfon）的合成

一、实验目的
1. 熟悉共沸脱水的方法。
2. 了解工业生产敌百虫的方案。
3. 掌握熔点测定仪的使用方法。

二、相关知识

$C_4H_8Cl_3O_4P$，257.4，52-68-6

化学名称 O,O-二甲基-（2,2,2-三氯-1-羟基乙基）膦酸酯

理化性质 纯品为白色晶状粉末，具有芳香气味，m.p. 83～84℃。工业品为含有少量油状杂质的块状或粉末状物质，m.p. 为 65～73℃，b.p. 92℃（6.67Pa）、100℃（13.33Pa）。相对密度 d_4^{20} 1.73。易溶于水，25℃时在水中的溶解度为 154g/L；在有机溶剂中的溶解度（g/L，25℃）：三氯甲烷 750，乙醚 170，苯 152，正戊烷 1.0，正己烷 0.8。折射率 n_D^{20} 1.3439（10%水溶液）。

敌百虫遇水会逐渐水解；遇碱会碱解，生成敌敌畏。在常温下较稳定，遇热会分解。

毒性 原药急性经口 LD_{50}（mg/kg）：大鼠 650（雌），560（雄）。用含敌百虫 500mg/kg 的饲料喂养大鼠两年无异常现象。

开发与应用 敌百虫是一种膦酸酯类有机磷杀虫剂，1952 年由德国拜耳公司研究开发。对昆虫以胃毒和触杀为主，广泛应用于农林、园艺、畜牧、渔业、卫生等方面，防治双翅目、鞘翅目、膜翅目等害虫。对植物具有渗透性，无内吸传导作用。适用于水稻、麦类、蔬菜、茶树、果树、棉花等作物，也适用于林业害虫、地下害虫、家畜及卫生害虫的防治。

合成路线 以 PCl_3 为起始原料，通过一步法路线即路线 1、两步法路线即路线 2→3 和半缩醛法路线即路线 4→5→6 三种方法制得，如图 2-9 所示。

图 2-9 敌百虫的合成路线

三、 实验原理

甲醇和三氯化磷反应制备的亚磷酸酯,与含有碳正离子的三氯乙醛进行缩合反应,即得敌百虫。

反应方程式为:

$$3CH_3OH + PCl_3 \xrightarrow{0\sim35℃} \begin{matrix} CH_3O \\ \diagdown \\ P-OH \\ \diagup \\ CH_3O \end{matrix} + CH_3Cl\uparrow + HCl\uparrow$$

$$\begin{matrix} CH_3O \\ \diagdown \\ P-OH \\ \diagup \\ CH_3O \end{matrix} + Cl_3CCHO \xrightarrow{80\sim118℃} \begin{matrix} CH_3O & O & H & Cl \\ \diagdown & \| & | & | \\ P-C-C-Cl \\ \diagup & & | & | \\ CH_3O & & OH & Cl \end{matrix}$$

四、 实验操作

(1) 水合氯醛共沸除水   在 250mL 三颈瓶中,加入 11.9g (0.06mol) 水合氯醛 ($Cl_3CCHO \cdot H_2O$)、50mL 甲苯,充分摇动溶解。三颈瓶中间口接上油水分离器,其上连接冷凝回流装置,一个侧口接上温度计,另一个口用标准磨口塞堵死。在油水分离器分水管中加入适量甲苯,使距下回流管口约 2cm,调节电热套电压加热,控温回流,共沸蒸出的水经冷凝沉积在分水口处,反应至分出水相不再增加为止。

(2) 制备敌百虫   将上述三颈瓶连接的油水分离器移去,中间口接上机械搅拌器,另一侧口接上冷凝管,接温度计一口不变。将三颈瓶中反应液自然冷却至室温,接着用冰水混合物冷却,边搅拌边滴加 11mL (8.47g, 0.26mol) 甲醇,控制滴加过程反应液温度低于50℃。然后将三颈瓶换用冰盐浴冷却,搅拌下开始滴加 6.5mL (5g, 0.03mol) 三氯化磷 (PCl_3),滴加过程控制反应液温度低于 5℃。

加完反应物后,继续搅拌并移去冷却装置,待三颈瓶中反应混合物自然升至室温。拆去搅拌装置,接上恒压漏斗,其上连接回流冷凝管,用磨口塞堵住空出侧口,打开恒压漏斗活塞,加热反应物回流 1h。关闭恒压漏斗活塞,蒸出苯并减压除去氯化氢。移去恒压漏斗,升温至 100~110℃继续回流 2h。减压旋转浓缩除去多余的 Cl_3CCHO,冷却、析出敌百虫粗品。用乙醚重结晶,干燥、称量产物,计算产率,测定产品熔点。

五、 思考题

① 敌百虫合成中的注意事项有哪些?

② 敌百虫生产"三废"有哪些?如何处理?

六、 敌百虫的生产工艺

(1) 间歇法   如图 2-10 所示。三氯乙醛计量加入混合釜后,在冷却、搅拌的条件下,计量加入甲醇,控制流量和温度 (≤40℃)。待充分混合后,将混合液抽至冷釜,在负压、冷却、搅拌下缓慢地计量加入三氯化磷,投料质量比为三氯化磷:三氯乙醛:甲醇=1:(1.2~1.18):(0.73~0.78)。控制投料速度、反应温度 (≤40℃)、真空度 (−70~−65kPa)。尾气经冷凝后去盐酸回收和氯甲烷回收系统;冷凝下的液体料回至冷锅。每批时间 45~60min,反应结束后,将物料连续转移至脱酸器,在负压 (−90~−85kPa)、加热料温为 80~90℃条件下,脱去料液中溶解的氯化氢气体,控制物料酸度≤0.2% (以 HCl 计),每批时间约 30min,然后将经脱酸后的物料投入热釜内,在负压下 (−90~−75kPa),搅拌 (或鼓泡) 料温,100~110℃下脱去回流液 (1~1.5h),即得敌百虫;回流液供下批冷反应套用。

(2) 连续法   如图 2-11 所示。甲醇、三氯乙醛分别由各自的计量槽,经流量计控制,

图 2-10　间歇法合成敌百虫

连续加入冷却器，完成混合后流入酯化锅内；酯化锅和脱酸器的冷凝液经冷凝器连续流入酯化锅；三氯化磷由计量槽经流量计控制，连续加入酯化锅，在负压（-80kPa）、冷却（40～50℃）条件下完成反应。实际配料质量比为三氯化磷∶三氯乙醛∶甲醇=1∶（1.12～1.18）∶（0.73～0.78）。酯化液由酯化锅流入脱酸器，在负压（-85～-80kPa）加热（75～85℃）下，经甩盘呈膜状沿壁而下脱去其溶解的氯化氢，控制出口物料酸度≤0.1%（以 HCl 计），然后进入缩合锅。在负压（-85～-80kPa）加热（90～95℃）下，反应生成敌百虫粗品，再进入1#升膜、脱液器和 2#、3#、4#升膜，负压（＜-85kPa）下，脱去敌百虫中的回流液（脱液器出口温度为 95～105℃，2#、3#、4#升膜出口温度依次递增，4#升膜出口温度为 140℃较佳），回流液返回脱酸器套用，4#升膜流出的物料经冷却后，即为成品敌百虫。整个系统均处于负压下，注意控制温度及三个原料的流量。酯化、脱酸的尾气经冷凝后去氯化氢、氯甲烷回收系统。缩合、脱液、升膜的尾气经冷凝后去氯化氢回收系统。

图 2-11　连续法合成敌百虫

实验2　毒死蜱(chlorpyrifos)的合成

一、实验目的

1. 熟悉硫代磷酸酯类农药的合成方法。
2. 了解吡啶环的制备方法。

二、相关知识

$$C_9H_{11}Cl_3NO_3PS, 350.5, 2921-88-2$$

化学名称 O,O-二乙基-O-（3,5,6-三氯-2-吡啶基）硫代磷酸酯

理化性质 无色结晶，具有轻微的硫醇味，m. p. 42.0～43.5℃。工业品为淡黄色固体，m. p. 35～40℃。溶解性（25℃）：水 2mg/L；丙酮 0.65kg/kg，苯 0.79kg/kg，氯仿 0.63kg/kg，易溶于大多数有机溶剂。在 pH=5～6 时最稳定；水解速率随温度、pH 值的升高而加速。对铜和黄铜有腐蚀性，铜离子的存在也加速其分解。

毒性 原药急性 LD_{50}（mg/kg）：大鼠经口 163（雄），135（雌）；兔经口 1000～2000，经皮 2000。在动物体内解毒很快，对动物无致畸、致突变、致癌作用。对鱼、小虾、蜜蜂毒性较大。

开发与应用 属于高效、广谱、非内吸性硫代磷酸酯类有机磷杀虫剂，1965 年由美国 Dow 公司开发，该品种已经成为国际市场最大吨位的优良品种之一。毒死蜱具有触杀、胃毒、熏蒸作用，但无内吸作用，广泛用于大田作物和经济作物上多种害虫的防治，效果很好。由于毒死蜱可以吸附于土壤的有机物中，残效期长，因此对地下害虫有较高的防治效果。毒死蜱对牲畜寄生虫、卫生害虫也有优良的防治效果。

合成路线 以三氯硫磷或五硫化二磷为起始原料，制得中间体 O,O-二乙基硫代磷酰氯，该中间体与 2-羟钠-3,5,6-三氯吡啶发生缩合反应制得毒死蜱。

相关原料 2-羟钠-3,5,6-三氯吡啶（简称三氯吡啶醇钠盐）的合成有吡啶氯化路线和加成环化路线，如图 2-12 所示。

三、实验原理

以三氯乙酸为起始原料，通过环合法制备 2-羟钠-3,5,6-三氯吡啶，再与 O,O-二乙基硫代磷酰氯反应制得毒死蜱。

反应方程式为：

四、实验操作

（1）中间体 2-羟基-3,5,6-三氯吡啶（简称三氯吡啶醇）的合成 将 20.60g 三氯乙酰氯、6.00g 丙烯腈、14.00g 硝基苯和 0.12g 氯化亚铜一起加热回流，在 140℃下反应 3h 后冷却至 20℃，在搅拌下缓慢滴加 50％氢氧化钠溶液，水相用硫酸酸化至 pH=2，过滤得

(a) 吡啶氯化路线

(b) 加成环化路线

图 2-12　2-羟钠-3,5,6-三氯吡啶合成路线

21.70g 吡啶酚，收率 97％。

（2）毒死蜱制备　在 250mL 四口瓶中加入 11.9g（0.06mol）2-羟基-3,5,6-三氯吡啶、2.8g（0.07mol）氢氧化钠、0.5g（0.008mol）氯化钠、0.5g 三乙胺、0.13g 苄基三乙基氯化铵、80mL 水和 30mL 二氯乙烷，升温回流，在 0.5h 期间滴加 11.3g（0.06mol）O,O-二乙基硫代磷酰氯，然后回流 3h，降至室温，静置，分出有机相，用水洗两次，干燥，真空蒸除溶剂，得 21.3g 油状产品，含量 90.3％，收率 91.6％。用 95％乙醇结晶，可得无色结晶产品毒死蜱。

五、思考题

① 文中列出的三氯吡啶醇（钠）的几种合成路线各有哪些优缺点？

② 毒死蜱生产"三废"有哪些？如何处理？

六、生产示例

（1）三氯乙酰氯合成　在 500L 搪瓷反应釜中加入 400kg 熔融的三氯乙酸和适量催化剂，搅拌下升温至 80～100℃，慢慢滴加氯化亚砜 350kg，生成的 HCl 和 SO_2 气体分别用水和液碱吸收。加毕回流 4h，将生成的三氯乙酰氯蒸出，收集 117～120℃淡黄色馏分即为三氯乙酰氯，含量 95％以上。工艺流程如图 2-13 所示。

（2）三氯吡啶醇钠的合成　在 1500L 搪瓷反应釜中投入 280kg 三氯乙酰氯、过量丙烯

腈和催化剂,升温回流反应,气相色谱控制反应终点。当酰氯转化完毕(大约14h)后停止反应,将反应物抽入蒸馏釜,减压脱溶(脱出溶剂回收套用),将残余物抽入碱解釜,慢慢滴加30%氢氧化钠进行碱解,反应温度20~40℃。碱解完毕(pH约为

图 2-13 三氯乙酰氯合成的工艺流程

10)过滤,得到三氯吡啶醇钠盐,为黄色固体,干品含量90%以上。工艺流程如图 2-14 所示。

图 2-14 三氯吡啶醇钠合成的工艺流程

(3)毒死蜱合成 在 1000L 搪瓷反应釜中投入 200kg 水和 300kg 三氯吡啶醇钠湿品(含量约 60%),再加入适量缚酸剂和催化剂。在常温下打浆 1h,然后加入适量溶剂,慢慢滴加稍微过量的 O,O-二乙基硫代磷酰氯,控制反应温度约为 20℃,保温反应 3h。取样分析合格后将产物抽入 1000L 萃取釜,再加入适量溶剂搅拌 15min,静置分层。废水去"三废"治理,油层分出后抽入蒸馏釜,在减压下将溶剂蒸尽(溶剂回收套用),残留物即为毒死蜱原油,含量 90%~95%。工艺流程如图 2-15 所示。

图 2-15 毒死蜱合成工艺流程

实验3 抑食肼(RH-5849)的合成(自我设计实验)

一、 实验目的

1. 熟悉比较复杂的综合实验方法与注意事项,学会综合实验的设计与控制。
2. 掌握抑食肼的性质与合成方法及合成过程中的注意事项。
3. 了解抑食肼工业生产流程与"三废"处理方法。

二、 相关知识

$C_{18}H_{20}N_2O_2$,296.4,112225-87-3

化学名称 2′-苯甲酰基-1′-叔丁基苯甲酰肼

理化性质　抑食肼工业品为白色粉末状固体，纯品为白色结晶。m. p. 174～176℃，无味，蒸气压 2.4×10^{-4} Pa（25℃）。溶解度（g/L）：水 5×10^{-2}；环己酮50，异丙基丙酮150。正辛醇/水系统分配系数为212。在正常储存条件下稳定。

毒性　抑食肼原药中等毒性。大鼠急性 LD_{50}（mg/kg）：435（经口），500（经皮）。对眼睛和皮肤无刺激。

开发与应用　抑食肼是一种非甾类、具有蜕皮激素活性的昆虫生长调节剂。1987年由美国 Rhom&Hass 公司研究开发。对害虫以胃毒为主，还具有较强的内吸性，作用迅速，持效期长，无残留。对鳞翅目、鞘翅目、双翅目幼虫具有抑制进食，加快蜕皮和产卵作用。对水稻、蔬菜、茶叶、果树的多种害虫，如二化螟、舞毒蛾、卷叶蛾、苹果蛾有良好的防治效果。应用时可采用叶面喷雾或其他施药方法。

合成路线　见图2-16。

图 2-16　抑食肼的合成路线

三、 实验原理

水合肼与叔丁醇在盐酸存在下缩合得叔丁基肼盐酸盐，再在碱性条件下与2分子苯甲酰氯缩合制得抑食肼。

反应方程式为：

四、 实验操作

根据上述实验原理和相关资料自我设计实验操作，要求结合实验室实际条件、可操作性强。

五、 思考题

① 抑食肼合成注意事项是什么？

② 抑食肼合成中的副产物有哪些？如何处理？

实验4　避蚊胺(diethyltoluamide)的合成

一、 实验目的

熟悉实验室合成中腐蚀性废气的处理办法，掌握柱色谱技术分离有机化合物。

二、 相关知识

$C_{12}H_{17}NO$,191.27,134-62-3

化学名称　　*N*,*N*-二乙基-3-甲基苯甲酰胺

理化性质　　相对密度 0.9955；沸点 160～163℃（1atm）、111℃（1mmHg）；折射率 1.52～1.524；闪点 155℃；无色至琥珀色的油状液体，不溶于水，可与乙醇、乙醚、苯、丙二醇及棉籽油等相混溶，稍有香气。

毒性　　大白鼠急性经口 LD_{50} 为 2000mg/kg。人经皮中毒最低量 35mg/（kg•5d）。兔急性经皮 LD_{50} 3180mg/kg。人经口致死最低量 500mg/kg。兔静脉注射致死最低量 75mg/kg。本品对皮肤有刺激作用。蒸气或雾对眼睛、黏膜和上呼吸道有刺激作用。

开发与应用　　作为一种广谱昆虫驱避剂，该化合物对各种环境下的多种叮人昆虫都有驱避作用。避蚊胺可驱赶刺蝇、蠓、黑蝇、恙螨、鹿蝇、跳蚤、蚋、马蝇、蚊子、沙蝇、小飞虫、厩蝇和扁虱。直接涂抹在皮肤上对蚊虫起驱避作用，持效期可达 4h 左右，属低毒物质，有芳香气味，对环境无污染。

合成路线　　见图 2-17。

图 2-17　避蚊胺的合成路线

三、合成原理

① 3-甲苯甲酸与氯化亚砜反应转变成酰氯。

② 然后中间产物酰氯与二乙胺反应生成驱虫化合物 *N*,*N*-二乙基间甲苯甲酰胺。

四、实验操作

在连接酸性尾气接收装置、盛有 0.03mol 3-甲基苯甲酸的 500mL 干燥三颈圆底烧瓶中依次加入 70mL 甲苯、0.05mol 氯化亚砜（密度＝1.65g/mL）、2～3 滴 DMF 及几粒沸石。

注意：反应会生成大量二氧化硫和氯化氢气体，操作要在通风橱中进行，回流冷凝管出口要接到冷凝出水口处。

开通冷凝水，将反应混合物徐徐加热到不再放出氯化氢气体（约需 60～90min）。冷却反应体系至室温，将 0.1mol 二乙胺（密度为 0.71g/mL）及 30mL 甲苯混合物，通过滴液漏斗慢慢加入反应瓶，注意滴加速度控制在反应中所生成的大量白烟不升到三颈瓶的颈部而堵塞分液漏斗为宜（如果烟雾太多，要等其沉降下去后再继续滴加。反应不要太剧烈，必要时可以冷却反应瓶）。再将反应混合物加热回流 60min 左右，之后冷却反应体系至室温。将 60mL 蒸馏水加入反应瓶，搅拌 10min。将反应混合物转移至 250mL 分液漏斗，静置、分层，除去水层，有机相再用 60mL 蒸馏水洗涤一次。有机相用无水 Na_2SO_4 干燥，旋蒸脱溶，得目标物 *N*,*N*-二乙基间甲苯甲酰胺粗品。

精制：把 30g 氧化铝分散在石油醚中，填装色谱柱。将 *N*,*N*-二乙基-3-甲基苯甲酰胺溶于石油醚，并置于柱上。用石油醚淋洗，*N*,*N*-二乙基-3-甲基苯甲酰胺最先被淋洗下来。

在通风橱中于蒸汽浴上除去石油醚，得到一透明棕黄色油状产物。将产物置于一贴有标签并预先称重的小瓶中，计算百分产率。

五、 N,N-二乙基-3-甲基苯甲酰胺的鉴定

测定 N,N-二乙基-3-甲基苯甲酰胺的沸点；文献值 b.p. 为 163℃。记录 N,N-二乙基-3-甲基苯甲酰胺纯样在盐片上的红外光谱，将所得的谱图与 N,N-二乙基-3-甲基苯甲酰胺的实际谱图进行比较。检出合成的 N,N-二乙基-3-甲基苯甲酰胺红外谱图中重要的吸收峰。

六、 思考题

① N,N-二乙基-3-甲基苯甲酰胺合成中应注意哪些问题？
② 如何促使反应产生废气完全被吸收而不污染环境？

实验5　诱虫烯(muscalure)的合成

一、 实验目的

1. 熟悉无水溶剂的制备方法。
2. 掌握格氏试剂制备及其参与反应的无水操作技术。
3. 了解昆虫信息素一般合成方法。

二、 相关知识

$C_{23}H_{46}$，322.61，27519-02-4

化学名称　　(Z)-9-廿三碳烯

理化性质　　该化合物为无色油状液体，相对密度0.8010～0.8060，折射率1.4510～1.4530。

毒性　　大鼠急性经口 LD_{50}＞5000mg/kg，兔急性经皮 LD_{50}＞2000mg/kg。对兔皮肤和眼睛无刺激，对豚鼠皮肤有中度致敏性。

开发与应用　　诱虫烯（muscalure）是一种家蝇体内发现的信息素，用作雌、雄家蝇的性引诱剂，干扰交配，有时作为毒物和杀虫剂混用。

合成路线　　用一种改良的格氏试剂乙氧基镁代丙二酸二乙酯与芥酰氯反应，得到的产物经脱羧就得到(Z)-廿三碳-14-烯-2-酮。这个酮用氨基脲盐酸盐和氢氧化钾进行改良的沃尔夫-基希纳（Wolff-Kishner）还原，最后就合成蝇信息素。

用改良的格氏试剂与芥酰氯反应形成的产物（Ⅰ），在 6mol/L 硫酸中迅速水解脱羧。

$$\underset{(\text{Ⅰ})}{H_3C(CH_2)_7\!-\!\overset{\overset{\displaystyle H}{|}}{C}\!=\!\overset{\overset{\displaystyle H}{|}}{C}\!-\!(CH_2)_{11}COCH\!\overset{CO_2CH_2CH_3}{\underset{CO_2CH_2CH_3}{<}}} \quad \xrightarrow[\;H_2O\;]{H_2SO_4}$$

$$H_3C(CH_2)_7\!-\!\overset{\overset{\displaystyle H}{|}}{C}\!=\!\overset{\overset{\displaystyle H}{|}}{C}\!-\!(CH_2)_{11}COCH(COOH)_2 \quad \longrightarrow \quad H_3C(CH_2)_7\!-\!\overset{\overset{\displaystyle H}{|}}{C}\!=\!\overset{\overset{\displaystyle H}{|}}{C}\!-\!(CH_2)_{11}COCH_3$$

得到的(Z)-廿三碳-14-烯-2-酮的羰基然后用改良的沃尔夫-基希纳还原法转变成蝇信息素，反应中使用氨基脲盐酸盐代替致癌物质肼。

改良的沃尔夫-基希纳还原法有一个有利之处，就是形成结晶的缩氨基脲，在还原反应完成之前该结晶可以很容易地纯化。完成还原反应需要加入氢氧化钾。

$$H_3C(CH_2)_7\!-\!\overset{\overset{\displaystyle H}{|}}{C}\!=\!\overset{\overset{\displaystyle H}{|}}{C}\!-\!(CH_2)_{11}\!-\!\overset{\overset{\displaystyle O}{\|}}{C}\!-\!CH_3 \quad \xrightarrow{H_2NNHCNH_2}$$

$$H_3C(CH_2)_7\!-\!\overset{\overset{\displaystyle H}{|}}{C}\!=\!\overset{\overset{\displaystyle H}{|}}{C}\!-\!(CH_2)_{11}\!\underset{CH_3}{\overset{\displaystyle ||}{C}}\!=\!N\!-\!NH\!-\!\overset{\overset{\displaystyle O}{\|}}{C}\!-\!NH_2$$

$$\xrightarrow{KOH} \quad H_3C(CH_2)_7\!-\!\overset{\overset{\displaystyle H}{|}}{C}\!=\!\overset{\overset{\displaystyle H}{|}}{C}\!-\!(CH_2)_{11}CH_2CH_3$$

三、实验操作

（1）芥酰氯的合成　在 200mL 三口烧瓶中将 8.0g 芥酸溶于 25mL 二氯甲烷，加入二滴 N,N-二甲基甲酰胺和几片沸石。将三口烧瓶放在通风橱中加入 2.5mL 新蒸氯化亚砜。用电热套温热到 35℃，移去热源让反应继续进行，不断搅拌 15min。

注意：芥酰氯不稳定，应立即进行下一步反应。

在通风橱内用蒸汽浴蒸馏回收溶剂，得到一黏稠的琥珀色液体。加入 25mL 石油醚（b. p. 30～60℃），蒸馏回收直到琥珀色重新出现或直到不再有氯化亚砜被蒸出为止。再加入 25mL 石油醚（b. p. 30～60℃）重复上述步骤，确保反应混合物中完全除去氯化亚砜。如果需要，将芥酰氯储存于具塞磨口瓶中。

（2）产物（Ⅰ）的合成　注意：①乙氧基镁代丙二酸二乙酯不稳定，实验应在 2h 内完成。②所有仪器和化学药品必须绝对无水。

在氮气保护下，从三颈瓶一口加入 1.0g 烘箱干燥过的镁屑，5～6 滴二氯甲烷，7.5mL 丙二酸二乙酯，2.5mL 绝对乙醇和 25mL 无水硫酸镁干燥过的甲苯，装好干燥管。加热反应混合物到接近 90℃，反应将放出足够热量并维持回流。保持反应温度在 95～110℃至少 45min，每隔 15min 振摇几秒钟。当反应接近完成时，回流温度开始增高到 110℃，由于绝大多数的镁已消耗，溶液呈浑浊态。

注意：如果这个反应在 1.5h 内不能进行，反应即失败，可能是由于反应混合物中有水。

让回流溶液停止沸腾，将芥酰氯溶解于 25mL 无水硫酸镁干燥过的甲苯中，从三颈瓶一口加入，放上干燥管。继续回流此混合物 15min。蒸馏除去溶剂，接近结束时产物变稠。移去蒸馏头用电热套继续蒸发溶剂，直到绝大多数溶剂被除去为止。

（3）（Z）-廿三碳-14-烯-2-酮的制备　将回流冷凝器再放在 250mL 烧瓶上，慢慢加入

100mL 8mol/L H_2SO_4（44mL 浓 H_2SO_4 慢慢地在搅拌下加到 60mL H_2O 中），加入几片沸石。加热反应物剧烈回流 2h。1h 后将回流冷凝管顶端的出口与气体导管连接，将反应生成的气体通入 $Ba(OH)_2$ 溶液检查 CO_2 是否仍然放出。2h 后重复上述操作，如果 CO_2 不再放出，停止回流。如果 CO_2 仍然存在则继续回流，直到 CO_2 很少为止，回流时间不应超过 3h。

回流停止后，将烧瓶中全部液体转移到一 125mL 分液漏斗，分去下部水层。每次用 75mL 水洗涤油层共两次。弃去水洗液，将油层物质放入 400mL 烧杯中。

（4）诱虫烯的合成 将(Z)-廿三碳-14-烯-2-酮溶于 200mL 热甲醇中，放置溶液 1～2min。如有油状物或硬渣出现，将溶液倾入另一干净烧杯以除去不溶物。向此澄清溶液中加入 4mL 吡啶。将 3.3g 氨基脲盐酸盐溶于 15mL H_2O，加到上述甲醇吡啶溶液中。如有沉淀或油珠出现，加热搅拌直至溶解，溶液稍浑浊，自然冷却到室温。真空抽滤收集沉淀，并用 50mL 甲醇淋洗。

用约 100mL 甲醇重结晶(Z)-廿三碳-14-烯-2-酮缩氨基脲衍生物，抽滤收集固体，用 50mL 甲醇洗涤产物，晾干过夜。测定(Z)-廿三碳-14-烯-2-酮缩氨基脲衍生物的熔点，文献值 102～103℃。

在一 250mL 烧杯中，将 5g KOH 和 50mL 二缩乙二醇用电热套加热到 225℃，使固形物完全溶解，溶液颜色变深。将缩氨基脲的粗产物放入盛有 25mL 二缩乙二醇的小烧杯中，加热搅拌，直到缩氨基脲溶解为止。立即将此溶液在搅拌下加入到二缩乙二醇-KOH 溶液中。将混合物在 225℃下加热 20min，然后让其冷却 10min。

将上述反应物倒入 125mL 分液漏斗，小心分离两层（深色溶液中两层之间的交界面很难分辨），弃去下层水相。将粗产物储存在一只预先称重的具塞玻璃瓶中，计算粗产物诱虫烯[(Z)-9-廿三碳烯]的产率。

用 3cm×8cm 硅胶 G 色谱板，对粗产物进行薄层色谱，用 20％乙醚-80％石油醚作展开剂，在碘室中显色。

用 60～200 目的硅胶制备一个 10cm 色谱柱，以石油醚（b. p. 为 30～60℃）作为洗脱剂，对粗产物进行柱色谱分离。用最少量的石油醚将粗产物诱虫烯溶解滴入柱上，用石油醚淋洗。柱的 25％以上有有色沾染物吸附。由 TLC 监测收集的产物馏分，减压蒸出溶剂，得澄清油状物。将产物放入一个贴有标签并预先称重的小瓶中，计算产率（％）。

四、诱虫烯的鉴定

记录诱虫烯纯样在盐片上的红外光谱，将记录到的红外光谱与诱虫烯的实际红外光谱进行比较，检出合成的诱虫烯的红外光谱中重要的吸收峰。

五、思考题

① 诱虫烯合成中的注意事项有哪些？
② 诱虫烯合成中应如何保证操作在无水条件下进行？

实验6 代森锰锌(mancozeb)的合成

一、实验目的

1. 熟悉比较复杂的综合实验方法与注意事项，学会通常状况下综合实验的设计与控制。
2. 掌握代森锰锌的性质与合成方法以及合成过程中的注意事项。
3. 了解代森锰锌工业生产流程与"三废"处理方法。

二、 相关知识

$[C_4H_6N_2S_4Mn]_x Zn_y$，12427-38-2

化学名称　1,2-亚乙基双二硫代氨基甲酸锰和锌离子的配位络合物

理化性质　代森锰锌原药为灰黄色粉末，相对密度 0.62，有霉味，m.p.192℃（分解），分解时放出二硫化碳等有毒气体。不溶于水和一般有机溶剂，遇酸性气体或在高温、高湿条件下及放在空气中易分解，分解时可引起燃烧。

毒性　代森锰锌原药急性 LD_{50}（mg/kg）：大鼠经口 10000（雄），小鼠经口＞7000。对皮肤黏膜有刺激作用。以 16mg/kg 剂量饲喂大鼠 90 天，未发现异常现象。对动物无致畸、致突变、致癌作用。

开发与应用　代森锰锌 1961 年由美国罗姆-哈斯（Rhom 82 Hass）公司与杜邦（Du Pont）公司开发，是目前我国杀菌剂主要品种之一。代森锰锌广谱、低毒，属于保护性有机硫杀菌剂，对藻菌纲的疫霉属以及半知菌类的尾孢属、壳二孢属等引起的多种植物病害以及各种作物的叶斑病、花腐病等均有良好的防治效果。

合成路线　见图 2-18。

图 2-18　代森锰锌的合成路线

三、 实验原理

乙二胺先与二硫化碳反应得代森钠，再依次与硫酸锰、氯化锌反应制得代森锰锌。

（1）代森钠合成

（2）代森锰合成

（3）代森锰锌合成

四、 实验操作

(1) 代森钠合成 在装有机械搅拌、温度计、恒压漏斗的 250mL 四口瓶中，加入 50mL 蒸馏水，7mL 乙二胺，于 25℃下开始滴加 14mL 二硫化碳，控制滴加二硫化碳的速度使反应温度<35℃。滴加完毕，保持温度 30℃继续搅拌反应 30min。然后滴加 47g 20% 氢氧化钠溶液，反应温度（35±2）℃。滴加完毕，保持温度 35℃继续搅拌反应 60min。观察反应物中没有明显的油珠即为反应终点。反应结束，降温到 25℃以下，静置，用分液漏斗分去未反应二硫化碳（若反应混合物中油珠不明显，则可以直接进行下一步反应），得淡黄色液体即代森钠水溶液。

(2) 代森锰合成 在装有机械搅拌、温度计、恒压漏斗、H_2S 吸收装置的 250mL 四口瓶中，加入上述制备的代森钠水溶液，然后滴加 5% 硫酸（约 80mL），至 pH4~5，同时吸收反应放出的 H_2S。搅拌加热至 30℃，滴加 25% 硫酸锰水溶液 70g，滴加完毕，保持温度 30℃继续搅拌反应 60min。然后降温至 25℃，抽滤，清水洗涤 2 次，得黄色固体即为代森锰湿品。

(3) 代森锰锌合成 在装有机械搅拌、温度计的 250mL 四口瓶中，加入 50mL 蒸馏水、4g 氯化锌，搅拌使其完全溶解，调整温度至（30±2）℃，加入上述制备的代森锰，继续在（30±2）℃搅拌反应 2h，然后降温至 20℃，减压抽滤、水洗 2 次，真空干燥得产品代森锰锌，称重，测定含量。

五、 思考题

① 代森锰锌生产注意事项是什么？

② 代森锰锌生产"三废"有哪些？如何处理？

六、 代森锰锌生产工艺简介

(1) 代森钠合成工段 见图 2-19。在 1000L 反应釜中预先加入 400L 清水，在搅拌下加入 57L 乙二胺，至温度稳定在 25℃左右时开始滴加二硫化碳，同时打开夹套的冷却水控制温度<35℃，滴加二硫化碳的总量为 113L，滴加完毕保持反应物料在 30℃左右搅拌 30min，至 pH≤9 时开始分批加入 376kg 20% 氢氧化钠水溶液，加碱时反应温度控制在约 35℃。pH≤9 时才能加下一批氢氧化钠。氢氧化钠加毕，继续保持反应 1h。反应物料中没有明显的油珠为反应终点。将温度降至 25℃以下，静置、分出未反应的二硫化碳，所得淡黄色液体即为代森钠水溶液。

图 2-19 代森钠合成工段

(2) 代森锰的合成工段见图 2-20。将代森钠水溶液输送到 2000L 代森锰合成釜中。在搅拌下，将 5% 硫酸水溶液慢慢地滴加到反应釜中，中和过量的氢氧化钠和分解副产物——三硫代碳酸钠。中和时产生的 H_2S 进入吸收塔，被循环碱液通过喷射泵吸收。当反应物料 pH 为 4~5 时停止加酸，向釜中加入 5kg 保护剂，搅拌下加热升温至 30℃，加入 25% 硫酸锰水溶液，565kg 加完后保温继续搅拌 1h，然后降温至 25℃进行离心分离过滤，并用清水洗涤。所得的黄色固体即为代森锰锌湿品，称重，并取样分析含量与含水量。

(3) 代森锰锌合成工段 见图 2-21。将 400L 水加到 1000L 络合反应釜中，开动搅拌加入 32kg 氯化锌使其完全溶解，并调至 30℃左右，将上述工序所得的代森锰投入络合釜中，在保温下络合反应 2h，然后降温至 20℃，进行离心分离、甩干、出料，转至干燥工序。所得过滤母液循环套用。将所得的代森锰锌湿品加至 $1m^3$ 的真空耙式干燥机中，开动搅拌加

图 2-20 代森锰合成工段流程

图 2-21 代森锰锌合成工段流程

入 2kg 稳定剂，压紧加料口盖，抽真空使真空度在 0.085MPa 以上，开始升温。控制蒸汽压力在 0.5MPa 以下进行干燥，一般需要 8h 左右即可干燥完毕，降温，卸料。称重、取样分析含量与水分。代森锰锌收率≥85%（以乙二胺计）。

（4）"三废"处理　代森锰锌生产过程中"三废"主要是代森锰合成过程中产生的废水。每生产 1t 代森锰锌产生废水 6～7t，其中主要含芒硝（十水硫酸钠）外，还有过量的硫酸锰和微量的 1,2-亚乙基双二硫代氨基甲酸盐。后者可用少量硫酸铜水溶液使其沉淀，过滤后，用碱液或石灰乳调节废水的 pH 至 9.5～10.5，使锰离子转化成氧化锰沉淀，同时残存在废水中的铜离子也可被除掉。废水处理的较好的办法是采用酸分解，回收二硫化碳，再进行亚硝化后进行生化处理。

实验7　福美锌(ziram)的合成

一、 实验目的

1. 熟悉比较复杂的综合实验方法与注意事项，学会通常状况下综合实验的设计与控制。
2. 掌握福美锌的性质与合成方法及合成过程中的注意事项。
3. 了解福美锌工业生产流程。

二、 相关知识

$C_6H_{12}N_2S_4Zn, 305.80, 137-30-4$

化学名称　二甲基二硫代氨基甲酸锌

理化性质　无色固体粉末，纯品为白色粉末，m.p.250℃，无气味，相对密度2.00。25℃时蒸气压很小。能溶于丙酮、二硫化碳、氨水和稀碱溶液；难溶于一般有机溶剂。常温下水中溶解度为 65mg/L。在空气中易吸潮分解，但速度缓慢，高温和酸性加速分解，长期储存或与铁接触会分解而降低药效。

毒性　大白鼠急性经口 LD$_{50}$1400mg/kg，对皮肤和黏膜有刺激作用。

开发与应用　福美锌为保护性杀菌剂。对多种真菌引起的病害有抑制和预防作用，兼有刺激生长、促进早熟的作用。用于防治苹果花腐病、黑星病、白粉病；梨黑斑病、赤星病、黑星病；柑橘溃疡病、疮痂病；葡萄晚腐病、褐斑病；黄瓜霜霉病、炭疽病；番茄褐色斑点病，等等。通常与福美甲肿、福美双混配成退菌特使用。还可用作橡胶促进剂及工业水处理用的杀生剂。

合成路线　见图2-22。

图 2-22 福美锌合成路线

三、 实验原理

二甲胺先与二硫化碳反应得福美钠，再与氯化锌反应制得福美锌。

四、 实验操作

（1）福美钠合成　在带有机械搅拌、温度计、恒压漏斗的 250mL 四口瓶中，加入 80mL 蒸馏水，滴加 20.0g（0.15mol）30%NaOH 溶液和 20.4g（0.15mol）33%二甲胺溶液，于（10±2）℃下滴加 11.6g（0.15mol）CS_2，控制反应温度≤30℃，继续搅拌反应 2h。降温，过滤，得福美钠溶液。

（2）福美锌合成　在带有机械搅拌、温度计、恒压漏斗的 250mL 四口瓶中，加入福美钠溶液，滴加 10%硫酸溶液至 pH=7.5~8，滴加 50.2g（0.075mol）20%$ZnCl_2$ 溶液，之后搅拌反应 30min。过滤，水洗，干燥，得福美锌原药。称重，测定含量。

五、 思考题

① 福美锌生产注意事项是什么？

② 福美锌生产"三废"有哪些？如何处理？

六、 福美锌工业生产示例

（1）福美钠生产　3000L 反应釜中加入水 1800kg，在搅拌下投入 30%液碱 430kg、40%二甲胺 364kg，冷却到 10℃左右滴加二硫化碳 250kg，控制滴加反应温度不超过 30℃，二硫化碳滴加完毕，继续搅拌反应 1.5~2.0h，然后静置、分出不容的残渣，反应液分析含量打入储罐，供生产福美双或福美锌使用。

（2）福美锌生产　在 1500L 反应罐中加水 900kg，加入七水硫酸锌 300kg，搅拌至硫酸锌全部溶解备用。在 1000L 陶瓷缸中加水 980kg，徐徐加入浓硫酸 20kg，搅拌均匀备用。在 1500L 反应釜中加水 600kg，加福美钠 500kg，用稀酸调整反应液 pH=7.5~8，然后加入硫酸锌液 300kg，加毕搅拌 15min 检查反应终点，过滤、水洗、干燥得福美锌原粉。以福美钠计收率＞97%，含量≥93%。

实验8　三氟苯唑(fluotrimazol)的合成

一、 实验目的

1. 熟悉无水溶剂的制备方法。

2. 掌握格氏试剂制备及其参与反应的无水操作技术。

3. 了解三唑类化合物的制备方法，掌握无氧实验操作技术。

二、 相关知识

$C_{22}H_{16}F_3N_3$，379.390，31251-03-3

化学名称 1-[1-(3-三氟甲基苯基)-1,1-二苯基]甲基-1,2,4-三唑

理化性质 无色结晶固体。m. p. 132℃。20℃时的溶解度：水中为1.5mg/L，二氯甲烷中为40%，环己酮中为20%，甲苯中为10%，丙二醇中为50g/L。在0.1mol/L氢氧化钠溶液中稳定，在0.2mol/L硫酸中分解率为40%。

毒性 三氟苯唑的毒性很低。大鼠急性 LD_{50}（mg/kg）：5000（经口），>1000（经皮）。对蜜蜂无毒。

开发与应用 三氟苯唑因含有氟原子，生物活性高，毒性降低，为高效、广谱杀菌剂。对黄瓜、桃、葡萄、大麦、甜菜等多种作物白粉病有特效。

合成路线 见图2-23。

图 2-23 三氟苯唑合成路线

三、 实验原理

以 3-溴代三氟甲苯为起始原料，经转化为格氏试剂后，与二苯酮进行亲核加成，然后用氯化铵水解，制得三氟甲基苯甲醇。

继续与浓盐酸反应生成3-三氟甲基三苯基氯代甲烷，最后以三乙胺作缚酸剂，以 N,N-二甲基甲酰胺为溶剂，在氮气保护下，与1,2,4-三唑反应而得氟三唑：

四、实验操作

(1) 在装有滴液漏斗、机械搅拌器及回流冷凝管的 250mL 三颈瓶中，加入 4.8g（0.2mol）镁屑，一小粒碘，滴入含有间溴代三氟甲苯的无水乙醚溶液 30mL［45g（0.2mol）间溴代三氟甲苯溶于 100mL 无水乙醚中］，在水浴中温热，使反应开始。在搅拌下缓慢滴入剩余的间溴代三氟甲苯无水乙醚溶液，其间用冷水浴冷却，控制反应速率。加毕后，水浴加热回流 0.5h，使镁屑作用完全。蒸除乙醚，冷却，滴入含有二苯酮的无水苯液［36g（0.2mol）二苯酮溶于 150mL 无水苯中］，滴加完后，加热回流 2h。冷却，滴入氯化铵饱和水溶液（含 40g 氯化铵），使产物分解。分离苯层，水层用等体积苯萃取，合并苯相，用无水硫酸钠干燥，常压蒸除苯，减压蒸馏，收集 180～184℃（80Pa）馏分。静置冷却，得无色块状物，熔点 50～52℃，即为 3-三氟甲基三苯甲醇。

(2) 将 3-三氟甲基三苯甲醇 32g 和苯 15.6g、浓盐酸 22g，一起振摇，直至块状物完全溶解，然后分去苯层，经干燥、脱苯得浅黄色油状物，即为 3-三氟甲基三苯基氯代甲烷。

(3) 将上述所得油状物 34.6g、1,2,4-三唑 7g、N,N-二甲基甲酰胺 250mL 和三乙胺 11g，加入反应瓶中。在 N_2 保护下，加热至 93～100℃反应 3h。减压脱去溶剂，残留物用水洗涤，然后用二氯甲烷萃取。其萃取液经干燥、蒸除二氯甲烷得浅黄色固体。丙酮重结晶得三氟苯唑，熔点 128～130℃。

五、思考题

① 三氟苯唑合成中的注意事项有哪些？

② 三氟苯唑合成中应如何保证操作在无水或无氧条件下进行？

实验9 氰菌胺(zarilamid)的合成

一、实验目的

熟悉苯酰胺类杀菌剂的合成方法。

二、相关知识

$C_{11}H_{11}ClN_2O_2$,238.67,84527-51-5

化学名称　　(RS)-4-氯-N-［氰基(乙氧基)甲基］苯甲酰胺

理化性质　　浅褐色结晶固体，m.p.111℃。20℃溶解度（g/L）：水 0.167（pH=5.3）；甲醇 272，丙酮＞500，二氯甲烷 271，二甲苯 26，乙酸乙酯 336，己烷 0.12。常温下储存至少 9 个月内稳定。

毒性　　大鼠急性经口 LD_{50}＞526mg/kg（雄），775mg/kg（雌）；大鼠急性经皮 LD_{50}（雄和雌）＞2000mg/kg。对兔眼睛和皮肤无刺激性、无"三致"作用。

开发与应用 新内吸性杀菌剂，具有杰出的治疗、渗透作用和抑制孢子形成等特性，并可系统地分布在非原生质体，可单用也可与保护性杀菌剂混配。对苯酰胺类杀菌剂的抗性品系和敏感品系均有活性。对葡萄霜霉病以及马铃薯、番茄晚疫病防效特别好。

合成路线 氰菌胺合成路线有很多，图 2-24 所示 2 条合成路线比较常用。路线 1→2→3 是以氨基乙氰、对氯苯甲酰氯为起始原料，经溴化、醚化而得。路线 4→5 是以乙醛酸甲酯、对氯苯甲酰胺为原料经氯化、醚化、氨化而得。

图 2-24 氰菌胺合成路线

三、实验原理

对氯苯甲酰氯先与氨基乙腈缩合得 N-氰甲基-4-氯苯甲酰胺，再依次发生溴化、醚化得氰菌胺。

四、实验操作

(1) 将氨基乙腈 4.2g 加入到 40mL 乙酸乙酯中，强烈搅拌，同时加入氢氧化钠水溶液（$n_{氢氧化钠}：n_{水}=1.15：45$）50mL。随后迅速加入 4-氯苯甲酰氯 17.5g（混有 20mL 乙酸乙酯）。这是一个温和的放热反应。反应毕脱去乙酸乙酯，用硫酸镁干燥，脱溶。加入正己烷，得到无色结晶 16g。

(2) 将 N-氰甲基-4-氯苯甲酰胺 16g（0.08mol）于 40℃溶于乙酸乙酯，搅拌冷却至 25℃，将溴 12.8g（0.08mol）和乙酸乙酯的混合物加入到反应瓶中（此混合物呈橙色）。在

25℃下反应，直至颜色消退，这个过程 4～5min。然后将剩下的溴 1.6g 迅速加入（约 5s）。随后在 20s 内加入乙醇（10mL）、三乙胺（10mL）、乙酸乙酯（10mL）的混合物，反应维持在 40℃以下。随后迅速析出三乙胺溴化物，这时的搅拌十分困难，滴加 2mL 三乙胺到反应物中。

（3）加入 50mL 水，搅拌混合物，分层，分为橙色有机层和无色水层。分离有机层，用 50mL 水分两次洗涤，然后加入无水硫酸钠干燥，过滤得黄色液体，减压蒸馏得橙色油状物。放置一段时间后，变成固体。固体用甲苯和甲基环己烷（1∶4）提纯，得浅黄色固体，干燥得产品 12g，m. p. 102～105℃。

五、思考题

① 试评述一下氰菌胺的两条合成路线？

② 第一步合成操作中加入氢氧化钠的作用是什么？

实验10 香豆素二甲醚的合成

一、实验目的

熟悉天然产物香豆素的合成方法。

二、相关知识

$C_{11}H_{10}O_4$,206.19,120-08-1

化学名称 6,7-二甲氧基香豆素

理化性质 白色或黄白色针状结晶，m. p. 144℃。易溶于丙酮、氯仿，溶于乙醇和热氢氧化钠溶液，不溶于水和石油醚。

开发与应用 可用作安全农药，对环境没有污染。用 0.025%～0.05% 浓度的 6,7-二甲氧基香豆素可有效地防治柑橘黑点病、溃疡病、黄瓜炭疽病、杨梅灰色霉病、芝麻叶枯病以及水稻稻瘟病等。本品也是一种医药，名称东喘宁，具有平喘、祛痰、镇咳作用。

合成路线 见图 2-25。

图 2-25 香豆素二甲醚的合成路线

三、实验原理

对苯醌先与乙酸酐反应制得 1,2,4-三乙酰氧基苯，再与苹果酸缩合环化制得 6,7-二羟基香豆素，最后用硫酸二甲酯醚化得 6,7-二甲氧基香豆素。

四、 实验操作

(1) 1,2,4-三乙酰氧基苯合成　将 8.5mL（9.2g，0.09mol）乙酸酐和 0.3mL 浓硫酸混合，搅拌下逐渐加入 3.24g 对苯醌并使其完全溶解，用冰水冷却，使温度保持在 40～45℃，加完对苯醌后继续反应 0.5h。反应混合物室温搅拌，有大量沉淀生成。搅拌下向反应体系中倒入 30mL 冰水，抽滤，用水洗涤，抽干，粗品用 90% 乙醇重结晶，得白色固体 4.86g，熔点为 96.6～97.1℃，收率为 64.3%。

(2) 6,7-二羟基香豆素合成　氮气保护下，将 3.78g 1,2,4-苯三酚三乙酸酯（0.015mol）和 2.4g 苹果酸（0.18mol）加入到三口反应瓶中，搅拌下，滴加 6mL 浓硫酸，保持反应温度在 110℃ 反应 4h。将反应混合物倒入有碎冰的水中并不断搅拌，析出棕色沉淀，过滤，用水洗涤沉淀至中性。用 30% 乙醇重结晶，得黄白色固体 2.1g，熔点 265.8～267.1℃，收率为 77.8%。

(3) 6,7-二甲氧基香豆素合成　将 5.0g 6,7-二羟基香豆素（0.028mol）和干燥丙酮 40mL 加入到三口瓶中，在搅拌下加入无水碳酸钾 8.0g，硫酸二甲酯 10mL，加热回流 5h，将反应混合物过滤，滤出碳酸钾，将滤液中的丙酮蒸干，得黄白色固体，干燥。用石油醚-丙酮重结晶，得浅黄白色结晶 3.8g，熔点为 142.7～143.6℃。

五、 思考题

① 香豆素的常见合成方法有哪些？

② 第三步合成操作中加入碳酸钾的作用是什么？

实验11　莠去津(atrazine)的合成

一、 实验目的

1. 熟悉比较复杂的综合实验方法与注意事项，学会通常状况下综合实验的设计与控制。

2. 掌握莠去津的性质与合成方法以及合成过程中的注意事项。

3. 了解莠去津工业生产流程与"三废"处理方法。

二、 相关知识

$C_8H_{14}ClN_5$,215.7,1912-24-9

化学名称　2-氯-4-乙氨基-6-异丙氨基-1,3,5-三嗪

物化性质　纯品为无色结晶，m.p.173～175℃，蒸气压 4×10^{-2} mPa。25℃时溶解度

（mg/L）：水 33，甲醇 18000，氯仿 52000。在中性、微酸性及微碱性介质中稳定，但在强碱或强酸中，高温条件下可水解成无除草活性的羟基衍生物。无腐蚀性。

毒性　大鼠急性经口 LD_{50} 3080mg/kg，小鼠为 1750mg/kg；兔急性经皮 LD_{50} 7500mg/kg。以含 1000mg/kg 的饲料喂养大鼠 2 年，未见异常情况。致畸、致癌试验呈阴性。对鸟类和鱼类低毒，对眼睛无刺激性，对皮肤有轻微刺激。

开发与应用　莠去津（曾用商品名阿特拉津）是继西玛津之后，1958 年由瑞士嘉基（Geigy）公司开发的均三嗪类除草剂。它是旱地除草剂主要品种之一，为内吸传导型，对玉米安全，对玉米田的杂草除草效果好，持效期较长。用于玉米、高粱、甘蔗、茶树及果园林地防除一年生禾本科杂草和阔叶杂草。对由根茎或根芽繁殖的多年生杂草有抑制作用。如用于玉米地除草：东北地区 $37.5 \sim 60g/100m^2$，河北、山东地区 $15 \sim 30g/100m^2$；用于高粱地除草：$30 \sim 53g/100m^2$；用于苹果、梨园除草 $60 \sim 75g/100m^2$；用于茶园除草 $23 \sim 37.5g/100m^2$。使用时药量根据土质有机质含量、杂草种类和密度而定，豆类对药剂敏感，易产生药害。

合成路线　见图 2-26。

图 2-26　莠去津的合成路线

三、实验原理

以三聚氯氰为原料，依次与异丙胺、乙胺缩合制得莠去津。

四、实验操作

带有机械搅拌、温度计、恒压漏斗的 250mL 四口瓶，加入溶剂三氯乙烯，搅拌的同时加入三聚氯氰并降温，$NaNO_2$ 催化。于规定温度下开始通过恒压漏斗滴加异丙胺，控制反应温度 ≤10℃，继续搅拌反应 30min。通过恒压漏斗滴加液碱，控制反应温度 ≤20℃，继续搅拌反应 30min。通过恒压漏斗滴加乙胺，控制反应温度 ≤30℃，继续搅拌反应 30min。滴加液碱，控制反应温度 ≤60℃，继续搅拌反应 90min。反应终止，控制 pH＝8～10，进行共沸蒸馏，回收三氯乙烯。抽滤，水洗，干燥，得莠去津原药粗品，用石油醚和乙醚混合物重结晶。称重，测定含量。

五、思考题

① 莠去津生产注意事项是什么？

② 莠去津生产"三废"有哪些？如何处理？

实验12 乙草胺(acetochlor)的合成

一、实验目的
熟悉酰基苯胺类除草剂的合成方法。

二、相关知识

$$C_{14}H_{20}ClNO_2, 269.7, 34256-82-1$$

化学名称 N-(2-甲基-6-乙基苯基)-N-(乙氧甲基)氯乙酰胺

理化性质 纯品乙草胺为淡黄色液体，b. p. 176～180℃（76Pa）。溶解性（25℃，mg/L）：水223；溶于乙酸乙酯、丙酮、乙腈等有机溶剂。

毒性 乙草胺原药急性LD_{50}（mg/kg）：大鼠经口2148；经皮兔4166。对兔皮肤和眼睛有轻微刺激性；以10mg/（kg·d）剂量饲喂大鼠两年，未发现异常现象。

开发与应用 乙草胺为选择性除草剂，1969年由美国孟山都（Monsanto）公司开发。属于蛋白质合成抑制剂，适用于玉米、棉花、花生、甘蔗、大豆、蔬菜田防除一年生禾本科杂草和某些一年生阔叶杂草，如稗草、狗尾草、马唐、牛筋草、早熟禾、看麦娘、碎米莎草、秋稷、藜、马齿苋、菟丝子、黄香附子、紫香附子、双色高粱、春蓼等。

合成路线 主要有氯代醚法和亚甲基苯胺法两种（图2-27）。

（1）氯代醚法 2,6-甲乙基苯胺与氯乙酸和三氯化磷反应，生成2,6-甲乙基氯代乙酰（替）苯胺，再与氯甲基乙基醚在碱性介质中反应。

（2）亚甲基苯胺法 2,6-甲乙基苯胺为原料，依次与多聚甲醛、氯乙酰氯、乙醇反应。目前生产上多用该方法制备乙草胺。

图2-27 乙草胺的两种合成路线

三、实验原理
2,6-甲乙基苯胺为原料，依次与多聚甲醛、氯乙酰氯、乙醇反应制得乙草胺。

四、实验操作

（1）多聚甲醛解聚　称取多聚甲醛 9.8g、无水乙醇 13.9g、三乙胺 0.3g 投入 500mL 四口瓶中，升温至回流，回流温度为 90℃，回流 30min 后，瓶内为澄清透明液体，将该澄清透明液体冷却至室温无固体析出，该解聚物可以备合成 2-甲基-6-乙基甲亚胺使用。

（2）2-甲基-6-乙基甲亚胺　称取多聚甲醛的解聚物 24g 投入 500mL 四口瓶，加入 22.08g 二甲苯，开动搅拌，升温至回流，在回流状态下滴加 27.6g 2-甲基-6-乙基苯胺，10min 滴加完毕，滴完后回流 20min，然后开始常压蒸馏，随着蒸馏的进行，温度也不断上升，当温度到达 120℃，开始减压蒸馏，缓慢调整真空度，控制温度在 100～120℃ 之间。减压蒸馏 15min，真空度达到 0.065MPa，取样分析流出液的水分含量，当水分小于 150mg/kg 时，停止蒸馏，取瓶内反应液分析 2-甲基-6-乙基苯胺的转化率，当转化率大于 99% 时，认为该步反应已经结束。

（3）2′-甲基-6′-乙基-N-氯甲基-2-氯乙酰苯胺的合成　称取氯乙酰氯 24.4g、二甲苯 35.7g 一起投入 500mL 四口瓶，开动搅拌，降温至 20℃，控制温度在 20～40℃ 进行滴加刚刚合成的 2-甲基-6-乙基甲亚胺，滴加时间为 15min，滴加完毕，在 20～40℃ 保持 15min。然后升高温度至 100℃，在该温度下保持 20min，采用 TLC 跟踪监控，至 2-甲基-6-乙基甲亚胺消失，认为反应已经完成。

（4）乙草胺的合成　酰化反应完成后，降温至 50℃，称取 56g 无水乙醇保持在 50℃ 下滴加到酰化完成的物料体系中，滴加时间 10min，滴加完后 50℃ 保温 10min，然后开始通氨气中和反应生成的氯化氢，控制温度 50℃，通氨气时间为 30min，中和至 pH＝7～8，再在 50℃ 保持 10min，过滤掉氯化铵，滤液用旋转薄膜蒸发器蒸发至 100℃，然后逐渐增大真空度，当真空度达到 0.07MPa、温度为 100℃ 时，取样分析，乙醇含量小于 0.2%，停止蒸发。加入 100mL 水，静止分层，得到的油层再用 10mL 2% 的盐酸洗涤，然后再用 100mL 水洗涤。将洗涤后的油层用旋转薄膜蒸发器真空蒸出溶剂二甲苯，真空度为 0.098MPa，得到的乙草胺 52.4g，含量用气相色谱分析为 95.2%，收率为 92.5%（以 2-甲基-6-乙基苯胺计）。

五、思考题

① 乙草胺的两条合成路线各有哪些优缺点？

② 乙草胺生产"三废"有哪些？如何处理？

实验13　2,4-滴与2,4-滴丁酯的合成

一、实验目的

1. 熟悉比较复杂的综合实验方法与注意事项，学会通常状况下综合实验的设计与控制。

2. 掌握 2,4-滴与 2,4-滴丁酯的性质与合成方法及合成过程中的注意事项。

3. 了解 2,4-滴与 2,4-滴丁酯工业生产流程与"三废"处理方法。

二、相关知识

$$\text{Cl} \longrightarrow \text{OCH}_2\text{COOH}$$

$C_8H_6Cl_2O_3$,221.04,94-75-7

化学名称 2,4-二氯苯氧乙酸

理化性质 纯品 2,4-滴为白色菱形结晶或粉末，略带酚的气味，m.p.140.5℃。溶解性 (25℃)：水 620mg/L；可溶于碱、乙醇、丙酮、乙酸乙酯和热苯，不溶于石油醚。不吸湿，有腐蚀性。其钠盐 m.p.215～216℃，室温水中溶解度为 4.5%。

毒性 原药大白鼠急性 LD_{50}（mg/kg）：2,4-滴 375，2,4-滴钠盐 660～805。

开发与应用 2,4-滴是最早使用的除草剂之一，1942 年由美国 Amchem 公司合成，1945 年后许多国家投入生产，得到广泛应用。一般情况下，2,4-滴是以钠盐、铵盐或酯的形式使用的。低浓度应用时起到调节植物生长的作用。主要用于苗后茎叶处理，防除小麦、大麦、玉米、谷子、高粱等禾本科作物田杂草，如播娘蒿、藜、芥菜、繁缕、刺儿菜、苍耳、马齿苋等阔叶杂草，对禾本科杂草无效。

合成路线 有先氯化后缩合和先缩合后氯化两种路线。

(1) 先氯化后缩合 以苯酚为原料，用氯气于 50～60℃下进行氯化，氯化产物在氢氧化钠存在下于 100～110℃下与氯乙酸钠缩合。该路线氯化终点不易控制，产品中有一氯苯酚或三氯苯酚。缩合时 2,4-二氯苯酚反应不完全，产品中酚含量较高，需要用溶剂萃取，同时 2,4-二氯苯酚容易树脂化，产品纯度偏低。

(2) 先缩合后氯化 苯酚与氯乙酸和氢氧化钠的混合溶液于 100～110℃下反应生成苯氧乙酸，然后用氯气于 50～60℃下氯化，即可制得 2,4-滴。氯化时可用少量碘粉作催化剂，如图 2-28 所示。

图 2-28 2,4-滴合成路线

$$\text{Cl} \longrightarrow \text{OCH}_2\text{CO}_2\text{C}_4\text{H}_9$$

$C_{12}H_{14}Cl_2O_3$,277.1,94-80-4

化学名称 2,4-二氯苯氧乙酸丁酯

理化性质 2,4-滴丁酯纯品为无色油状液体，b.p.169℃（266Pa）。工业原油为棕褐色液体，b.p.146～147℃（133Pa），m.p.9℃。难溶于水，易溶于多种有机溶剂，挥发性强，遇碱分解。相对密度（d_4^{20}）1.2428。

毒性 原药大白鼠急性 LD_{50}（mg/kg）：500～1500。2,4-滴丁酯以 625mg/kg 剂量饲喂

大鼠两年，未发现异常现象。

开发与应用 2,4-滴丁酯属于苯氧乙酸类激素型选择性除草剂，具有较强的内吸传导性，能抑制植物的生长发育，使出现畸形直至死亡。主要用于苗后茎叶处理，如小麦、大麦、青稞、玉米、谷子、高粱等禾本科作物田及禾本科牧草地，防除播娘蒿、藜、芥菜、离子草、繁缕、反枝苋、葎草、问荆、苦荬菜、刺儿菜、苍耳、田旋花、马齿苋等阔叶杂草，对禾本科杂草无效，通常用量为每亩72% 2,4-滴丁酯乳油40～60mL。棉花、大豆等作物对该药剂敏感，使用时要保持一定的隔离带。

合成路线 2,4-滴与丁醇在回流条件下，即可发生酯化反应制得2,4-滴丁酯（图2-29）。反应中必须充分脱水。

图2-29 2,4-滴丁酯合成路线

三、实验原理

2,4-二氯苯酚与氯乙酸在碱性条件下缩合得2,4-滴，再与正丁醇发生酯化反应得2,4-滴丁酯。

四、实验操作

（1）**配制氯乙酸钠溶液** 于100mL烧杯中，将28.4g（0.30mol）氯乙酸用50mL水溶解，滴加30%NaOH溶液至pH=8～9。

（2）**2,4-滴合成** 带有机械搅拌、温度计、恒压漏斗、回流管的250mL四口瓶，加入2,4-二氯苯酚40.75g（0.25mol），滴加30%NaOH溶液至pH=11至2,4-二氯苯酚完全溶解，滴加氯乙酸钠溶液，升温至（105±5）℃，搅拌反应3h。反应终止，抽滤，依次用30mL氯仿、水洗涤。调节pH=1，再抽滤、水洗、真空干燥、称重，测定含量。

（3）**2,4-滴丁酯合成** 2,4-滴与16.0mL丁醇在适量催化剂（7mL浓硫酸）存在下，于90～95℃回流反应3h。用30%Na$_2$CO$_3$调节pH=4～5，分液漏斗分出有机相，MgSO$_4$干燥，得2,4-滴丁酯原油。称重，测定含量。

五、思考题

① 2,4-滴和2,4-滴丁酯生产注意事项是什么？

② 2,4-滴和2,4-滴丁酯生产"三废"有哪些？如何处理？

实验14　敌稗(propanil)的合成(自我设计实验)

一、实验目的

学习敌稗的性质和合成方法，巩固、提高自我设计实验的能力。

二、相关知识

$$C_9H_9Cl_2NO, 218.08, 709-98-8$$

化学名称　3,4-二氯苯基丙酰胺

理化性质　纯品为白色无臭的针状结晶，m.p. 92～93℃。工业品为浅棕色至灰褐色固体，m.p. 85～89℃，60℃时蒸气压 12×10^{-6} mPa，相对密度 1.25。20℃时水中溶解度 225mg/L；在下列溶剂中溶解度（%）：环己酮 35，二甲苯 3，二甲基甲酰胺 60，甲苯 3，甲乙酮 25。一般情况下，对酸、碱、热及紫外线较稳定，遇强酸易水解，在土壤中较易分解。

毒性　敌稗属于低毒品种，对人畜安全。原药对大鼠经口 LD_{50} 1384mg/kg，对小鼠为 4000mg/kg；兔急性经皮 LD_{50} 7080mg/kg。大鼠喂养两年无作用剂量为 400mg/kg 饲料。对鲤鱼 LC_{50} 13mg/L（48h）。

应用　敌稗是具有属间选择性的酰胺类稻田除草剂。敌稗对稗草有特效，对水稻安全，适用于秧田、插秧田及直播田防除多种单子叶及阔叶杂草。常用剂量 3～4kg（a.i.）/hm²。

合成路线　见图 2-30。

图 2-30　敌稗合成路线

三、实验原理

3,4-二氯苯胺与丙酸在碱及三氯化磷存在下缩合制得敌稗。

四、实验操作

根据上述实验原理和相关资料自我设计实验操作：要求结合实验室实际条件、可操作性强。

五、思考题

① 敌稗合成注意事项是什么？

② 敌稗合成过程中的副产物有哪些？如何处理？

实验15　蜜蜂警戒信息素2-庚酮的合成

一、实验目的

1. 学习乙酰乙酸乙酯（三乙）在药物合成中的应用原理。
2. 进一步熟练掌握蒸馏、减压蒸馏、萃取、水蒸气蒸馏等基本操作。
3. 了解生物信息素的作用及应用。

二、相关知识

$C_7H_{14}O, 114.2, 110-43-0$

化学名称　　2-庚酮

理化性质　　无色、具有新鲜乳脂香味、稳定的液体。熔点 $-35℃$，凝固点 $-35.5℃$，沸点 $151.5℃$、$111℃$（2.8kPa），折射率 1.4067，闪点 $47℃$。溶于乙醇、乙醚等有机溶剂，微溶于水。

开发与应用　　2-庚酮是一种昆虫警戒信息素，由守卫工蜂和采集工蜂分泌。雄蜂、蜂王和未成年工蜂体内没有这种报警信息素。蜜蜂常用上颚咬住入侵者，使 2-庚酮标记在敌体上，引导其他蜜蜂攻击。它还可用作一些有害蜂类和某些蚂蚁、昆虫的驱避剂。由于某些蚜虫和蚂蚁有共生关系，极稀的 2-庚酮水溶液也可用来防治一些蔬菜和经济作物的蚜虫。

合成路线　　以乙酰乙酸乙酯为原料，经过缩合、脱羧制得 2-庚酮（图 2-31）。

图 2-31　2-庚酮合成路线

三、实验原理

以乙酰乙酸乙酯为起始原料，在醇钠作用下与正丁基溴反应制成正丁基乙酰乙酸乙酯，再经碱性水解脱羧而得。

四、 实验操作

（1）正丁基乙酰乙酸乙酯的合成　　在 250mL 三颈圆底烧瓶上，装置回流冷凝管和滴液漏斗，在冷凝管的顶端装上氯化钙的干燥管。瓶中加入 2.5g 切成细条的新鲜金属钠，由滴液漏斗逐渐加入 55mL 干燥过的乙醇，反应立即开始。控制加入速度使乙醇保持微沸。待钠反应毕，加入 1g 粉状碘化钾，并在水浴上加热至沸，直至固体溶解，然后一次性加入 14g 乙酰乙酸乙酯。在加热回流下加入 16.5g 正溴丁烷，继续搅拌下回流 3～4h。待反应溶液冷却后，过滤溶液以除去溴化钠晶体，并用少量乙醇洗晶，常压蒸去乙醇。粗产物用 10mL 1％盐酸洗涤，水层用 10mL 二氯甲烷萃取 2 次，将二氯甲烷萃取液与油层合并。用无水硫酸镁干燥后，蒸去二氯甲烷，减压蒸馏收集 105℃（8mmHg）、112～115℃（16mmHg）或 124～130℃（20mmHg）的馏分。

（2）2-庚酮的合成　　在 250mL 三颈瓶中加入 40mL 5％氢氧化钠水溶液及 7.3g 正丁基乙酰乙酸乙酯，室温搅拌 3～4h，至有机层消失。然后在搅拌下慢慢滴加 13mL 20％硫酸溶液。当二氧化碳气泡不再逃出，停止搅拌，改成蒸馏装置，进行水蒸气蒸馏，直至无油状物蒸出，收集馏出物。分出油层，水层用每次 10mL 二氯甲烷萃取二次，萃取液与油层合并后，再用 10mL 40％氯化钙溶液洗涤一次，用无水硫酸镁干燥，蒸馏收集 146～152℃ 的馏分。

五、 思考题

① 试解释乙酰乙酸乙酯法的反应机理。

② 乙酰乙酸乙酯法的副反应有哪些？

③ 为实现安全、有效反应，需注意哪些事项？

④ 试讲述 2-庚酮合成的其他方法。

3 农药分析与残留测定

3.1 农药分析实验室特殊要求

3.1.1 分析实验室基本配置

3.1.1.1 功能室配置

(1) 仪器室 存放仪器设备的场所。专用高档仪器应由专门人员管理和维护。

(2) 储气室 放置气体钢瓶的场所。通常设在一楼,应将空瓶区、重瓶区分开布置,并有明显标志。该室应通风、干燥,避免阳光直射。不准堆放其他易燃、易爆物品。室内照明设备应设防爆装置,电器开关应设在室外。室内应留有通道,有明显的"严禁烟火"的标志,应配备消防灭火器材。

(3) 分析室 实验中原、辅材料及实验结果分析检验的场所。具有常规化学分析、常规仪器分析的条件,能够满足精细化工实验分析检测的要求。

(4) 样品室 存放样品的场所。一般情况下,样品接受和储存应在单独的房间,并与样品制备、提取和净化以及仪器分析等测定步骤相分离。

(5) 化学试剂室 存放化学试剂的场所。应注意化学试剂的保存:固体药品应该保存在广口瓶中,液体药物保存在细口瓶中,气体保存在储气瓶中,见光易分解的物质保存在棕色瓶中。

3.1.1.2 公用设施配置

(1) 实验功能 实验室应具备多功能实验台,水、电齐全,在需要的情况下还要有煤气等。学生实验室应该水、电到实验台面,压缩空气或真空系统到桌面(或备有压缩机、真空泵)。

(2) 安全 实验室应该通风、排风良好,备有冲洗器(洗眼器)、医药柜等,并确保冲洗器能正常使用,医药柜内的药品应该定期更换,确保药不过期。还要配备适量的安全帽及防毒面具等。

(3) 环保 实验室应备有废物箱,"三废"(废气、废液、废渣)处理有相应措施,科学合理;要注意消声,噪声应小于 70dB。

3.1.2 常用仪器清洗和干燥

常用的清洗方法是用试管刷和自来水清洗，必要时可以使用洗涤粉或去垢剂。两者均含有表面活性剂，去垢剂中还含有细小的研磨料微粒，它们对清洗过程均有帮助。但微粒会黏附在玻璃器皿壁上，不易被水冲走，此时可用2%的盐酸洗涤一次，再用自来水清洗。最后用蒸馏水冲净后进行干燥处理。

如果器皿壁上存在有机杂物，可用有机溶剂洗涤。丙酮是洗涤玻璃仪器时常用的溶剂。玻璃仪器干燥最简便的方法是使其放置过夜。一般洗净的仪器倒置一段时间后，若没有水迹，即可使用。若要求严格无水，可将仪器放在烘箱中烘干。若需快速干燥，可用乙醇或丙酮淋洗玻璃仪器，最后可用少量乙醚淋洗，然后用电吹风吹干，吹干后用冷风使仪器逐渐冷却。

3.2 样品及其制备

样品制备的目的是为了使试样中的干扰物质相对除净，减小对测定的干扰。

样品预处理要注意如下事项。

① 样品的收集要有代表性；

② 样品的储藏与保存宜用适宜的惰性、密封容器；

③ 样品的初加工，如干燥、过筛、碾细等；

④ 衍生化主要用于提高被测物的检测灵敏度，有时也用于改善分离。

3.2.1 农药制剂分析的样品制备

（1）取样 对于乳油、悬浮剂、水乳剂等液体样品，取样前先将样品摇匀，并且取样量一般大于100mg；而像颗粒剂、可湿性粉剂等固体样品，取样时要注意样品的均匀度，同时可适当加大取样量，以保证样品具有代表性。

（2）样品的溶解、提取和过滤 对溶剂的要求，选择的溶剂对有效成分的溶解度要尽可能大，同时对测定不造成干扰。提取固体制剂可选用超声波提取或过夜浸泡提取。对于含有不溶性杂质的固体样品，如可湿性粉剂、颗粒剂，将样品溶解后用0.45μm的滤膜过滤，或离心后取上清液，以防止杂质堵塞进样针和色谱柱。

（3）样品稀释 选用气相色谱法进行样品分析时，若样品浓度太小，样品的稀释次数增加，会使误差增大；样品浓度太大，则会污染色谱柱和检测器。

（4）样品的保存 样品测定后若需保存，可用封口膜将试剂瓶封口，以防溶剂挥发，然后放入4℃冰箱中保存。

3.2.2 农药残留分析的样品制备

近20年农产品农药残留样品制备排前几位的技术是固相萃取（SPE）、液液萃取（LLE）、基质固相分散萃取（MSPDE）、超临界流体萃取（SFE）、凝胶渗透色谱（GPC）、衍生化（Derivatisation）、QuEChERS技术、加速溶剂萃取（ASE）、固相微萃取（SPME）、免疫亲和色谱（IAC）、微波辅助萃取（MAE）、超生辅助萃取（UAE）。

（1）固相萃取 固相萃取（solid phase extraction，SPE）的原理是利用固相吸附剂对样品溶液中目标化合物的选择性吸附和解吸附，实现目标化合物与样品基质化合物的分离和富集。可近似认为是一种简单的色谱分离。自1978年商品化SPE产品问世以来，这项技术已经得到了迅速的发展。反相十八烷基硅烷键合硅胶（C_{18}）和弗洛里硅土固相萃取法是目前最常用的农药残留净化方法。反相C_{18}固相萃取操作时，样品溶液需为水或溶于水的有机溶剂。图3-1所示为固相萃取管。

图3-1 固相萃取管

固相萃取通常包含四个基本操作步骤：固定相活化、样品上柱、淋洗和洗脱。活化的目的，一是创造一个与样品溶剂相容的环境并除去柱内杂质，净化固定相；二是用溶剂润湿吸附剂，建立一个合适的固定相环境。一般甲醇为常用的活化溶剂。样品上柱是将样品加入到固相萃取柱上并使样品溶液通过固定相。此时，根据固定相和目标化合物的性质，有三种分离富集过程：一是目标化合物被保留在固定相中，通过淋洗洗掉吸附在柱上的不需要组分和杂质，再通过洗脱从固定相中将目标化合物洗下来；二是固定相同时吸附目标化合物和杂质，再使用适当的溶剂选择性洗脱目标化合物；三是固定相选择性吸附杂质，而让目标化合物流出，达到净化目的。

在农药多残留分析领域常用的SPE填料多为硅胶键合吸附剂（如C_{18}吸附剂）、硅藻土吸附剂、活性炭吸附剂、硅酸镁吸附剂（弗洛里硅土）等。

（2）液液萃取 液液萃取（liquid-liquid extraction，LLE）是一种较早使用的提取净化技术。利用相似相溶原理，化合物在两种互不相溶（或微溶）的溶剂中溶解度或分配系数的差异，达到分离和净化的目的。选择合适的溶剂是该方法的关键。常用溶剂有甲醇、乙腈、丙酮、二氯甲烷、乙醚、甲苯和正己烷等。LLE中一相通常为水相，而另一相为有机溶剂。亲水性强的化合物进入极性的水相多，而疏水化合物将主要溶于有机溶剂中。萃取进入有机相的被测物经溶剂挥发容易回收，而提取进入水相中的被测物经常能够直接注入反相HPLC色谱柱中进行分析。

该方法具有操作简单、不需要配套仪器等特点。溶剂极性、盐、pH是液液萃取溶剂选择的三个重要因素。例如，非极性的正己烷不能有效萃取极性农药，加入丙酮可以增加萃取溶剂的极性，完成极性目标物的定量萃取；液液萃取过程中加入硫酸钠、氯化钠等无机盐试剂，可以使农药残留析出而易于萃取；对于分子结构中带酸碱基团的离子型农药而言，萃取溶剂pH是影响该类农药溶解性的关键。

与LLE有关的实际问题包括：①发生乳化；②被测物牢固地吸附于微粒上；③被测物与大分子量的化合物结合；④两相彼此互溶。

破乳可采取下列措施：①在水相中加盐；②加热或冷却萃取溶剂；③用玻璃棉塞或相分离滤纸过滤；④加少量不同的有机溶剂；⑤离心。

该方法溶剂使用量较大，还应考虑溶剂的毒性，尽量使用毒性小的溶剂以减少对操作者和环境的危害。

（3）超临界流体萃取 超临界流体萃取（supercritical fluid extraction，SFE）是指某种气体（液体）或气体（液体）混合物在操作压力和温度均高于临界点时，使其密度接近液体，而其扩散系数和黏度均接近气体，成为性质介于气体和液体之间的流体，从固体或液体中萃取出有效组分并进行分离的一种技术。超临界流体（SF）具有气体质量传递的性质和液体溶解的性质，且有比液态溶剂高得多的溶剂萃取效率和速率。一般CO_2最常用。影响CO_2-SFE的主要参数包括压力、温度、流速、助溶剂和提取时间。临界态的CO_2萃取非极性或中等极性化合物时效率最高，萃取极性化合物时，可以通过添加少量的极性有机修饰溶剂提高萃取效率。SFE 具有简单、高效、无有机溶剂残留、无环境污染等优点。

（4）QuEChERS　QuEChERS（quick，easy，cheap，effective，rugged and safe）技术是 2003 年美国农业部 Lehotay 等建立的检测果蔬中农药多残留快速分析的方法，即快速、简便、廉价、有效、耐用、安全。QuEChERS 方法是分散固相萃取技术的衍生和发展，其主要步骤是用乙腈对放入聚四氟乙烯离心管的样品进行浸提，再加入无水硫酸镁与氯化钠振荡，离心促使其分层，随后进行分散固相萃取，即将浸提液转移至含有 N-丙基乙二胺（PSA）吸附剂、硫酸镁的聚四氟乙烯离心管中，离心后取上清液进行 GC-MS/MS 或 LC-MS/MS 分析。

（5）固相微萃取　固相微萃取（solid phase microextraction，SPME）是 20 世纪 90 年代开发和应用的在固相萃取技术基础上发展起来的一种萃取分离技术。固相微萃取包括吸附和解吸附两个过程，即样品中待测物在石英纤维上的涂层与样品间扩散、吸附、浓缩的过程和浓缩的待测物解吸附进入分析仪器完成分析的过程，是一种无溶剂，集采样、浓缩和进样于一体的样品前处理技术。

固相微萃取装置类似普通样品注射器，由手柄和萃取头两部分组成。萃取头是一根涂有不同固定相或吸附剂的熔融石英纤维，石英纤维接不锈钢针，外套不锈钢管，纤维头可在不锈钢内伸缩。SPME 是一种从溶液中直接萃取分析物的技术，该技术将提取、分离和浓缩集于一体，具有操作简便、不需提取溶剂等特点。

（6）超声辅助萃取　超声辅助萃取（ultrasound-assisted extraction，UAE）是利用超声波辐射压强，增大物质分子运动频率和速度，增加溶剂穿透力，从而加速目标成分进入溶剂，促进提取进行的技术。UAE 是一种简单、廉价的方法，能更好地溶解和提取样品中的挥发性残留农药。

3.3　柱色谱和薄层色谱

3.3.1　柱色谱分离技术

淋洗剂的选择是通过 TLC 确定的。TLC 除了跟踪反应进程，以及检测试剂和原料纯度外，另一个重要的用途就是为柱色谱选择适当的淋洗剂。柱色谱分离关键在于柱子是否装好以及淋洗剂选择是否恰当。

（1）装柱　装柱分湿法装柱和干法装柱。硅胶（固定相）的上表面一定要平整，装好柱后可以在硅胶的最上层填上一小层石英砂，防止添加溶剂的时候破坏表层。硅胶（固定相）的高度一般为 15cm 左右，太短了可能分离效果不好，太长了也会由于扩散或拖尾导致分离效果不好。

湿法装柱是先把硅胶用适当的溶剂拌匀后再填入柱子中，然后再加压用淋洗剂"走柱子"，本法最大的优点是柱子装得比较结实，没有气泡。

干法装柱则是直接往柱子中填入硅胶，然后再轻轻敲打柱子两侧，至硅胶界面不再下降为止，然后再填入硅胶至合适高度。接着是用淋洗剂淋洗柱子，一般淋洗剂是采用 TLC 分析得到的展开剂的比例再稀释一倍后的溶剂。

（2）加样　也叫上样。用少量溶剂（最好就是展开剂，如果展开剂的溶解度不好，则可以用一极性较大的溶剂，但必须少量）将样品溶解后，再用胶头滴管转移得到的溶液，沿着色谱柱内壁均匀加入。上样完毕后，接着即用淋洗剂淋洗。

3.3.2 薄层色谱技术

3.3.2.1 注意事项

选择适当的展开剂是首要任务。通常使用一个高极性和低极性溶剂组成的混合溶剂。展开剂的选择要靠不断变换展开剂的组成来达到最佳效果。一般把两种溶剂混合时，采用高极性/低极性的体积比为1/3的混合溶剂，如果有分开的迹象，再调整比例，以达到最佳效果，如果没有分开的迹象，最好是更换溶剂。

一般以目标产物的R_f值在0.3左右为最佳。板上点的展开的清晰程度与溶剂的极性以及被分离物质在该溶剂中的溶解性有关。

TLC所用的硅胶板一定要保存在干燥器中，或使用前在红外烘箱里干燥。另外点样量不能太大，否则容易重叠，不易判断，因为如果两个物质相近，则会造成无法分离。点样带应尽可能狭窄，以获得更好的分离效果。

3.3.2.2 操作规程

（1）点样　①点样一般为圆点；②点样基线距底边1.0～1.5cm；③样点直径一般不大于3mm，点间距一般为1.0～1.5cm；④点样时必须注意勿损伤薄层表面。

（2）展开　①展开缸应能密封，薄层板浸入展开剂中的深度为距原点5mm为宜。②展距除另有规定外，一般为8～15cm。③展开缸如需先用展开剂预平衡，可在缸中加入适量展开剂，必要时在壁上贴上滤纸条，一端浸入展开剂中，盖严，使展开缸平衡。④如需控制温度，可置冰箱中展开或空调室中展开；如需控制湿度，可用一定浓度硫酸装在小烧杯中置于展开缸中或使用其他方法调节。

（3）显色定位　薄层色谱分离无色农药物质的混合试样时，展开后需要对待测成分确认和检出。

① 紫外灯下显色　硅胶GF$_{254}$制成薄板在展开后将溶剂挥发后放在紫外灯（254nm）下照射，在紫外线区有吸收的农药（具有芳香环、杂环及共轭双键结构）可形成色谱带。多数农药可用此法。

② 碘显色　元素碘是一种非破坏性显色剂，展开后的薄层板在除去溶剂以后，放入盛碘容器内，由于碘蒸气可溶入许多有机化合物，致使斑点呈淡黄色或褐色。然后取出薄层板，用小针划出斑点轮廓，在空气中放置一段时间，碘挥发。

（4）定量　分直接测定和溶出定量法。直接测定法是测定面积，测定的准确度稍差。溶出定量法是将色斑处的薄层取下，用溶剂将组分萃取出来，再测定其含量。

3.4　气相色谱与高效液相色谱技术

3.4.1　气相色谱技术

3.4.1.1　色谱柱的选择与保护

气相色谱仪的核心部分就是色谱柱，色谱柱要有高的分离度，且具有足够的理论塔板数。

在改变柱温也达不到基线分离的目的时，就应更换更长的色谱柱，甚至更换不同固定相的色谱柱，色谱柱是分离成败的关键。

每次新安装了色谱柱后，都要在进样前进行老化。具体办法：先接通载气，然后将柱温从60℃左右以5～10℃/min的速率程序升温到色谱柱的最高使用温度以下30℃，或者实际分析操作温度以上30℃（如分析时用240℃，老化温度应为270℃），并在高温时恒温30～120min，直到所记录的基线稳定为止。

注意一定要等到基线稳定后，才可做空白运行或进样分析。色谱柱使用一段时间后，柱内会滞留一些高沸点组分，这时基线可能出现波动或出现鬼峰。解决此问题的办法也是老化。

每次关机前都应将柱箱温度降到50℃以下，然后再关电源和载气。温度高时切断载气，可能会因空气（氧气）扩散进入柱管而造成固定液的氧化降解。

3.4.1.2 检测器选择与注意事项

色谱柱是色谱分离的关键，而检测器也很重要。氢火焰离子化检测器（FID）应用最为普遍，一般实验室均要配置。测定农药残留物的实验室应选择电子捕获检测器（ECD）、氮磷检测器（NPD）和火焰光度检测器（FPD）。

（1）FID使用注意事项

① FID虽然是通用型检测器，但有些物质在此检测器上的响应值很小或无响应。这些物质包括永久气体、卤代硅烷、H_2O、NH_3、CO、CO_2、CS_2、CCl_4等。检测这些物质时不应使用FID。

② 为防止检测器被污染，检测器温度设置不应低于色谱柱实际工作的最高温度。

（2）ECD使用注意事项

① ECD的操作温度　一般要高一些，常用温度范围为250～300℃。无论色谱柱温度多么低，ECD的温度均不应低于250℃。这是因为温度低时，检测器很难平衡。载气与尾吹气的流速之和一般为30～60mL/min。流量太小会使峰拖尾严重，而流量太大又会降低灵敏度。

② 防止ECD过载　在用ECD做环境样品中痕量污染物分析时，每峰样品量为10^{-13}～10^{-8}g，对线性范围窄的ECD，则很容易达到响应饱和。其表现为峰高不再增加（或增加减小），而半峰宽增大。

③ 注意安全　放射性ECD中有放射性源，为防止放射性危害，使用中应注意：a.检测器出口应用金属或聚乙烯管通至室外，于避风、雨及非人行道处；b.经培训并有处理放射性物质许可证者，才可拆卸ECD，否则不得拆卸；c.按正规要求，至少每6个月要进行一次放射性泄漏检测。

（3）FPD使用注意事项

① 线性化关系的正确使用　a.为了得到准确线性关系值，务必将放大器的输出调至恰为0，有的仪器需手工调，自动调时注意要开启"自动调零"开关；b.因线性化电路无处理负输入信号的能力，故分析过程中，如出现基线负漂移，则得到的结果不可取；c.因线性化电路内已将信号放大约10倍，故相对于未经此装置的信号，积分仪或记录器的衰减也要加大相应倍数。

② 安全　a.防氢气泄漏。FPD同FID一样要用氢作燃气，使用中切勿让氢气漏入柱恒温箱内，以防爆炸。注意：未接色谱柱前勿通氢气；卸柱前一定关氢气；两套FPD仅用一

套时，务必将另一套用闷头螺钉堵死。b. 防烫伤。FPD 外壳十分热，切勿触及其表面，以防烫伤。

3.4.1.3 确定操作条件

主要包括进样量、进样口温度、色谱柱温度、检测器温度和载气流速等。

（1）进样量　进样量要根据样品浓度、色谱柱容量和检测器灵敏度来确定。样品浓度不超过 1mg/mL 时填充柱的进样量通常为 1～5μL，而对于毛细管柱，若分流比为 50∶1 时，进样量一般不超过 2μL。如果这样的进样量不能满足检测灵敏度的要求，可考虑加大进样量。

（2）进样口温度　进样口温度首先要保证待测样品全部气化，其次要保证气化的样品组分能够全部流出色谱柱，而不会在柱中冷凝。原则上讲，进样口温度高一些有利，一般要接近样品中沸点最高的组分的沸点，但要低于易分解组分的分解温度，农药分析常用 200～280℃。气化温度比柱温高 10～50℃。

（3）色谱柱温度　色谱柱温度的确定主要由样品的复杂程度和气化温度决定。原则是既要保证待测物的完全分离，又要保证所有组分能流出色谱柱，且分析时间越短越好。组成简单的样品最好用恒温分析，这样分析周期会短一些。对于组成复杂的样品，常需要用程序升温分离，因为在恒温条件下，如果柱温较低，则低沸点组分分离得好，而高沸点组分的流出时间会太长，造成峰展宽，甚至滞留在色谱柱中造成柱污染；反之，当柱温太高时，低沸点组分又难以分离。

毛细管柱可在较宽的温度范围内操作，这样既保证了待测组分的良好分离，又能实现尽可能短的分析时间。

当样品和仪器配置确定之后，一个色谱技术人员最经常的工作除了更换色谱柱外，就是改变色谱柱温，以期达到最优化的分离。柱温对分离结果的影响要比载气的影响大。

（4）检测器温度　检测器温度的设置原则是保证流出色谱柱的组分不会冷凝，同时满足检测器灵敏度的要求。检测器温度可参照色谱柱的最高温度提高 20～50℃设定。

（5）载气流速　一般设为 30～60mL/min。用毛细管柱时，氮气（尾吹气）为 30～40mL/min。

3.4.1.4 定性定量分析

（1）定性　对于简单的样品，可通过标准物质对照来定性：在相同的色谱条件下，分别注射标准样品和实际样品，根据保留值即可确定色谱图上哪个峰是要分析的组分。定性时必须注意，在同一色谱柱上，不同化合物可能有相同的保留值，所以，对未知样品的定性仅仅用一个保留数据是不够的。

（2）定量　外标法是采用最广泛的方法，只要用一系列浓度的标准样品作出工作曲线（样品量或浓度对峰面积或峰高作图），就可在完全一致的条件下对未知样品进行定量分析。只要待测组分出峰且分离完全即可，而不考虑其他组分是否出峰和是否分离完全。

相比而言，内标法的定量精度最高，因为它是用相对于标准物（叫内标物）的响应值来定量的，而内标物要分别加到标准样品和未知样品中，这样就可抵消由于操作条件（包括进样量）的波动带来的误差。与外标法类似，内标法只要求待测组分出峰且分离完全即可，其余组分则可用快速升温使其流出，这样就可达到缩短分析时间的目的。内标物的保留时间和响应因子应该与待测物尽可能接近，且要完全分离。此外，用内标法定量时，样品制备过程要多一个定量加入内标物的步骤，标准样品和未知样品均要加入同一定量的内标物。

（3）定量误差的来源　色谱中误差的主要来源是取样及样品制备、色谱过程、信号处理或数据处理。

① 样品和样品处理　样品的性质是产生准确度和精密度误差的基本原因。色谱中的样品处理牵涉到制备进样溶液。简单稀释的液体样品通常精度可高于 0.5%，应尽量减少所需转移及稀释的次数。样品应当用流动相或用极性比流动相弱的溶剂制备，以保证好的峰形。自动进样的进样重复性好，手工进样的误差一般为 2%～3%。样品预处理往往是色谱方法精确度差的主要来源。

② 色谱过程的影响　色谱方法和相关的仪器操作是定量误差的又一来源，如样品是否瞬间完全气化无分解，分流是否有歧视效应，样品经过的色谱系统是否有吸附、分解。形状不好的峰（前展或拖尾）是定量不好的主要因素。判断和测量峰面积或峰高的准确性，检测器的工作条件及色谱条件的稳定性，这些都会影响定量的结果。

3.4.1.5　方法验证

所谓方法验证（validation，又叫认证）就是要证明所开发方法的实用性和可靠性。实用性一般指所用样品处理方法是否简单易操作，分析时间是否合理，分析成本是否可被接受等。可靠性则包括定量的线性范围、检测限、方法回收率、重复性、重现性和准确度等。下面就这几个可靠性参数作简单介绍。

（1）方法的线性范围　即检测器响应值与样品量（浓度）成正比的线性范围，它主要由检测器的特性所决定。原则上，这一线性范围应覆盖样品组分浓度整个变化范围。线性范围的确定通常是采用一系列（多于 3 个）不同浓度的样品进行分析，以峰面积（或峰高）对浓度进行线性回归。当相关系数大于 0.99 时，就可认为是线性的，小于 0.99 时，就超出了线性范围。一个好的 GC 定量方法，其线性范围（以 FID 检测器为例）可达 10^7，线性相关系数等于或大于 0.9999。

（2）方法的检测限　检测限（DL）是指方法可检测到的最小样品量（浓度），一般的原则是按照 3 倍信噪比计算。即当样品组分的响应值等于基线噪声的 3 倍时，该样品的浓度就被作为最小检测限，与此对应的该组分的进样量就叫作最小检测量。

农药残留试验中，农药残留量信噪比≥3 时的添加浓度确定为本方法最小检出限（LOD），信噪比≥10 时的添加浓度确定为本方法最低定量限。

（3）方法回收率　即方法测得的样品组分浓度与原来样品中实际浓度的比率。空白样品（不含待测物）中添加准确定量的标准样品，用同样方法进行检测，检测量除以添加量即为回收率。农药常量分析方法的回收率要求在 98%～102% 之间，农药残留分析要求在 70%～110% 之间。

（4）方法重复性和重现性　重现性是指同一方法在不同时间、地点以及不同操作人员使用不同型号仪器时所得结果的一致性。用多次分析所得结果的相对标准偏差（RSD）来表示。即在相同条件下连续进样 5～10 次，统计待测组分的保留时间和峰面积（或峰高）的 RSD，一般要求保留时间的 RSD 不大于 1%，峰面积的 RSD 不大于 2%。

3.4.2　高效液相色谱技术

高效液相色谱仪是农药分析中常用的分析仪器，以下就泵、色谱柱、检测器的使用技术和流动相的选择与处理以及高效液相色谱仪的应用五方面进行介绍。

3.4.2.1　泵的使用和维护注意事项

为了延长泵的使用寿命和维持其输液的稳定性，必须按照下列注意事项进行操作。

① 防止任何固体微粒进入泵体，因为尘埃或其他任何杂质微粒都会磨损柱塞、密封环、

缸体和单向阀，因此应预先除去流动相中的所有固体微粒。常用的方法是过滤，可采用 Millipore滤膜（0.22μm 或 0.45μm）等滤器。泵的入口均应连接砂滤棒（或片）。输液泵的滤器应经常清洗或更换。

② 流动相不应含有任何腐蚀性物质，含有缓冲液的流动相不应保留在泵内，尤其是在停泵过夜或更长时间的情况下。如果将含缓冲液的流动相留在泵内，由于蒸发或泄漏，甚至只是由于溶液的静置，就可能析出盐的微细晶体，这些晶体将和上述固体微粒一样损坏密封环和柱塞等。因此，必须泵入纯水将泵充分清洗后，再换成适合于色谱柱保存和有利于泵维护的溶剂（对于反相键合硅胶固定相，可以是甲醇或甲醇-水）。

③ 泵工作时要留心防止溶剂瓶内的流动相被用完，否则空泵运转也会磨损柱塞、缸体或密封环，最终产生漏液。

④ 输液泵的工作压力不能超过规定的最高压力，否则会使高压密封环变形，产生漏液。

⑤ 流动相应先脱气，以免在泵内产生气泡，影响流量的稳定性，如果有大量气泡，泵则无法正常工作。

3.4.2.2 色谱柱的使用和维护

（1）色谱柱的使用方法

① 避免压力和温度的急剧变化及任何机械震动。温度的突然变化或者使色谱柱从高处掉下都会影响柱内的填充状况；柱压的突然升高或降低也会冲动柱内填料，因此在调节流速时应该缓慢进行，在进样时阀的转动不能过缓。

② 应逐渐改变溶剂的组成，特别是在反相色谱中，不应直接从有机溶剂改变为全部是水，反之亦然。

③ 一般来说色谱柱不能反冲，只有特别指明该柱可以反冲时，才可以反冲除去留在柱头的杂质。否则反冲会迅速降低柱效。

④ 选择使用适宜的流动相（尤其是 pH），以避免固定相被破坏。有时可以在进样器前面连接一预柱，分析柱是键合硅胶时，预柱为硅胶，可使流动相在进入分析柱之前预先被硅胶"饱和"，避免分析柱中的硅胶基质被溶解。

⑤ 避免将基质复杂样品尤其是生物样品直接注入柱内，需要对样品进行预处理或者在进样器和色谱柱之间连接一保护柱。保护柱一般是填有相似固定相的短柱。保护柱可以而且应该经常更换。

⑥ 经常用强溶剂冲洗色谱柱，清除保留在柱内的杂质。在进行清洗时，对流路系统中流动相的置换应以相混溶的溶剂逐渐过渡，每种流动相的体积应是柱体积的 20 倍左右，即常规分析需要 50～75mL。

⑦ 保存色谱柱时应将柱内充满乙腈或甲醇，柱接头要拧紧，防止溶剂挥发干燥。绝对禁止将缓冲溶液留在柱内静置过夜或更长时间。

⑧ 色谱柱使用过程中，如果压力升高，一种可能是烧结滤片被堵塞，这时应更换滤片或将其取出进行清洗；另一种可能是大分子进入柱内，使柱头被污染。如果柱效降低或色谱峰变形，则可能是柱头出现塌陷，死体积增大。

每次工作完毕，最好用洗脱能力强的洗脱液冲洗，例如 ODS 柱宜用甲醇冲洗至基线平稳。当采用盐缓冲溶液作流动相时，使用完后应用无盐流动相冲洗。含卤族元素（氟、氯、溴）的化合物可能会腐蚀不锈钢管道，不宜长期与之接触。装在 HPLC 仪上的柱子如不经常使用，应每隔 4～5 天开机冲洗 15min。

（2）高效液相色谱柱保护措施

① 溶剂应使用 HPLC 级，样品和流动相用前先以微孔滤膜过滤。

② 较昂贵的色谱柱，可以在柱前加一个保护柱，对于制备柱，因其进样量大，用保护柱尤为重要。

③ 当在流动相缓冲液中加入与水混溶的有机溶剂时，其中的盐类溶解度下降，可析出盐类沉淀堵塞柱子，所以缓冲液中盐的浓度宜低，样品溶液的组成应和流动相匹配。

④ 已污染柱的处理方法。

a. 去除脂类可用四氢呋喃/乙腈或甲醇洗涤。

b. 去除蛋白质可用乙腈、丙酮和 1％ 三氟乙酸进行梯度洗脱。

c. 某些高疏水性化合物，可用乙腈或甲醇洗脱，同时反复注入四氢呋喃 $100 \sim 200 \mu L$。

d. 对于硅胶、氧化铝和极性（正相）键合相色谱柱按下列顺序依次冲洗：三甲基戊烷或己烷→三氯乙烷→乙酸乙酯→丙酮→乙醇→水。

e. 键合相硅胶柱。苯基、氰基键合相柱按以下顺序冲洗：蒸馏水→甲醇（冲洗过程中可加入少量二甲基甲酰胺）→分离样品用的流动相。

f. 阴、阳离子交换柱：酸性有机物吸附在固定相表面的，用低 pH 缓冲液冲洗，碱性有机物用高 pH 缓冲液冲洗，然后依次用蒸馏水→甲醇→二氯甲烷→甲醇→蒸馏水冲洗干净。

g. 柱头处理。对于柱顶堵塞、严重污染、用溶剂冲洗无效的色谱柱，只有打开柱子去掉柱顶的填料重填，即先拆下不锈钢烧结过滤器，检查柱床，常见塌陷或受污染的带色填料，剔掉无规则床层和带色填料，使柱床显白色并完全水平，再用甲醇作糊状填料匀浆液，将糊状填料匀浆液滴在柱上靠重力从匀浆液中排出甲醇液，重复直到填料水平。

⑤柱子的储存。柱子不能储存于水或水性溶剂中，否则会引起细菌在柱中生长或产生盐类沉淀。储存前应先用适当的溶剂（如甲醇）将柱子冲洗干净，再将柱子两头密封，以防溶剂蒸发使柱子干燥而引起柱子结构的几何学改变。

3.4.2.3 紫外检测器使用技术

紫外检测器简称 UV 检测器，是 HPLC 中应用最广泛的检测器，也是农药分析中最常用的检测器，当检测波长范围包括可见光时，又称为紫外-可见检测器。它灵敏度高、噪声低、线性范围宽、对流速和温度均不敏感，可用于制备色谱。由于灵敏度高，因此即使是那些光吸收小、消光系数低的物质也可用 UV 检测器进行微量分析。

检测器有关的故障及其排除如下所述。

① 流动池内有气泡　如果有气泡连续不断地通过流动池，将使噪声增大，如果气泡较大，则会在基线上出现许多线状"峰"，这时，需要对流动相进行充分的除气，检查整个色谱系统是否漏气，再加大流量驱除系统内的气泡。如果气泡停留在流动池内，也可能使噪声增大，可采用突然增大流量的办法除去气泡（最好不连接色谱柱）。

② 流动池被污染　参比池或样品池被污染，都可能产生噪声或基线漂移。可以使用适当溶剂清洗检测池，要注意溶剂的互溶性；如果污染严重，则需要依次采用 1mol/L 硝酸、水和新鲜溶剂冲洗，或者取出池体进行清洗、更换窗口。

3.4.2.4 流动相的选择和处理

（1）流动相的性质要求　①流动相应不改变填料的任何性质。②纯度高。色谱柱的寿命与大量流动相通过有关，特别防止溶剂所含杂质在柱上积累。③必须与检测器匹配。使用 UV 检测器时，所用流动相在检测波长下应没有吸收，或吸收很小。当使用示差折光检测器时，应选择折射率与样品差别较大的溶剂作流动相，以提高灵敏度。④黏度要低（应小于 2mPa·s）。高黏度溶剂会影响溶质的扩散、传质，降低柱效，还会使柱压增加，使分离时间延长。最好选择沸点在 100℃ 以下的流动相。⑤对样品的溶解度要适宜。如果溶解度欠佳，样品会在柱头沉淀，不但影响了纯化分离，且会使柱子恶化。⑥易于回收，且毒性低。

（2）流动相的选择　农药分析中大多采用反相色谱，其流动相通常以水作基础溶剂，再加入一定量的能与水互溶的极性调整剂，如甲醇、乙腈、四氢呋喃等。极性调整剂的性质及其所占比例对溶质的保留值和分离选择性有显著影响。一般情况下，甲醇-水系统已能满足多数样品的分离要求，且流动相黏度小、价格低，是反相色谱最常用的流动相。

（3）流动相的 pH 值　采用反相色谱法分离弱酸（$3 \leqslant pK_a \leqslant 7$）或弱碱（$7 \leqslant pK_a \leqslant 8$）样品时，通过调节流动相的 pH 值，以抑制样品组分的解离，增加组分在固定相上的保留，并改善峰形的技术称为反相离子抑制技术。分析弱酸样品时，通常在流动相中加入少量弱酸，常用 50mmol/L 磷酸盐缓冲液和 1％ 醋酸溶液；分析弱碱样品时，通常在流动相中加入少量弱碱，常用 50mmol/L 磷酸盐缓冲液和 30mmol/L 三乙胺溶液。流动相中加入有机胺可以减弱碱性溶质与残余硅醇基的强相互作用，减轻或消除峰拖尾现象。所以在这种情况下有机胺（如三乙胺）又称为减尾剂或除尾剂。

（4）流动相的脱气　HPLC 所用流动相必须预先脱气，否则容易在系统内逸出气泡，影响泵的工作。气泡还会影响柱的分离效率，影响检测器的灵敏度、基线稳定性，甚至使无法检测（噪声增大，基线不稳，突然跳动）。此外，溶解在流动相中的氧还可能与样品、流动相甚至固定相（如烷基胺）反应。溶解气体还会引起溶剂 pH 变化，对分离或分析结果带来误差。

除去流动相中的溶解氧将大大提高 UV 检测器的性能，也将改善在一些荧光检测应用中的灵敏度。常用的脱气方法有加热煮沸、抽真空、超声、吹氦等。对混合溶剂，超声脱气比较好，10～20min 的超声处理，可使许多有机溶剂或有机溶剂/水混合液充分脱气（一般 500mL 溶液需超声 20～30min），此法不影响溶剂组成。超声时应注意避免溶剂瓶与超声槽底部或壁接触，以免玻璃瓶破裂，容器内液面不要高出水面太多。

离线（系统外）脱气法不能维持溶剂的脱气状态，停止脱气后，气体立即开始回到溶剂中。在 1～4h 内，溶剂又将被环境气体所饱和。在线（系统内）脱气法无此缺点。最常用的在线脱气法为鼓泡，即在色谱操作前和进行时，将惰性气体喷入溶剂中。严格来说，此方法不能将溶剂脱气，它只是用一种低溶解度的惰性气体（通常是氦）将空气替换出来。一般说来有机溶剂中的气体易脱除，而水溶液中的气体较顽固。在溶液中吹氦是相当有效的脱气方法，但氦气昂贵，难于普及。

（5）流动相的滤过　所有溶剂使用前都必须经 $0.45\mu m$（或 $0.22\mu m$）滤膜滤过，以除去杂质微粒，色谱纯试剂也不例外（除非在标签上标明"已滤过"）。

用滤膜过滤时，特别要注意分清有机相（脂溶性）滤膜和水相（水溶性）滤膜。有机相滤膜一般用于过滤有机溶剂，过滤水溶液时流速低或不能滤过。水相滤膜只能用于过滤水溶液，严禁用于有机溶剂，否则滤膜会被溶解。溶有滤膜的溶剂不得用于 HPLC。对于混合流动相，可在混合前分别滤过，如需混合后滤过，首选有机相滤膜。现在已有混合型滤膜出售。

（6）流动相的储存　流动相一般储存于玻璃、聚四氟乙烯或不锈钢容器内，不能储存在塑料容器中。因许多有机溶剂如甲醇、乙酸等可浸出塑料表面的增塑剂从而导致溶剂受污染。这种被污染的溶剂如用于 HPLC 系统，可能造成柱效降低。储存容器一定要盖严，防止溶剂挥发引起组成变化，也防止氧和二氧化碳溶入流动相。

磷酸盐、乙酸盐缓冲液很易长霉，应尽量新鲜配制使用，不要储存。如确需储存，可在冰箱内冷藏，并在 3 天内使用，用前应重新滤过。容器应定期清洗，特别是盛水、缓冲液和混合溶液的瓶子，以除去底部的杂质沉淀和可能生长的微生物。因甲醇有防腐作用，所以盛甲醇的瓶子无此现象。

（7）HPLC 用水　HPLC 应用中要求用二次蒸馏水或超纯水，HPLC 级水的吸收特性为：在 1cm 池中，用超纯水作空白，在 190nm、200nm 和 250～400nm 的吸光度分别不超过 0.01、0.01 和 0.05。

3.4.2.5　高效液相色谱仪应用方法

（1）方法研究

① 色谱柱选择　首选填料为十八烷基键合硅胶柱。

② 波长选择　首先在可见紫外分光光度计上测量样品液的吸收光谱，以选择合适的测量波长，如最灵敏的测量波长并避开其他物质的干扰。从紫外光谱中还可大体了解在 HPLC 中的响应值，如吸光度小于 0.5 时，HPLC 测定的面积将会很小。

③ 流动相选择　首选甲醇-水系统，应尽可能少用含有缓冲液的流动相。如为碱性样品，流动相的 pH 应为 7～8；如为酸性样品，流动相的 pH 应为 3～4。

④ 定量时一般采用外标法　标准品与供试品应各取样两份，进行定量，计算相对标准偏差（RSD 应不得大于 1.5%）。

（2）样品测定

① 流动相比例调整　对于内径为 4.6mm 的色谱柱流速一般选择 1mL/min，根据保留时间调整流动相（按经验，主峰一般以调至保留时间为 6～15min 为宜），对于 C₁₈ 柱，若保留时间过长可提高流动相中甲醇或乙腈的含量，所以建议第一次检验时少配流动相，以免浪费。弱电解质的流动相其重现性更不容易达到，应注意充分平衡色谱柱。

② 样品配制　a. 溶剂。b. 容器。塑料容器常含有高沸点增塑剂，可能释放到样品液中造成污染，引起分析误差。

③ 记录时间　第一次测定时，应先将空白溶剂、标准样品溶液及供试品溶液各进一针，并尽量收集较长时间的图谱（如 30min 以上），以便确定样品中被分析组分峰的位置、分离度、理论塔板数以及是否还有杂质峰在较长时间内才洗脱出来，确定是否会影响主峰的测定。

④ 进样量　农药标准中常标明注入 10μL，而目前多数 HPLC 系统采用定量环（10μL、20μL 和 50μL），因此应注意进样量是否一致（可改变样液浓度）。

⑤ 计算　由于有些标准样品标示含量的方式与样品标示量不同，有些是复合盐、有些含水量不同、有些是盐基不同或有些是采用有效部位标示，检验时要注意。

⑥ 仪器的使用　a. 流动相滤过后，注意观察有无肉眼能看到的微粒、纤维，有则需重新滤过。b. 柱在线时，增加流速应以 0.1mL/min 的增量逐步进行，一般不超过 1mL/min，反之亦然。否则会使柱床下塌，叉峰。柱不在线时，要加快流速也需以每次 0.5mL/min 的速率递增上去（或下来），勿急升（降），以免泵损坏。c. 安装柱时，要注意流向，接口处不要留有空隙。d. 样品液要注意滤过，若有肉眼可见杂质则先过滤后再进样，注意样品溶剂的挥发性。e. 测定完毕应用水冲柱 1h，甲醇 30min。如果第二天仍使用，可用水以低流速 0.1～0.3mL/min 冲洗过夜（注意水要够量），不需用甲醇冲洗。另外需要特别注意的是：对于含碳量高、封尾充分的柱，应先用含 5%～10% 甲醇的水冲洗，再用甲醇冲洗。f. 冲洗的同时应用水充分冲洗柱头（如有自动清洗装置系统，则应更换水）。

3.4.3 气相色谱-质谱联用技术

近 10 年农产品农药残留检测仪器使用频率排序为：液相色谱-串联质谱（LC-MS/MS）、气相色谱-串联质谱（GC-MS/MS）、气相色谱-质谱（GC-MS）、液相色谱-紫外检测（LC-UV）、气相色谱-电子捕获检测（GC-ECD）、液相色谱-质谱（LC-MS）、液相色谱-荧光检测（LC-FLD）、酶联免疫（ELISA）、液相色谱-二极管阵列检测（LC-DAD）、气相色谱-氮磷检测（GC-NPD）、气相色谱-火焰光度检测（GC-FPD）。下降最快的技术是 LC-UV、GC-NPD。发展最快的技术是 LC-MS/MS、GC-MS/MS。在农药残留检测技术方面，色谱-质谱检测技术已迎来了空前发展的时期。准确、快速和高通量检测技术是研究开发的总趋势。

GC 是以气体为流动相的色谱分离过程，主要用于一定温度下可挥发性物质的检测。在 GC 中，各种高灵敏度、选择性强的检测器如电子捕获检测器（ECD）、氮磷检测器（NPD）、火焰光度检测器（FPD）的使用解决了痕量残留物的分析问题。GC 对分析物的定性是根据保留时间来判定的，但往往由于样品基质复杂，加上样品前处理过程并不能完全去除干扰物，在色谱分析时可能会出现许多干扰杂质峰，造成误判或定量不准确。气相色谱与质谱联用（GC-MS）技术的出现较好地解决了这一问题。GC 的分离功能加上质谱对特征离子强大的鉴别功能，克服了单纯 GC 检测时以保留时间定性的缺点，并可以给出化合物的结构信息。

MS 作为一种高灵敏度的通用型检测器，可以克服选择性检测器如 ECD、FPD 等在多残留组分分析上的不足，满足不同性质的多残留组分同时测定的需求。SIM 模式可有效提高检测灵敏度，减少干扰，有效避免假阳性结果。

就目前的样品前处理技术而言，在保留目标化合物的同时完全去除基质杂质干扰仍有相当难度。对传统的与 GC 联用的单极质谱（GC-MS）而言，由于只能采用选择离子扫描方式进行分析，采集质谱信息少，定性存在很大的不准确性，样品中存在的杂质还会造成进样衬管及色谱柱甚至离子源等污染，导致保留时间漂移和信号强度衰减或增大，干扰定量准确性。三重四极杆气相色谱-质谱（GC-MS/MS）通过空间上串联可实现多通道的二级质谱扫描分析，二级质谱功能还能有效提高分析灵敏度，更适用于多种类农药残留的检测。

3.4.3.1 气相色谱-质谱联用系统的构成及工作原理

（1）仪器组成　气相色谱-质谱联用仪主要有四部分组成：气相色谱仪、接口（GC 和 MS 之间的连接装置）、质谱仪和计算机（图 3-2）。

图 3-2　气相色谱-质谱联用系统的仪器组成

（2）工作原理　进样系统引入待测化合物，气相色谱对待测化合物进行分离，化合物分子经高能电子流离子化，生成分子离子和碎片离子，然后利用电磁学原理使离子按不同质荷比分离并记录各种离子强度，得到质谱图。每种化合物都具有像指纹一样的独特质谱图，将被测物的质谱图与已知物的质谱图对照，就可对被测物进行定性、定量。随着信息化技术的进步以及色谱-质谱仪器分辨率和灵敏度等性能的不断提高，只需要纳克级甚至皮克级样品，就可得到满意的质谱图。高分辨质谱测定的分子量精度可以达到百万分之五（m/z 可精确到小数点后第 4 位，即 0.0001），加之质谱能提供化合物的元素组成以及官能团等结构信息，其对化合物定性、定量的准确度和灵敏度无与伦比。

（3）质谱系统主要结构

① 离子源　其功能是提供能量将待分析的样品电离，形成由不同质荷比（m/z）离子组成的离子束。质谱仪的离子源种类很多。主要有电子轰击离子源（electron impact ion source，EI）、化学电离源（chemical ionization，CI）、场致电离源（field ionization，FI）、快原子轰击离子源（fast atom bombardment，FAB）、电喷雾电离源（electron spray ionization，ESI）、大气压化学电离源（atmospheric pressure chemical ionization，APCI）等。其中 EI 和 CI 源适用于易气化的有机物样品分析，主要用于气相色谱-质谱联用仪。

② 质量分析器　质量分析器（mass analyzer）的作用是将离子源产生的离子按其质荷比（m/z）顺序分离。不同类型质谱的区别在于质量分析器部分，一般有四极杆、离子肼、飞行时间质量分析器和三重四极杆质量分析器。

③ 离子检测器　离子检测器的功能是接受经质量分析器分离的离子，将离子流转化成电信号放大输出，经计算机采集、处理得到按不同 m/z 排列及对应离子丰度的质谱图。质谱仪多用电子倍增器作为离子检测器。经质量分析器分离的离子打在表面涂有特殊材料的金属打拿极上，产生若干电子，而后通过逐级倍增，最后检测到倍增后的电子流。这种检测器响应快、灵敏度高。

3.4.3.2　气相色谱-质谱仪简要操作步骤

① 开启计算机和仪器，设置仪器参数，如载气流速、温度、真空度等仪器运行参数。

② 待仪器稳定后，进行气相色谱条件的选择。

③ 待仪器稳定后，用待测样品标准品进行质谱参数调谐，得到最佳的质谱分析条件，确保峰形平滑对称，灵敏度高。

④ 选择最优的气相色谱条件和质谱分析条件，编辑完整的仪器分析方法。

⑤ 待仪器运行和基线稳定后，进行实时分析。样品运行期间可以利用工作站前台对运行情况进行观察，异常时需进行调整。

⑥ 样品运行结束后进行数据处理，化合物的质谱是以测得离子的质荷比（m/z）为横坐标，以离子强度（相对丰度,%）为纵坐标的谱图。采用 Scan（扫描）方式，气相色谱-质谱联用分析可以获得不同组分的质谱图。以色谱保留时间为横坐标，以各时间点测得的总离子强度为纵坐标，可以测得待测混合物的总离子流色谱图（total ion current chromatogram，TIC），见图 3-3。当固定检测某离子或某些的质荷比，对整个色谱流出物进行选择性检测时，将得到选择离子检测色谱图（selected-ion monitoring chromatogram，SIMC），见图 3-4。

另外，相关常见仪器故障排除与维护请参考相关专业书籍。

3.4.4　液相色谱-质谱联用技术

液相色谱（LC）是以液体为流动相的色谱分离过程。高效液相色谱（HPLC）是在经典的液相色谱法基础上发展起来的。通过引入 GC 的理论和技术，发展了高分离高效能的色谱柱和高灵敏度的检测器，传统的 HPLC 检测器包括紫外检测器（UVD）、二极管阵列检测

图 3-3 联苯菊酯总离子质谱图

图 3-4 联苯菊酯选择离子监测色谱图

器（DAD）、荧光检测器（FLD）、示差折光检测器及蒸发光散射检测器等。在残留分析中应用较多的检测器有 UVD、DAD 及 FLD。HPLC 方法适用于高沸点、大分子、强极性和热稳定性差的化合物的分析，阿维菌素类（AVM）农药残留分析就是一个较好的应用实例。

对农产品中农药残留检测来说，由于可采用 HPLC 分析的农药大多在紫外光区才有吸收，而在此光谱区众多内源性物质如皮质激素、维生素、脂类、核酸等均有吸收，干扰严重，难以获得满足残留要求的灵敏度。荧光检测器是少数可满足残留分析要求的 HPLC 检测器之一，一段时间以来，荧光衍生化检测曾是主要研究方向。同样是对阿维菌素类药物残留的分析，采用 HPLC-FLD 的检测限比 HPLC-UVD 或 HPLC-DAD 要低约一个数量级。但大部分农药不能发射荧光，只能通过化学反应将荧光物质结合到被检测农药上，这又引入一个反应程度的问题，而 LC-MS/MS 可有效地解决此问题。而且 LC-MS/MS 灵敏度高、性能稳定，在准确定量的同时可以确证，成为残留分析中重要的分析仪器。近年来，随着技术的发展，多种质量分析器组成的串联质谱不断涌现，如四极杆-飞行时间串联质谱（Q-TOF）和飞行时间-飞行时间（TOF-TOF）串联质谱等。这些设备与液相色谱的联用，大大扩展了应用范围。此外，液相色谱的发展如超高效液相色谱（UPLC）的出现，也使得联用技术有了新的发展。与常规 HPLC 与质谱联用仪相比，采用超高效液相色谱的联用系统具有更锐的色谱峰形、更佳的信噪比和更高的灵敏度，单位时间样品通量也大幅提高，为残留分析带来了技术上的进步。与 HPLC 相比，HPLC-MS/MS 定性功能强大，对前处理的要求较少，分析灵敏度远高于 HPLC。在 HPLC-MS/MS 分析中，乙腈是最常使用的提取溶剂，适用于多种农药残留分析的提取，而且大多数的提取液仅需简单前处理即可上机检测。

3.4.4.1 液相色谱-质谱联用主要结构组成及原理

（1）仪器组成　高效液相色谱-质谱联用仪器由高效液相色谱系统（进样系统）、色谱-质谱接口（离子源和真空接口）、质量分析器等部分组成。后两部分组成质谱仪（图3-5）。

图 3-5　串联四极杆质谱仪结构图

（2）仪器原理　进样系统引入待测化合物，液相色谱对待测化合物进行分离，在离子源中生成各种气态正离子（或负离子）；这些离子经真空接口进入质量分析器，按质荷比（m/z）分离后，被离子检测器检测，检测信号经转化、计算机系统处理后，获得待测化合物的质谱图。

3.4.4.2 超高效液相色谱-质谱联用仪操作步骤

① 流动相的准备。流动相应避免使用非挥发性添加剂、无机酸、金属碱、盐及表面活性剂等试剂。色谱流动相一般选择色谱纯级的甲醇、乙腈、异丙醇等；水应充分除盐，如超纯水或多次石英器皿重蒸水。流动相的添加剂，如甲酸铵、乙酸铵、甲酸、乙酸、氨水、碳酸氢铵应选择分析纯级以上的试剂，慎用三氟乙酸。挥发性酸、碱的浓度应控制在0.01%～1%（体积分数）之间，盐的浓度最好保持在 20mmol/L 以下。

② 样品的准备。所有样品必须过滤，盐浓度高的样品应预先进行脱盐处理。鉴于高浓度和离子化能力很强的样品容易在管道残留形成污染，难以消除，未知样品分析时应遵循浓度宁稀勿浓、由低到高的规律。采用直接进样方式时，样品溶液的浓度一般不宜高于 $1\mu g/mL$，若浓度高于 $5\mu g/mL$ 时信号值仍偏小，应考虑所用条件、参数、离子检测模式等是否合适，仪器状态是否正常等。混合样品一般不宜采用直接进样方式分析。

③ 离子源的准备。根据待测样品的性质选择合适的离子源、检测离子的极性和模式及参数。在开机前完成离子源的更换和安装。

④ 流速的选择。应根据离子化方式的不同，选择导入离子源的液体流速，并采用恰当的接口参数辅助流动相挥发，减少对质谱的污染，提高检测灵敏度。尽管电喷雾离子化可在 $1\mu L/min$～1mL/min 流速下进行，大气压化学离子化容许的流速可达 2mL/min，常规 ESI 分析的适宜流速为 0.1～$0.3mL/min$，APCI 为 0.2～$1.0mL/min$。当色谱分离因采用常规柱而使用较大的流动相流速时，需在色谱柱后对洗脱液分流，仅将一定比例的液体引入离子源分析。

⑤ 气体的要求。碰撞气应为惰性气体（如氩气）；氮气主要作为雾化气。

⑥ 开机测定。打开稳压电源，检查输出电压应在（220±10）V，频率为50Hz，稳定15min，同时检查碰撞气及氮气出口压力，应符合规定值。

⑦ 按照仪器的使用要求，启动计算机、液相色谱、质谱仪，注意质谱仪应先抽真空至仪器真空度达到要求后方能进行测定。为确保质谱真空系统良好的工作状态，真空泵泵油以及涡轮分子泵油芯需定期更换。

⑧ 仪器稳定后，质谱仪采集质量校准用标准物质的质谱图，检查仪器质量标定的可靠性。

⑨ 仪器工作条件的选择。色谱条件的确定根据样品情况，选择合适的色谱柱。确定正相或反相的流动相体系、梯度洗脱条件及洗脱速度。优化液相色谱条件，实现混合样品的良好分离。质谱条件的确定根据样品性质，选择适宜的离子源及离子化参数。将确定的色谱条件及质谱条件储存为计算机文件。

⑩ 定性分析。单级质谱分析通过选择合适的 Scan 参数来测定待测物的质谱图。串联质谱分析则选择化合物的准分子离子峰，通过优化质谱参数，进行二级或多级质谱扫描，获得待测物的质谱。高分辨质谱可以通过准确质量测定获得分子离子的元素组成，低分辨质谱信息结合待测化合物的其他分子结构的信息，可以推测出未知待测物的分子结构。

⑪ 定量分析。采用选择离子检测（SIM）、选择反应检测（SRM）或多反应监测（MRM）等方式，通过测定某一特定离子或多个离子的丰度，并与已知标准物质的响应比较，质谱法可以实现高专属性、高灵敏度的定量分析。外标法和内标法是质谱常用的定量方法，内标法具有更高的准确度。质谱法所用的内标化合物可以是待测化合物的结构类似物或稳定同位素标记物。

⑫ 分析报告。完成液质分析后，除按要求提供待测样品的不同色谱图、质谱图、定性分析及定量分析数据外，还应记录以下项目：a. 分析日期、时间、温度；b. 仪器厂商及型号；c. 样品、名称、来源、溶剂、浓度及进样量；d. 液相色谱柱参数、流动相组成及液相色谱操作参数；e. 接口及质谱操作参数；f. 操作人员签名。

实验中常见仪器故障排除与维护请参考相关专业书籍。

3.5　农药分析中的标准样品制备

目前国外的农药标准样品有国际标准样品，以及美国、德国、日本、英国等国的国家标准样品，这些国家对农药标准样品都十分重视，并建立了农药标准样品的研制、鉴定、审查、批准和发放体系，保证了农药标准样品的准确性和权威性。

3.5.1　标准样品的重要性和类别

农药标样是具有高纯度和准确含量的农药样品，在农药分析中用以确定该同一农药量值的参比物质。一种仪器分析方法的准确与否，与所使用的农药"参比物质"纯度的准确性有关。国际农药分析协作委会员（Collaborativ Ienternational Pesticides Analytical Council Limited，CIPAC）指出，农药分析中参比物质分为两类。①基准参比物（primary reference standard）。其是高度纯化的、对各项特性有详细描述的合格参比物，用于标定工作标样的含量及测定其理化参数。②工作标样（working standard）。其是经纯化的、用于日常分析工作的参比物。其纯度和性质是与基准参比物在相同条件下比较而确定的。工作标样可用于农药常量分析、稳定性实验和残留分析。目前在日常工作中应用的是工作标样。

3.5.2　原料选择

原料应尽可能直接从国内产品市场、生产厂、研究机构实验室获取。为降低制备标准样品提纯操作的技术难度，所选取的原料不宜含乳化剂、助剂及其他添加成分。

一般的农药工业品（原药）即可作为制备农药标准品的原料，也称候选物。

① 含量较高的精细工业品可以直接用来作为农药标准品。在定值前应使物料均匀。固体物料应加以粉碎并混匀。黏稠状液体在定值前应先加温使其成流动性液体并使其均匀。

② 非精细工业品一般不作候选物用，但在必要时可对此类工业品做有效的提纯。

3.5.3　标准样品的定性

经分离纯化制得的农药标准样品，需对其纯度进行测定，在进行定量测定前，必须定性确证。目前，国内外对标准农药质量控制有以下要求。

（1）物理常数的测定　①熔点测定。纯固体农药有恒定的熔点，其熔程<0.5℃，含有杂质的农药，其熔点不符，熔程加宽。②沸点测定。纯液体农药在一定大气压力下，具有恒定的沸点，其沸程为0.5~1℃。③其他如密度等所测的各项物理常数必须与文献记载的数据完全一致。折射率等物理常数也应该符合文献规定。

（2）光谱法　①紫外光谱法能有效地定性和定量测定双键、芳烃或有共轭体系的化合物。②红外光谱法能快速测定化合物的骨架和官能团。③核磁共振谱法能精细地测定化合物的微细结构。提纯样品的谱图应与标准图谱完全一致，且无杂峰。

（3）色谱法　①薄层色谱法，两种展开条件检查，均为单个斑点。②用气相色谱或液相色谱法定性，样品保留时间应与标准样品一致，均可作为定性的依据，且杂质总量低于1%。

（4）质谱法　高效地测定分子量及化学组成，图谱与标准图谱完全一致。

3.5.4　标准样品的定量

原则上采用化学法和仪器法两种定量方法，以弥补两者各自的缺陷，得到准确的纯度。农药标准品是一级标准的，不能用另一标准品来标定它的含量。采用直接化学法进行定量，常用碘量法、银量法、中和法、非水滴定法、重量法等。仪器法常用气相色谱法、液相色谱法、薄层色谱法、极谱分析法、分光光度法等，以色谱、光谱两类为主。

（1）色谱法　采用气相色谱法或液相色谱法测定，纯化合物一般在谱图上只出现一个单峰，或除单峰外只出现极微量的杂峰。可根据测试样品，与选定的内标或外标峰面积或峰高进行比较，准确计算其纯度。

（2）光谱法　紫外光谱或红外光谱图上有适宜的吸收峰时，亦可采用光谱法，以峰面积或峰高计算进行定量。

3.5.5　确证方法

在残留分析和制剂分析中，对待测农药的确证方法基本相同，都是以定性确证为主。可用于确证的方法主要有色-质联用法、气相色谱法、薄层色谱法、高效液相色谱法等。化学处理法是使检测对象进行一些专一性的化学反应，根据生成物的化学性质和色谱特性的变化而进行确证，有时需各法联用。以下为常用有机氯和有机磷农药的定性确证示例。

（1）有机氯农药确证　常用气相色谱法和化学处理法。

① 气相色谱法　常采用不同极性色谱柱和电子捕获检测器，根据相对保留时间加以确证。

② 化学处理法　有机氯农药经处理后，可分解或转化为另一种化合物，使其在色谱图上不出峰，或产生另一色谱峰，从而得到确证。

（2）有机磷农药确证　常采用薄层色谱法、气相色谱法及化学处理法。

① 薄层色谱法　其中以薄层-酶抑制法（TLC-EI）灵敏度最高，可广泛用于各种有机磷农药。

② 气相色谱法　利用不同极性色谱柱，使用火焰光度检测器，根据相对保留时间进行确证。

③ 化学处理法　有机磷农药是品种和结构类型最多的一类农药，确证方法各异。

此外元素分析也可作为鉴定农药标准品的内容之一，比对实验值与理论值是否一致。

3.5.6　均匀性和稳定性

（1）均匀性　在制备的样品中，选一基本"对比点"取 6 份样品；另选择 6 个取样点为"检查点"。经测定两个样品组数据无统计上的显著差异，证明产品均匀。表 3-1 为涕灭威均匀性测定结果。

表 3-1　涕灭威均匀性测定结果　　　　　　　　　　　单位：%

检查点	99.26	99.09	99.34	99.16	99.31	99.06
对比点	98.97	98.99	99.15	99.20	99.25	99.08

计算值 $F(1.19)$ 小于查得值 $F_x(5.05)$，计算值 $t(1.35)$ 小于查得值 t_x，表明两组数据无显著性差异。

（2）稳定性　样品在规定条件下储存，以两年为期，第一年每两个月、第二年每三个月测定一次含量（每次测定 6 个数据，取其平均值）。测定值的偏差不超过测定方法的精密度时，确定样品稳定性符合要求。

3.6　实验部分

实验1　农药水分测定方法
（GB/T 1600—2001）

一、实验目的

学习并掌握使用卡尔·费休法和共沸蒸馏法测定农药中的水分含量。

二、卡尔·费休法

　1. 实验原理

卡尔·费休法属碘量法，其基本原理是利用碘氧化二氧化硫时，需要一定量的水参加反应。卡尔•费休试剂与水的反应式如下。

$$I_2 + SO_2 + 3C_5H_5N + H_2O \longrightarrow 2C_5H_5N \cdot HI + C_5H_5N \cdot SO_3$$

$$C_5H_5N \cdot SO_3 + CH_3OH \rightarrow C_5H_5N \cdot HSO_4CH_3$$

反应生成的：$2I^- - 2e \longrightarrow I_2$

由上式可知，参加反应的 I_2 物质的量等于 H_2O 的物质的量。

2. 实验方法

(1) 试剂和溶液

① 无水甲醇　水的质量分数应小于等于 0.03%。取 5～6g 表面光洁的镁（或镁条）及 0.5g 碘，置于圆底烧瓶中。加 70～80mL 甲醇，在水浴上加热回流至镁全部生成絮状的甲醇镁，此时加入 900mL 甲醇，继续回流 30min，然后进行分馏，在 64.5～65℃收集无水甲醇。所用仪器应预先干燥，与大气相通的部分应连接装有氯化钙或硅胶的干燥管。

② 无水吡啶　水的质量分数应小于等于 0.1%。吡啶通过装有粒状氢氧化钾的玻璃管（管长 40～50cm，直径 1.5～2.0cm，氢氧化钾高度为 30cm 左右）处理后进行分馏，收集 114～116℃的馏分。

③ 碘　重升华，并放在硫酸干燥器内 48h 后再用。

④ 硅胶　含变色指示剂。

⑤ 二氧化硫　将浓硫酸滴加到盛有亚硫酸钠（或亚硫酸氢钠）糊状水溶液的支管烧瓶中，生成的二氧化硫经冷阱（图 3-6）冷却液化（冷阱外部加干冰和乙醇或冰和食盐混合）。使用前把盛有液体二氧化硫的冷阱放于空气中气化，并经浓硫酸和氯化钙干燥塔进行干燥。

图 3-6　冷阱
1—广口烧瓶；
2—250mL 冷片

⑥ 卡尔•费休试剂（有吡啶）　将 63g 碘溶解在干燥的 100mL 无水吡啶中，置于冰中冷却，向溶液中通入二氧化硫直至增重 32.3g，避免吸收环境潮气，补充无水甲醇至 500mL 后，放置 24h。此时卡尔•费休试剂的水含量约为 5.2mg/mL，也可使用市售的无水吡啶卡尔•费休试剂。

(2) 仪器　滴定装置如图 3-7 所示。

图 3-7　滴定装置

A—10mL 自动滴定管；B—试剂瓶；C—干燥管；D—滴定瓶；E—电流
计或检流计；F—可变电阻；G—开关；H—1.5～2.0V 电池组

试剂瓶 250mL，配有 10mL 自动滴定管，用吸耳球将卡尔•费休试剂压入滴定管中，通过安放适当的干燥管防止吸潮。

反应瓶约 60mL，装有两个铂电极、一个调节滴定管尖的瓶塞、一个用干燥剂保护的放空管，待滴定的样品通过入口管或从磨口塞开闭的侧口加入，在滴定过程中，用电磁搅拌。

1.5V 或 2.0V 电池组同一个约 2000Ω 的可变电阻并联。铂电极上串联一个微安表。调节可变电阻，使 0.2mL 过量的卡尔·费休试剂流过铂电极的初始电流不超过 20mV 产生的电流。每加一次卡尔·费休试剂，电流表指针偏转一次，但很快恢复到原来的位置，到达终点时，偏转的时间持续较长。电流表满刻度偏转不大于 $100\mu A$。

（3）卡尔·费休试剂的标定

① 以二水酒石酸钠为基准物　加 20mL 甲醇于滴定容器中，用卡尔·费休试剂滴定至终点，不记录需要的体积，此时迅速加入 0.15～0.20g（精确至 0.002g）酒石酸钠，搅拌至完全溶解（约 3min），然后以 1mL/min 的速度滴加卡尔·费休试剂至终点。

卡尔·费休试剂的水含量 c_1(mg/mL) 按式（3-1）计算

$$c_1 = \frac{36m \times 1000}{230V} \tag{3-1}$$

式中　230——酒石酸的分子量；

　　　36——水的分子量的 2 倍；

　　　m——酒石酸钠的质量，g；

　　　V——消耗卡尔·费休试剂的体积，mL。

② 以水为基准物　加 20mL 甲醇于滴定容器中，用卡尔·费休试剂滴定至终点，迅速用 0.25mL 注射器向滴定瓶中加入 35～40mg（精确至 0.0002g）水，搅拌 1min 后，用卡尔·费休试剂滴定至终点。

卡尔·费休试剂的水含量 c_2(mg/mL) 按式（3-2）计算：

$$c_2 = \frac{m \times 1000}{V} \tag{3-2}$$

式中　m——水的质量，g；

　　　V——消耗卡尔·费休试剂的体积，mL。

（4）测定步骤　加 20mL 甲醇于滴定瓶中，用卡尔·费休试剂滴定到终点，迅速加入已称量的试样（精确至 0.01g，含水 5～15mg），搅拌 1min，然后以 1mL/min 的速度滴加卡尔·费休试剂至终点。

试样中水的质量分数 X_1(%) 为：

$$X_1 = \frac{cV \times 100}{m \times 1000} \tag{3-3}$$

式中　c——卡尔·费休试剂的水含量，mg/mL；

　　　V——消耗卡尔·费休试剂的体积，mL；

　　　m——试样的质量，g。

（5）卡尔·费休库仑滴定仪器测定法

① 试剂和溶液　卡尔·费休试剂（包括有吡啶和无吡啶）取自市售。

② 仪器　微量水分测定仪与化学滴定法精度相当。

③ 测定步骤　按具体仪器使用说明书进行。

三、共沸蒸馏法

（1）方法提要　试样中的水与甲苯形成共沸二元混合物，一起被蒸馏出来，根据蒸出水的体积，计算水含量。

（2）试剂　甲苯。

（3）仪器　水分测定器（图 3-8），包括 2mL 接收器，分刻度为 0.05mL；500mL 圆底烧瓶。

（4）测定步骤　称取含水 0.3～1.0g 的试样（精确至 0.01g），置于圆底烧瓶中，加入 100mL 甲苯和数支长 1cm 左右的毛细管，按图 3-7 所示安装仪器，在冷凝器顶部塞一个疏松的棉花团，以防大气中水分的冷凝，加热回流速度为每秒 2～5 滴，继续蒸馏直到在仪器的任何部位，除刻度管底部以外，不再见到冷凝水，而且接收器内水的体积不再增加时再保持 5min 后，停止加热。用甲苯冲洗冷凝器，直至没有水珠落下，冷却至室温，读取接收器内水的体积。其中水的质量分数 X_2（%）按式（3-4）计算。

$$X_2（\%）= \frac{V \times 100\%}{m} \quad (3-4)$$

式中　V——接收器中水的体积，mL；

　　　m——试样的质量，g。

图 3-8　水分测定器
1—直形冷凝器；2—接收器；
3—圆底烧瓶；4—棉花团；
图中各标注尺寸单位均为 mm

四、卡尔·费休法注意事项

① 样品如为固体可用称量瓶或称量纸称取；如为液体可取少量放置于 10mL 干燥三角瓶中，用干燥滴管取样。均以减量法称出取样量。

② 如供试样品在溶剂中溶解速度较慢，则需先进行搅拌，待供试样品溶解后方可进行测定。

③ 测定全部结束后，须用甲醇清洗滴定池和电极，且用甲醇浸没滴定管的滴头，以防滴头被析出的结晶堵塞。

④ 供试品应取 3 份进行测定，取其平均值。测定结果保留至小数点后一位即可。

⑤ 费休氏试液应密封，避光，并于干燥处保存，滴定装置中的干燥剂应定期调换。

⑥ 水分测定所用的容器均应干燥，所用的试剂均应无水。

⑦ 每次水分测定前费休氏试液应重新标定。

⑧ 应根据供试品水分含量，适量取样，样品取样量可参考表 3-2。

表 3-2　样品取样量参考

预计样品含水量/%	取样量/mg	预计样品含水量/%	取样量/mg
0.1～0.5	500～1000	5～10	100
0～2	200	10～25	100
2～5	100	>25	100

⑨ 避免搅拌棒碰撞电极。如果电极钝化，终点指示不灵敏，应用丙酮浸洗。

五、思考题

① 卡尔·费休滴定测定水的终点判别方法有哪几种？

② 在进行卡尔·费休滴定过程中会出现终点提前现象，原因是什么？如何避免？

③ 共沸蒸馏法中如何选择共沸有机溶剂？

实验2 农药氢离子浓度测定(pH计法)

一、实验目的

学习 pH 计法测定农药氢离子浓度。

二、实验原理

常用 H^+ 浓度来表示溶液的酸碱性，当 $[H^+]$ 小于 1mol/L 时，为了使用方便，常用氢离子浓度的负对数，即 $-lg[H^+]$ 来表示溶液的酸度，并称为 pH，即 $pH=-lg[H^+]$。最常用的 pH 计是将复合电极和温度传感器插入标准溶液校正后对被测样品进行测量。

三、实验材料

(1) 试剂和溶液 蒸馏水 pH6～8。标准缓冲溶液的配制：取一包缓冲试剂用蒸馏水定容至 250mL。

标准溶液的 pH 值与温度关系对照见表 3-3。

(2) 仪器 PHSJ-4A 型实验室 pH 计、容量瓶（250mL）、烧杯（250mL）、玻璃棒、吸水纸、量筒（100mL）。

表 3-3 标准溶液的 pH 值与温度之间的关系

温度/℃	邻苯二甲酸氢钾(0.05mol/L)	混合磷酸盐(0.025mol/L)	四硼酸钠(0.01mol/L)
0	4.000	6.984	9.464
5	3.998	6.951	9.395
10	3.997	6.923	9.332
20	4.001	6.881	9.225
25	4.005	6.865	9.180
30	4.011	6.853	9.139
40	4.027	6.838	9.068
50	4.050	6.833	9.011
55	4.065	6.835	8.986

(3) 药剂 可湿性粉剂、乳油。

四、仪器及校正

(1) PHSJ-4A 型实验室 pH 计 如图 3-9 所示。需要有温度补偿或温度校正图表。

(2) pH 复合电极 电极的室腔中需注满饱和氯化钾溶液，并需保证在任何温度下都有少量的氯化钾晶体存在，实验前浸泡一天后方可使用。

(3) 电极标定

图 3-9 PHSJ-4A 型实验室 pH 计

① 将 pH 复合电极和温度传感器分别插入仪器的测量电极插座和温度传感器插座内，并将该电极用蒸馏水清洗干净，选择一种与被测溶液 pH 相近的 pH 标准缓冲溶液进行标定。

② 仪器开机后，在仪器处于任何工作状态下，按下"校准"键，仪器即进入"标定 1"工作状态，此时，仪器显示"标定 1"以及当前测得的 pH 值和温度值。

③ 当显示屏上的 pH 值读数趋于稳定后，按下"确认"键，仪器显示"标定 1 结束！"以及 pH 值和斜率，说明仪器已完成一点标定。如按下其中某一键，则仪器进入相应的工作

状态。

④ 如果有必要进行两点标定（即用两种缓冲液对电极进行标定），需要将电极取出用蒸馏水清洗干净，放入另一种缓冲液中进行标定，步骤同上。

五、 实验步骤

(1) 可湿性粉剂　在 250mL 三角瓶中加入 1.000g 样品，然后再加 100mL 蒸馏水，充分振荡混匀，静置，待沉淀完全后，将上清液倒入 250mL 的烧杯中，将洗干净的复合电极和温度传感器放入其中，按下 pH 键进行测定。当读数在 2min 内变化不超过 0.1pH 时，此读数即为样品的 pH 值。

(2) 乳油　在 250mL 三角瓶中加入 1.000g 乳油，然后再加 100mL 蒸馏水，充分搅拌混匀，将其倒入 250mL 烧杯中，再将冲洗干净的复合电极和温度传感器插入其中，按下 pH 键进行测定。如读数在 2min 内变化不超过 0.1pH，此读数即为样品的 pH 值。

六、 注意事项

① 电极标定时，选择一种与被测溶液 pH 相近的 pH 标准溶液进行标定。

② 测定样品的 pH 时，电极及温度传感器不能碰到烧杯壁。

③ 在测试每种药剂时电极都要用蒸馏水清洗干净。

④ 实验完毕后，电极要冲洗干净并妥善保存。

实验3　农药酸度的测定

一、 实验目的

学习用酸碱滴定的方法测定农药酸度。

二、 实验原理

很多农药的分解与 H^+ 或 OH^- 的浓度直接相关，可通过酸碱滴定的方法来测定制剂或原药的氢离子浓度。

三、 实验材料

(1) 试剂和溶液　氢氧化钠：分析纯，0.02mol/L 标准溶液；盐酸：分析纯，0.02mol/L 标准溶液；甲基红：0.2%无水乙醇溶液；以及蒸馏水、无水乙醇（分析纯）、丙酮（分析纯）等。

(2) 仪器　万分之一电子天平，酸式滴定管（25mL），碱式滴定管（25mL），烧杯（250mL），容量瓶（1000mL、100mL），三角瓶（250mL），量筒（100mL），胶头滴管，药匙，玻璃棒，滴瓶，白纸，标签纸等。

(3) 药剂　杀虫单可溶性粉剂、百菌清可湿性粉剂、异丙威原药。

四、 实验步骤

(1) 杀虫单可溶性粉剂　称取 5g（精确至 0.002g）样品，置于 250mL 三角瓶中，加50mL 蒸馏水，塞紧盖子剧烈摇动使其溶解，加 6 滴甲基红作指示剂，用 0.02mol/L NaOH标准溶液滴定，同时用不加样品的 50mL 蒸馏水加 6 滴甲基红指示剂做空白测定［甲基红的变色范围是 pH4.2（红）~6.2（黄）］。计算公式如下所述。

如果空白消耗少量的碱则应按式（3-5）、式（3-6）计算。

$$酸度（以 HCl 计, \%）= \frac{c_1 (V_1 - V_2) \times 0.03646}{m} \times 100 \tag{3-5}$$

$$酸度（以 H_2SO_4 计, \%）= \frac{c_1 (V_1 - V_2) \times 0.049}{m} \times 100 \tag{3-6}$$

如果空白消耗少量的酸则应按式（3-7）、式（3-8）计算。

$$\text{酸度（以 HCl 计,}\%) = \frac{(c_1 V_1 + c_2 V_3) \times 0.03646}{m} \times 100 \quad (3-7)$$

$$\text{酸度（以 H}_2\text{SO}_4\text{ 计,}\%) = \frac{(c_1 V_1 + c_2 V_3) \times 0.049}{m} \times 100 \quad (3-8)$$

式中　c_1——NaOH 标准溶液的浓度，mol/L；

c_2——HCl 标准溶液的浓度，mol/L；

V_1——滴定样品时消耗 NaOH 标准溶液的体积，mL；

V_2——滴定空白时消耗 NaOH 标准溶液的体积，mL；

V_3——滴定空白时消耗 HCl 标准溶液的体积，mL；

m——样品的质量，g；

0.049——1/2 硫酸分子摩尔质量，kg/mol；

0.03646——HCl 分子摩尔质量，kg/mol。

（2）百菌清可湿性粉剂　称取 5g（精确至 0.002g）药剂，溶解步骤同上。

加入 6 滴甲基红作指示剂，用 0.02mol/L NaOH 标准溶液滴定，同时用不加样品的 50mL 蒸馏水加 8 滴甲基红指示剂做空白测定，计算公式同上。

（3）97% 的异丙威原药　5g（精确至 0.002g）原药用 50mL 95% 的丙酮溶解，加 6 滴甲基红作指示剂，用 0.02mol/L NaOH 标准溶液滴定，同时用不加样品的 50mL 95% 的丙酮加 6 滴甲基红指示剂做空白测定，计算公式同上。

五、注意事项

① 滴定时，实验前如果未做预试，速度要尽量慢一些，否则很容易就会滴过而错过滴定终点的判断。

② 滴定时用一张白纸做背景，以便于判断滴定终点。

③ 滴定管使用前应进行润洗并先赶尽气泡。

④ 测定乳油等液体剂型的酸度时，所用样品要称取而不能量取。

六、思考题

pH 与酸度有何不同？

实验4　薄层-溴化法测定辛硫磷含量

一、实验目的

1. 掌握薄板制作、点样、色谱、分离、溴化滴定定量分析技术。
2. 利用薄层色谱法净化辛硫磷乳油，并对有效成分定量。

二、实验原理

辛硫磷（phoxim）结构式：

① 溴化钾-溴酸钾溶液在酸性溶液中析出溴。

$$5KBr + KBrO_3 + 3H_2SO_4 \longrightarrow 3Br_2 + 3K_2SO_4 + 3H_2O$$

② 辛硫磷被溴分解氧化。

（苯环结构）C=N-O-P(=S)(OC$_2$H$_5$)(OC$_2$H$_5$)，CN $+4Br_2+5H_2O \longrightarrow$ （苯环结构）C=N-O-P(=O)(OC$_2$H$_5$)(OC$_2$H$_5$)，CN $+H_2SO_4+8HBr$

③ 碘化钾在酸性溶液中释放出碘化氢。

$$2KI+H_2SO_4 \longrightarrow 2HI+K_2SO_4$$

④ 剩余的溴被碘化氢还原成溴化氢，并析出碘。

$$Br_2+2HI \longrightarrow 2HBr+I_2$$

⑤ 析出的碘用新鲜的淀粉溶液为指示液，用 0.1mol/L 硫代硫酸钠标准溶液滴定。

$$I_2+2Na_2S_2O_3 \longrightarrow 2NaI+Na_2S_4O_6$$

三、实验材料

1. 仪器

水浴锅、紫外分析仪、通风橱、烘箱、玻璃仪器烘干机。

2. 其他实验物品

碘量瓶、玻璃板、100μL 微量进样针、碱式滴定管、量筒、移液管、烧杯、吸耳球、瓷盘、试剂瓶、滴瓶、容量瓶、洗瓶、玻璃棒、药匙、天平、镊子、脱脂棉、白纸、标签纸。

3. 试剂和溶液

（1）0.15mol/L（1/6KBrO$_3$）的溴酸钾-溴化钾溶液　称取 4.2g 溴酸钾、14.88g 溴化钾溶于 1000mL 水中，摇匀。

（2）15%的碘化钾溶液　分析纯，称取 150g 碘化钾溶于 850mL 蒸馏水中，混匀。

（3）0.5%淀粉指示剂　称取 0.5g 淀粉溶于 100mL 蒸馏水中，煮沸，冷却。

（4）0.04mol/L 硫代硫酸钠溶液　分析纯，称取 6.33g 硫代硫酸钠溶于 1000mL 蒸馏水中，混匀。

（5）1:4（体积比）硫酸　分析纯，量取 100mL 浓硫酸沿烧杯内壁慢慢注入 400mL 蒸馏水中，边注入边搅拌。

（6）无水乙醇　分析纯。

（7）石油醚　分析纯。

（8）乙酸乙酯　分析纯。

（9）硅胶 GF$_{254}$　色谱用。

四、实验操作

硅胶板制备：称取约 10g 硅胶 GF$_{254}$ 置于 100mL 烧杯中，加蒸馏水约 25mL，用玻璃棒一个方向搅拌为均匀糊状，均匀地倒在一块预先洗干净的（并用乙醇擦过的）玻璃板上，并轻轻振动，以赶除气泡，放于水平处晾干。在 120℃烘箱中干燥 0.5h 取出，在干燥器中放冷备用。

称取辛硫磷乳油样品 1.5~1.8g（准确至 0.2mg）于 10mL 容量瓶中，用丙酮稀释至刻度后摇匀。吸取上述丙酮溶液 0.1mL，在一块活化好的硅胶板上离底边 2.5cm，离两侧各 1cm 处将试样点成直线，并用少量丙酮洗涤移液管尖端。待溶液挥发后，将板直立于盛有石油醚-乙酸乙酯（8:2）溶剂并充满饱和蒸气的色谱缸中，板浸入溶剂深度 5~7mm，当色谱液上升到离原点 13~14cm 处即取出，通风橱中使溶剂挥发后，放于 254nm 紫外分析仪下显色。用锯条画出辛硫磷的紫色谱带轮廓，用刮刀将轮廓内的硅胶刮入碘量瓶中，再用少量水湿润过的脱脂棉擦洗该谱带处的玻璃板，一并投入，加少量水冲洗瓶壁，加水至总体积约 50mL，准确加入溴酸钾-溴化钾溶液 5mL，加入 1：4（体积比）硫酸 5mL，塞紧瓶塞，摇匀，并用少量蒸馏水密封，于（25±2）℃下放置 15min，加入 15％的碘化钾 10mL，振摇放置 1～2min，用硫代硫酸钠标准溶液滴至淡黄色，加入 0.5％淀粉指示剂 1mL，继续滴至溶液褪色，即为终点，并在同样条件下做空白试验。

辛硫磷的百分含量（X）按式（3-9）计算。

$$X = \frac{(V_1 - V_2)\, c \times 0.3729 \times 100}{m} \tag{3-9}$$

式中　V_1——空白试验耗用硫代硫酸钠标准溶液的体积，mL；

　　　V_2——样品耗用硫代硫酸钠标准溶液的体积，mL；

　　　c——硫代硫酸钠标准溶液的浓度，mol/L；

　　　m——样品称样量，g；

　0.3729——辛硫磷分子摩尔质量，kg/mol。

五、实验操作注意事项

① 向硅胶中加水后要充分搅拌，搅匀即可，不需长时间搅动，并且要顺一个方向搅拌，以防产生气泡。

② 点样成线，越细越好，可半滴半滴地加，针头不得碰到硅胶板，以免影响效果和堵塞针头。

③ 晾板时应尽量保持避光环境，因为辛硫磷见光易分解，容易引起实验误差。

④ 在紫外分析仪下显色前，应保证薄板已经晾干，若无法显色或不清晰，应再进行晾干处理，然后显色。

⑤ 擦硅胶板用的脱脂棉要尽量小，以减少其对样品的吸附。

⑥ 水浴前要对碘量瓶进行水封，并检查确实不漏气后（瓶口没有气泡冒出）再进行水浴加热。水浴完成后不要急于打开瓶塞，应先让其冷却，慢慢转动瓶塞，使水封用的水流入瓶中，然后用水冲洗瓶口，以尽量避免 Br_2 的损失。

⑦ 点样针使用后必须用丙酮反复冲洗干净。

六、思考题

① 写出辛硫磷和溴反应的化学方程式。

② 讨论空白组所用硫代硫酸钠标准溶液体积大还是样品组所用硫代硫酸钠标准溶液体积大，为什么？

③ 溴酸钾-溴化钾溶液是否需要准确定量？为什么？

④ 碘化钾溶液是否需要准确定量？为什么？

⑤ 空白薄板是否也需要放入色谱缸中进行色谱？应该刮取哪些部分进行滴定？

⑥ 色谱缸内如何充满饱和的色谱液蒸气？

⑦ $2KI + H_2SO_4 \longrightarrow 2HI + K_2SO_4$ 这一步是否多余？

⑧ 怎样清洗微量进样针？

实验5　直接碘量法测定代森锌含量
(HG 3289—2000)

一、实验目的

1. 理解直接碘量法测定代森锌含量的原理。

2. 学会使用直接碘量法测定代森锌含量。

二、 实验原理

试样于煮沸的硫酸溶液中分解，生成二硫化碳及干扰分析的硫化氢气体，先用乙酸镉溶液吸收硫化氢，继之以氢氧化钾-乙醇溶液吸收二硫化碳，并生成乙基磺原酸钾。二硫化碳吸收液用乙酸中和后立即以碘标准滴定溶液滴定。反应式如下：

$$C_4H_6N_2S_4Zn + 4H^+ + SO_4^{2-} \longrightarrow (NH_2CH_2CH_2NH_2) \cdot H_2SO_4 + 2CS_2 + Zn^{2+}$$

$$CS_2 + C_2H_5OK \longrightarrow C_2H_5OCSSK$$

$$2C_2H_5OCSSK + I_2 \longrightarrow C_2H_5OC(S)SS(S)COC_2H_5 + 2KI$$

三、 实验材料

1. 样品

代森锌可湿性粉剂。

2. 试剂和溶液

(1) 氢氧化钾乙醇溶液　110g/L，使用前现配制。

(2) 碘标准滴定溶液　$c(1/2I_2)=0.1mol/L$，按GB/T 601—2016配制和标定。

(3) 其他　硫酸溶液（0.55mol/L），乙酸镉溶液（100g/L），冰醋酸溶液（冰醋酸：水=30∶70），淀粉指示液（5g/L），酚酞指示液（10g/L酚酞乙醇溶液）。

3. 仪器、设备

代森锌分解和吸收装置如图3-10所示。

图3-10　代森锌分解和吸收装置

1—反应瓶（容量250mL）；2—直型冷凝器；3—长颈漏斗；4—第一吸收管；5—第二吸收管

图中各数值单位为mm

四、 实验操作

1. 测定步骤

称取代森锌试样0.4g（精确至0.0002g），置于干净的反应瓶中，在第一吸收管中加50mL乙酸镉溶液，第二吸收管加60mL氢氧化钾-乙醇溶液，按图3-10连接分解和吸收装置，检查装置的密封性。打开冷却水，开启抽气源，控制抽气速度以每秒2～4个气泡均匀稳定地通过吸收管。通过长颈漏斗向反应瓶中加入50mL硫酸溶液，摇动均匀。立即加热，小心控制，防止反应液冲出，保持微沸45min，停止加热。将第二吸收管中的溶液定量地移入 500mL 三角瓶中，并用 200mL 水洗涤，洗液并入 500mL 三角瓶中，加酚酞指示液检查吸收管，洗至管内无残留物，用乙酸溶液中和至酚酞褪色，再过量 4～5 滴，立即用碘标准滴定溶液滴定，同时不断摇动，近终点时加 10mL 淀粉指示液，继续滴定至试液刚呈现蓝色即为终点。

同时做空白测定。

2. 计算

以质量分数表示的试样中代森锌的含量 X_1（%）按式（3-10）计算。

$$X_1 = \frac{c(V_1 - V_0) \times 0.1379}{m} \times 100 \tag{3-10}$$

式中　c——碘标准滴定溶液的实际浓度，mol/L；

$\quad\quad V_1$——滴定试样溶液消耗碘标准滴定溶液的体积，mL；

$\quad\quad V_0$——滴定空白溶液消耗碘标准滴定溶液的体积，mL；

$\quad\quad m$——样品称样量，g；

0.1379——与 1.00mL 碘标准滴定溶液 $[c(1/2I_2) = 1.000\text{mol/L}]$ 相当的以克表示的代森锌质量。

3. 允许差

两次平行测定结果之差，对 80% 代森锌可湿性粉剂应不大于 1.2%，65% 可湿性粉剂应不大于 1.0%。取其算术平均值作为测定结果。

五、思考题

① 为什么要做空白测定？

② 反应中为什么要均匀地抽气？

实验6　紫外分光光度法测定噁霉灵原药含量

一、实验目的

1. 学习 UV-2000 型紫外可见分光光度计的使用。

2. 学习紫外分光光度法测定噁霉灵的含量。

二、实验原理

许多农药在紫外区具有特征吸收光谱，若农药结构中含有共轭多烯系统、含有未成键电子对的双键结构或基团，以及芳香基团和部分含有未成键电子对的杂原子的基团，其在紫外区有明显吸收，其定量的依据是光吸收定律（Lambert-beer's Law），吸光度：

$$A = -\lg T = KcL \tag{3-11}$$

式中　K——样品溶液的吸光系数；

$\quad\quad L$——样品溶液的厚度，cm；

$\quad\quad c$——样品溶液的浓度，mol/L。

即在吸收池厚度一定，波长一定的情况下，吸光度与浓度成正比。

三、实验材料

1. 仪器和实验用品

紫外可见分光光度计、万分之一天平、容量瓶、烧杯、移液管、吸耳球、计算器、擦镜纸、标签纸、甲醇。

2. 试剂和溶液

甲醇、噁霉灵标样，噁霉灵原药样品。

四、 实验步骤

1．标准溶液的配制

准确称取 0.2g 99.1%噁霉灵纯品于 100mL 容量瓶中，甲醇稀释定容，每组取 1mL 稀释到 50mL 容量瓶中，再依次取 5mL 甲醇稀释定容至 10mL 容量瓶中，分别配成 40μg/mL、20μg/mL、10μg/mL、5μg/mL、2.5μg/mL、1.25μg/mL 的噁霉灵甲醇标准溶液。

2．吸收曲线绘制

配制 5～10μg/mL 噁霉灵甲醇标准溶液，在 200～280nm 波长范围（分别在 200nm、205nm、210nm、215nm、220nm、225nm、230nm、235nm、240nm、245nm、250nm、255nm、260nm、265nm、270nm 处）读 λ 值，画出噁霉灵的吸收曲线，可以先粗测再细测。

3．工作曲线绘制

用上述溶液在最大吸收波长下检测吸光值（220nm），以浓度为横坐标，吸光值为纵坐标，画出吸收曲线，确定线性范围，计算线性方程。

4．样品测定

准确称取 0.1g 噁霉灵样品，甲醇稀释定容到 100mL，再取 1mL 甲醇稀释定容到 100mL 容量瓶中，测定方法同标准样品。吸光值代入方程，计算噁霉灵含量。

五、 思考题

1．什么样结构的农药可以用紫外分光光度法测定其含量？

2．简述紫外分光光度法测定农药的步骤。

3．农药制剂分析中吸收波长是否一定选择最大吸收波长，为什么？

实验7　返滴定法测定磷化铝含量
(GB 5452—2001)

一、 实验目的

1．理解返滴定法测定磷化铝含量的原理。

2．学会使用返滴定法测定磷化铝含量。

二、 实验原理

磷化铝与酸生成磷化氢气体，用过量的高锰酸钾溶液氧化吸收，再加入过量的草酸溶液，用高锰酸钾溶液回滴草酸。反应方程式如下：

$$AlP + 3H^+ \longrightarrow H_3P \uparrow + Al^{3+}$$

$$5H_3P + 8MnO_4^- + 9H^+ \longrightarrow 5PO_4^{3-} + 8Mn^{2+} + 12H_2O$$

$$2MnO_4^- + 5C_2O_4^{2-} + 16H^+ \longrightarrow 2Mn^{2+} + 10CO_2 \uparrow + 8H_2O$$

三、 实验材料

（1）样品　56%磷化铝片剂。

（2）试剂和溶液

① 高锰酸钾标准滴定溶液　$c(1/5KMnO_4) = 0.5mol/L$ 溶液，按 GB/T 601—2016 配制。

② 草酸标准溶液　$c(1/2H_2C_2O_4) = 0.5mol/L$ 溶液，按 GB/T 601 配制。

③ 硫酸溶液　$w(H_2SO_4)=40\%$，按 GB/T 603 配制。

（3）仪器　电动振荡机：国际型，100 次/min。

四、实验操作步骤

1. 测定步骤

将抽取的试样全部倒出，轻轻混匀，用四分法快速选取试样约 100g，装入塑料袋中，将样品砸碎至粒径不超过 3mm，过筛后转入 250mL 磨口瓶中，混匀。选取约 10g 试样置于研钵中迅速研细，装入磨口瓶中。用称量瓶迅速称量试样 0.14～0.16g（精确至 0.0002g），置于预先准确加入 50mL 高锰酸钾标准滴定溶液的 500mL 具有磨口塞的三角瓶中，加入硫酸溶液 25mL，立即严密盖好，放于振荡机上，振荡 25min 将瓶取下，准确滴加 30mL 草酸标准溶液至紫色消失，立即用高锰酸钾标准滴定溶液滴定过量的草酸，近终点时加热至70℃，继续滴定至微红色即为终点。

残渣和空白测定方法为：在相同条件下，迅速称量研细的磷化铝 0.14～0.16g（精确至0.0002g），置于 200mL 烧杯中，在通风橱中加入 5mL 水，再缓慢加入硫酸溶液 25mL，搅拌至无气泡发生后，加热微沸 2～3min 取出冷却，全部移入预先准确加入 50mL 高锰酸钾标准滴定溶液的 500mL 具有磨口塞的三角瓶中，其他操作同试样测定，准确加入草酸标准溶液 60mL。

2. 计算

试样中磷化铝的质量分数 X_1（%）按式（3-12）计算。

$$X_1=\left(\frac{c_1V_1-c_2V_2}{m_1}-\frac{c_1V_3-c_2V_4}{m_2}\right)\times0.007244\times100 \qquad (3\text{-}12)$$

式中　c_1——高锰酸钾标准滴定溶液的实际浓度，mol/L；

　　　c_2——草酸标准溶液的实际浓度，mol/L；

　　　V_1——测定试样时加入和滴定消耗高锰酸钾标准滴定溶液的总体积，mL；

　　　V_2——测定试样时加入草酸标准溶液的体积，mL；

　　　V_3——滴定残渣和空白时加入和滴定消耗高锰酸钾溶液的总体积，mL；

　　　V_4——滴定残渣和空白时加入草酸溶液的体积，mL；

　　　m_1——试样质量，g；

　　　m_2——残渣和空白试样质量，g；

0.007244——与 1.00mL 高锰酸钾标准滴定溶液 $[c(1/5KMnO_4)=1.000mol/L]$ 相当的以克表示的磷化铝的质量。

3. 允许差

两次平行测定结果之差不大于 0.80%，取其算术平均值作为测定结果。

五、实验操作注意事项

① 磷化铝是高毒杀虫剂，吸潮或遇水自行分解，释放出的磷化氢气体对人有剧毒，空气中磷化氢气体含量达 0.14g/L 时，使人呼吸困难，以致死亡。磷化氢气体爆炸极限量为26.1～27.1g/L。因此操作时务必注意安全。

② 发生火灾时，应使用泡沫二氧化碳灭火剂，禁止使用含水的灭火剂。

六、思考题

① 农药分析中，抽样的方法有哪些？分别给予介绍。

② 实验中怎样避免误差的产生或减小误差值？

实验8 气相色谱柱的装填与老化方法

一、 实验目的

学习气相色谱填充柱的清洗，固定液的涂抹，以及固定相的装填和色谱柱的老化。

二、 实验材料

（1）色谱柱特征 材料：硬质玻璃。尺寸：长 0.8～1.0m，内径 2～3mm。色谱柱类型：螺旋状填充柱。

（2）载体 Chromosorb WAW-DMCS 或者 Chromosorb WAW-DMCS-HP，80～100 目。

（3）固定液 硅油，液相载荷 5%；最高使用温度 350℃。

（4）实验器材 表面皿、玻璃棒、漏斗、纱布、吸耳球、小漏斗、胶皮管、三氯甲烷、石英棉、标记用铝片、称量杯、天平、镊子、药匙、真空泵、红外干燥器。

三、 实验步骤

1. 色谱柱面处理

经水冲洗后，在玻璃柱管内注满热洗液（60～70℃），浸泡 4h，然后用水冲至中性，再用蒸馏水冲洗，清洁的玻璃管内壁不应挂有水珠，否则还要用温热的洗液洗涤，洗后用自来水冲至中性，再用蒸馏水清洗，烘干后备用。烘干后进行硅烷化处理，将 6%～10% 的二氯二甲基硅烷甲醇溶液注满玻璃柱管，浸泡 2h，然后用甲醇清洗至中性烘干备用。

2. 涂渍固定液的方法

为在担体上涂渍一层薄膜，首先要选好能溶解固定液的溶剂，确保固定液完全溶解，不能有悬浮物，溶剂本身不应造成检测器的污染；其次，由于担体强度不高，需避免在涂渍中因搅拌或过筛损坏液膜。

对配比小于 5% 以上（所谓配比，即固定液与担体的质量比）的固定液，可用"常规"法涂渍。其方法是：按欲配制的浓度称量固定液和载体，称取 5g 担体于表面皿上，再称取 0.15g 固定液于称量杯中，溶在 11mL 三氯甲烷中，待完全溶解后，倒入盛有担体的表面皿中，使担体正好被固定液溶液所浸没，摇匀后浸 2h。然后在红外灯下将溶剂挥发干或在旋转蒸发器上慢速蒸干，固定液在溶剂的作用下涂敷在载体表面上。再置于 120℃烘箱中，干燥 2h 后备用。一般要求烘干后的固定相基本上不应有溶剂气味，这样才可装入色谱柱老化后使用。

3. 色谱柱的填充方法

通常采用泵抽填充法，将色谱柱的一端（接检测器）用硅烷化玻璃棉塞住，接真空泵，色谱柱的前端（即接气化室的那一端）接上一个漏斗，开动真空泵后在真空泵的抽吸下不间断地从漏斗中倒入要装的固定相，并不断轻轻敲打色谱柱管，使填充物均匀紧密地填满色谱柱，直到固定相不再进入柱为止。用硅烷化玻璃棉塞住色谱柱另一端。装好的色谱柱两头均应按要求堵塞石英棉或硅烷化的玻璃棉，并适当压紧，以保持填充物不被移动。

4. 色谱柱的老化

将填充好的色谱柱进口按正常接在气化室上，出口空着不接检测器，先用较低载气流速，根据不同固定液的最高使用温度逐步升温，在略高于实际使用温度 10～20℃而不超过固定液的使用温度下处理 4～6h，然后逐渐提高载气流速老化 24～48h，再降低至使用温度，接上检测器后，如基线稳定即可使用。

5. 其他处理

老化后还需开动真空泵，在真空泵的抽吸下，不断轻轻敲打色谱柱管，使固定相装填均匀，不出现断层。

四、 实验说明及注意事项

① 涂上固定液的载体应放在红外灯下轻轻搅拌，动作不能过猛，因为担体抗机械损伤能力差。

② 装柱时整个系统要保持干燥，尤其在玻璃管与漏斗上的橡胶管连接时不得沾水。

③ 装柱时用吸耳球膨大端不断敲打，敲打处用手垫在另一侧缓冲，以免损坏色谱柱。

④ 填充完成后，用橡皮圈套在柱两端，作为缓冲，以免重物滑下损坏色谱柱。

⑤ 装完柱后要将填充物名称刻在铝片上并别在色谱柱上进行标识，以免不同色谱柱混淆。

⑥ 老化过程中不得接检测器。

⑦ 不锈钢柱与玻璃柱的优缺点比较如下所述。

a. 不锈钢柱的化学性质活泼，易与被测物质反应；而玻璃柱惰性较好。

b. 不锈钢柱延展性好，不易损坏，可接多个检测器；玻璃柱延展性差，且易损坏，不可接多个检测器。

c. 不锈钢柱不透明，老化时出现断层不易发现，而玻璃柱透明，易观察。

五、 思考题

① 老化的目的是什么？

② 试述老化时的步骤和注意事项。

③ 老化过程中为什么不能接检测器？

④ 老化完成的标准是什么？

实验9　气相色谱外标法测定毒死蜱含量

一、 实验目的

1. 熟悉气相色谱仪结构和仪器组成。

2. 掌握气相色谱仪的操作、调试方法。

3. 学习用气相色谱保留时间和峰面积比值进行定性和定量分析农药有效成分的测定方法。

二、 实验原理

在相同色谱条件下，同一物质具有相同的保留时间，通过未知农药样品与标准农药样品对照可以定性。相同色谱条件下，在一定进样量范围内，进样量与峰面积或峰高成正比，以此为定量依据。

三、 实验材料

1. 实验仪器和实验用品

气相色谱仪、天平、$5\mu L$ 进样针、色谱柱、容量瓶、试管架、具塞试管、具塞三角瓶、移液管、吸耳球等。

2. 药品及试剂

毒死蜱纯品 99.3%、未知含量的毒死蜱样品、三氯甲烷。

四、 实验步骤

1. 色谱条件

气相色谱仪：带氢火焰离子化检测器；色谱柱：1000mm×3mm 不锈钢柱；固定相：5%OV-17/Gas chrom Q，60～80 目；柱温：220℃；检测温：240℃；气化温：240℃；载气：氮气 40～60mL/min，氢气 50mL/min，空气 500mL/min。

2. 仪器操作具体步骤

① 打开 N_2 钢瓶、空气压缩机和氢气发生器，注意观察 N_2 钢瓶压力，当压力小于 2atm（1atm＝1.01×10⁵Pa）时，应及时换气瓶。注意氢气发生器的水位，当低于警戒水位时应及时加双蒸水。

② 检查各接口是否漏气。

③ 打开主机电源，设定气化室和检测室的温度，使之高于柱温 20～50℃。

④ 打开工作站。

⑤ 待仪器稳定后，即流出图为基线状态后进样。

⑥ 实验结束后，将柱温升高 20～30℃，烧色谱柱 30min 以去除色谱柱中吸附杂质。

⑦ 当柱温、气化温、检测室温度降至 100℃ 以下时，关上主机电源，半小时再将 N_2 关闭。

⑧ 详细记录仪器使用人、使用时间及仪器状况等。

3. 样品配制及测定

（1）样品配制 准确称取纯品 0.05g、0.08g、0.10g、0.15g、0.25g（准确至 0.0002g），分别置于 500mL 容量瓶中，用三氯甲烷溶解，定容摇匀，在上述色谱条件下，待仪器稳定后分别进样，记录纯品峰面积。以峰面积作纵坐标，质量作横坐标，绘制曲线图，计算回归方程 $y=a+bx$。

（2）样品测定 准确称取样品置于 500mL 容量瓶中，用三氯甲烷溶解、定容，在上述色谱条件下，待仪器稳定后，进样，按式（3-13）计算样品含量（单点校正）或用回归方程计算含量。

样品中毒死蜱的百分含量（X）计算公式（单点校正法）为：

$$X=\frac{A_1 m_2 P}{A_2 m_1}\times 100\%$$ (3-13)

式中 A_1——样品峰面积；

A_2——标样峰面积；

m_1——样品质量；

m_2——标样质量；

P——标样纯度。

4. 其他

同一浓度标样连续进样 5 次，计算其峰面积的变异系数。

五、实验说明及注意事项

① N_2 钢瓶阀门不能开太大，及时检测各接口是否漏气，经常更换色谱柱入口处的石英棉，防止出怪峰。

② 微量进样器在使用前和使用后应反复清洗。

③ 由于是外标法，进样量必须准确，注意排除进样针中的气泡。注意用滤纸将针头擦净。进样时，一只手握住进样器上部，并用食指轻轻放在活塞上方（不得用力，或将食指悬于活塞上方，原因是内部气压很大，防止活塞冲出），另一只手捏住针头中部（防止把针头压弯损坏），两手协调向下用力，使针头完全扎入，迅速将活塞推下，完成进样，迅速拔出

进样器，整个过程一定要快，尤其是当针头已经有一部分扎入时不要做过多逗留，否则一部分样品会先被气化，造成误差。

六、 思考题

① 用回归方程和单点校正计算未知样品中毒死蜱的含量。

② 在使用 FPD 检测器时，当打开燃烧口盖时，为什么务必关闭检测器？在使用 ECD 检测器时，为什么溶剂不能为 $CHCl_3$、CH_2Cl_2 或 CCl_4 等？

③ 使用微量进样针如何排气泡？

实验10　气相色谱内标法测定莠去津含量

一、 实验目的

1. 测定不同溶剂在色谱柱中的保留时间。

2. 选择合适的内标物，采用内标法测定莠去津的含量。

二、 实验材料

莠去津农药纯品，莠去津样品，三氯甲烷，丙酮，甲醇，二氯甲烷，乙酸乙酯，石油醚，环己酮，内标物（包括邻苯二甲酸二甲酯、邻苯二甲酸二乙酯、邻苯二甲酸二丁酯、邻苯二甲酸二戊酯、十八烷、二十烷、二十二烷、二十四烷）；色谱柱、5μL 进样针、容量瓶、滤纸、标签纸、试管架、具塞试管、具塞三角瓶、移液管、吸耳球。

三、 仪器与操作条件

气相色谱仪：带氢火焰离子化检测器；色谱柱：1000mm×3mm 玻璃柱；固定相：5% OV-17/Gas chrom Q，60～80 目；柱温：175℃；检测温：200℃；气化温：200℃；载气：氮气 40～60mL/min，氢气：50mL/min，空气 500mL/min。

四、 实验步骤

① 分别取三氯甲烷、丙酮、甲醇、二氯甲烷、乙酸乙酯、石油醚、环己酮 2μL 进样，比较色谱峰回基线快慢。

② 分别称取邻苯二甲酸二甲酯、邻苯二甲酸二乙酯、邻苯二甲酸二丁酯、邻苯二甲酸二戊酯、十八烷、二十烷、二十二烷、二十四烷溶解在三氯甲烷中，分别进样，记录保留时间，确定内标物。

③ 准确称取莠去津纯品 0.05g 和样品 1g（准确至 0.0002g），分别置于具塞玻璃瓶中，准确加入 10mL 内标溶液溶解，摇匀。在上述色谱条件下，待仪器稳定后分别进样，并计算莠去津峰面积与内标物峰面积。

样品中莠去津百分含量（X）按式（3-14）计算。

$$X = \frac{A_1 m_2 P}{A_2 m_1} \times 100\% \tag{3-14}$$

式中　A_1——样品峰面积与内标物峰面积比值；

　　　A_2——标样峰面积与内标物峰面积比值；

　　　m_1——样品质量；

　　　m_2——标样质量；

　　　P——标样纯度。

五、 思考题

① 用内标法计算莠去津的含量。

② 简述实验中对溶剂的要求。

③ 比较 $CHCl_3$、CH_2Cl_2、甲醇、丙酮、乙酸乙酯、石油醚、环己酮在 OV-17 色谱柱上回基线的快慢。

④ 简述对内标物的要求。

⑤ 比较外标法与内标法的优缺点。

⑥ 外标法与内标法精确度哪个高？

实验11　高效液相色谱法测定吡虫啉含量

一、实验目的

1. 学习使用液相色谱仪进行农药定量分析的方法。

2. 掌握液相色谱仪的操作和外标法的定量方法。

3. 熟悉液相色谱仪结构、流程以及调试方法和检测方法。

二、实验材料

1. 药品及试剂

吡虫啉纯品、吡虫啉样品、色谱甲醇、二次重蒸水。

2. 仪器

液相色谱仪、电脑、超声波、大干燥皿、溶剂过滤器、具塞三角瓶、量筒、具塞试管、试管架、烧杯、水-油滤膜、抽气针、C_{18}色谱柱、移液管、洗耳球、容量瓶、滤纸。

三、实验操作步骤和注意事项

① 样品必须过滤，必须澄清透明后方可进样。

② 过滤流动相包括色谱甲醇、重蒸水，配制流动相后用超声波脱气 10min。

③ 打开主机，设定流速，观察压力是否稳定，并注意排气。

④ 打开检测器和数据处理机，待仪器稳定后，开始进样测定。

⑤ 每次实验必须记录流动相组成、流速、压力，以确定是否污染。

⑥ 色谱条件。

高效液相色谱仪，具有可变波长紫外检测器；色谱柱：150mm×4.6mm（i.d.）不锈钢柱，C_{18} 键合固定相；流动相：甲醇/水＝40/60（体积比）；检测波长：254nm；流速：0.8mL/min。

⑦ 用平头针常压进样，然后转动六通阀使样品进入系统。

⑧ 标准曲线绘制。准确称取吡虫啉纯品 0.05g（准确至 0.0002g）于 10mL 容量瓶中，用流动相定容，再分别取 0.2mL、0.5mL、0.8mL、1.0mL、1.5mL 于 10mL 容量瓶中，用流动相定容，在上述色谱条件下，待仪器稳定后，分别进样，进样顺序为标样、样品、样品、标样。计算面积。以纯品质量为横坐标，峰面积为纵坐标，作出标准曲线。计算出线性方程 $y=a+bx$ 及相关系数 r。

⑨样品测定。准确称取吡虫啉样品 0.3g（准确至 0.0002）于 10mL 容量瓶中，流动相定容，再稀释到相应浓度，在上述色谱条件下，待仪器稳定后，分别进样。计算峰面积，代入线性方程，求出样品中吡虫啉含量。

⑩ 用单点校正测定未知样品含量，要求标样峰高与样品峰高尽量接近。

⑪ 进样口使用完毕后，必须用可溶性溶剂反复冲洗 30 次。

⑫ 测定结束后用甲醇冲 1h，记录仪显示不再出峰后，方可关机。若使用缓冲液作流动

相时，仪器使用完毕后必须用重蒸水冲洗 2h 后，再用甲醇冲 1h，不再出峰后，方可关机。

⑬ 对含糖量高、可溶性蛋白含量高的样品，必须先进行必要的前处理再进样。

⑭ 仪器使用完毕后，认真做好实验记录，包括实验人、实验时间、实验内容和仪器运转状况等。

四、思考题

① 计算未知样品的含量。

② 开机后何时开始进样？

③ 当用缓冲液作流动相时，为什么使用完毕后必须用重蒸水冲洗 2h 后，再用甲醇冲 1h？

④ 分析柱压升高的原因，并提出解决方案。

⑤ 比较超声波脱气与采用 He 脱气设备进行脱气的优缺点。

实验12　高效液相色谱法测定草甘膦含量
(GB 20684—2006仲裁法)

一、实验目的

1. 学习使用液相色谱仪进行农药定量分析的方法。

2. 掌握液相色谱仪的操作步骤。

二、实验原理

试样用流动相溶解，以 pH 1.9 的磷酸二氢钾水溶液和甲醇为流动相，使用以 Agilent ZORBAX SAX 为填料的不锈钢柱（强阴离子交换柱）和紫外检测器（195nm），对试样中的草甘膦进行高效液相色谱分离和测定。

三、实验材料

1. 样品

草甘膦水剂。

2. 试剂和溶液

甲醇：色谱级；磷酸二氢钾；水：新蒸二次蒸馏水；磷酸溶液：$\Phi(H_3PO_4) = 50\%$；草甘膦标样：已知草甘膦质量分数≥99.0%（称量前在 105℃ 干燥 2h，研细）。

3. 仪器

高效液相色谱仪，具有可变波长紫外检测器；色谱数据处理机；色谱柱：150mm×4.6mm (i. d.)，Agilent ZORBAX SAX 不锈钢柱（或与其相当的其他强阴离子交换柱）；过滤器：滤膜孔径约 0.45μm；微量进样器：100μL；定量进样管：20μL；超声波清洗器。

四、实验操作步骤

1. 高效液相色谱操作条件

流动相：称取 0.27g 磷酸二氢钾，用 970mL 水溶解，加入 30mL 甲醇，用磷酸溶液调 pH 至 1.9，超声波振荡 10min；流速：1.0mL/min；柱温：室温（温差变化应不大于2℃）；检测波长：195nm；进样体积：20μL；保留时间：草甘膦约 5.0min。

上述操作参数是典型的，可根据不同仪器特点，对给定的操作参数做适当调整，以期获得最佳效果。

2. 标样溶液的制备

称取 0.1g 草甘膦标样（精确至 0.0002g），置于 50mL 容量瓶中，用流动相稀释至刻度，超声波振荡 10min 使标样溶解，冷却至室温，摇匀。

3. 试样溶液的制备

称取草甘膦样品 0.25g（精确至 0.0002g）置于 50mL 容量瓶中，用流动相稀释至刻度，摇匀。

4. 测定

在上述操作条件下，待仪器稳定后，连续注入数针标样溶液，直至相邻两针草甘膦峰面积相对变化小于 1.5% 后，按照标样溶液、试样溶液、试样溶液、标样溶液的顺序进行测定。

5. 计算

试样中草甘膦的质量分数 w_1（%），按式（3-15）计算。

$$w_1 = \frac{A_2 m_1 w}{A_1 m_2} \tag{3-15}$$

式中　　A_1——标样溶液中，草甘膦峰面积的平均值；

　　　　A_2——试样溶液中，草甘膦峰面积的平均值；

　　　　m_1——标样的质量，g；

　　　　m_2——试样的质量，g；

　　　　w——标样中草甘膦的质量分数，%。

6. 允许差

草甘膦质量分数两次平行测定结果的相对差应不大于 2%，取其算术平均值作为测定结果。

五、 思考题

① 在每次进样过程中，是否都要按照标样溶液、试样溶液、试样溶液、标样溶液的顺序进行测定？

② 当用缓冲液作流动相时，对柱子会造成较大压力，实验过程中应注意哪些问题？

实验13　液相色谱分析噻嗪酮-杀扑磷含量

一、 实验目的

1. 掌握液相色谱分析农药的基本原理与操作方法。

2. 掌握混配农药的分析测定方法。

二、 实验原理

噻嗪酮和杀扑磷两种农药均可以用液相色谱来进行分析测定，但其在同一色谱条件下的保留时间不同，因此可以通过改变其色谱条件来达到分离两种农药的目的，利用峰高或峰面积进行定量。

三、 仪器与试剂

日本岛津高效液相色谱仪，配备 SPD-10AVP UV 检测器；VP-ODS 150mm×4.6mm 不锈钢色谱柱；色谱工作站；进样器；甲醇（色谱纯）；水（二次重蒸馏）；噻嗪酮标准品（已知质量分数≥99%）、杀扑磷标准品（已知质量分数≥99%）；20%噻嗪酮-杀扑磷乳油。

四、 实验内容

1. 色谱条件

以甲醇-水 78∶22（体积比）作为流动相；流量 1.0mL/min；柱温为室温；检测波长为266nm；进样量 20μL；保留时间：噻嗪酮约 18.9min，杀扑磷约 3.8min。

2. 标样溶液的配制

称取噻嗪酮标样 0.1g（精确至 0.0002g）于 50mL 容量瓶中，用甲醇溶解、定容后摇匀（为标样 A 溶液）。用移液管准确移取 5mL 该溶液于 50mL 容量瓶中，用甲醇稀释至刻度，摇匀。称取杀扑磷标样 0.03g（精确至 0.0002g），同法配制杀扑磷标准溶液。

3. 试样溶液的配制

称取 0.6g 的乳油试样（精确至 0.0002g）于 50mL 容量瓶中，用甲醇溶解，定容后摇匀。用移液管准确移取 5mL 该溶液于 50mL 容量瓶中，用甲醇稀释至刻度，摇匀。

4. 测定

在上述色谱条件下，待仪器基线稳定后，连续注入数针标准溶液，计算各针相对响应值的重复性，待相邻两针的相对响应值变化小于 1.5% 时，按照标准溶液、试样溶液、试样溶液、标准溶液的顺序进行测定。

5. 计算

将测得的两针试样溶液及试样溶液前后两针标样溶液噻嗪酮和杀扑磷的峰面积分别进行平均。试样中的噻嗪酮（杀扑磷）质量分数 X 按式（3-16）计算。

$$X = \frac{A_2 m_1 P}{A_1 m_2} \tag{3-16}$$

式中　A_1——标样溶液中，噻嗪酮（杀扑磷）峰面积的平均值；

　　　A_2——试样溶液中，噻嗪酮（杀扑磷）峰面积的平均值；

　　　m_1——噻嗪酮（杀扑磷）标样的质量，g；

　　　m_2——试样的质量，g；

　　　P——标准品中噻嗪酮（杀扑磷）质量分数，%。

五、 思考题

① 分析测定混配农药中各单剂方法的确定需要考虑哪些因素？

② 选择利用峰高或峰面积定量的依据是什么？

实验14　乙草胺含量分析方法(自我设计实验)

一、 实验目的

通过查文献，结合已有农药分析知识设计出乙草胺分析方法的实验方案。

二、 要求

1. 写出实验原理。

2. 列出实验材料，包括仪器、试剂等实验用品。

3. 列出实验详细步骤，包括色谱条件、仪器操作具体步骤、样品配制方法和样品含量计算公式等。

4. 说明实验中的注意事项。

附：自我设计实验基本程序与内容：

一、 明确实验任务

明确实验名称、实验目标、实验内容、实验成果、实验操作要点与安全注意事项等内容。

二、 收集相关资料

学生接受任务后，要根据任务书的要求，通过阅读教材和查找文献，获得实验原理、原辅材料特性、实验技术、仪器仪表等内容，为确定实验方案打下基础。

收集和研究资料对于拓宽知识面、提高实验质量均具有重要意义，教师要引导学生学会并善于查找文献资料。

三、 确定实验方案

设计性实验的主要任务是运用所掌握的知识与技能，创造性地开展实验工作。设计性实验的关键是确定实验方案，确定实验方案的原则是经济、合理、可行、安全。

四、 实验方案实施

实验方案实施是实验全过程的核心步骤。实验方案设计得再好，如果操作技术不好或经验不足，那么可能仍然得不到好的实验结果。实验操作中，学生必须按照实验方案要求的步骤，科学、规范、大胆而细心地操作，注意观察实验现象，忠实记录实验数据，分析处理实验中可能遇到的问题。实验操作中，要求尊重事实、尊重实验结果。

五、 总结实验结果

评估和总结实验结果，及时对实验现象、数据进行处理，整理、分析和归纳，以作为后序实验的参考，并做出评价，以便及时调整实验进度和实验方案。实验结果表达可以采用文字或图表的形式。并写出实验报告，认真分析实验中的经验教训，提出改进意见，同时完成规范的实验报告。

六、 撰写实验报告

实验报告是进行实验总结的依据。实验报告具有原始性、记实性、试验性的特点。实验报告中应填入所有的原始数据和观察到的现象。实验报告具体包括以下内容。

① 标题。实验题目。

② 作者。写明实验者姓名、专业、班级及同组实验者姓名等。

③ 实验目的。写出本实验所要达到的教学目的。

④ 实验原理。实验的理论依据与实验采用的方法。

⑤ 实验装置、实验材料及流程。写出实验所用仪器、设备的规格和数量以及实验药品的数量、级别等。同时要画出实验装置和流程简图。

⑥ 实验过程。详细写出实验步骤和操作过程、分析方法，同时指出操作特点及注意事项。

⑦ 实验记录。以表格或其他格式记录实验数据、现象等。

⑧ 实验结果。通过计算分析，将实验结果用表格、方程或图示等形式表达出来，并指出存在的问题及改进方法。最后做分析总结。

实验15　气相色谱法测定牛乳中有机磷类农药残留量

一、 实验目的

1. 学习牛乳中有机磷类农药的提取净化方法。

2. 用气相色谱法测定牛乳中有机磷类农药的残留量。

二、 实验原理

气相色谱法可同时快速灵敏分析多种组分，适合农药残留分析。常用的检测器有电子捕获检测器（ECD）和火焰光度检测器（FPD）。对于DDT、溴氰菊酯这类含卤素的农药可以采用ECD检测器，其对强电负性元素响应值高，而对于有机磷类则可以采用FPD检测器。

由于牛乳组成复杂且同时检测多种有机磷农药，所以使用程序升温进行分离，以达到在不同阶段有不同的温度，使待测物在适当的温度下流出，用较短的分析时间达到较好的分离效果。

三、 实验材料

1. 材料

纯牛奶。

2. 试剂

敌敌畏（dichlorvos）、甲胺磷（methamidophos）、久效磷（monocrotophos）、甲拌磷（phorate）、杀扑磷（methidathion）、倍硫磷（fenthion）标样。

丙酮、乙腈、二氯甲烷、氯化钠、甲醇、无水硫酸钠、三氯甲烷，均为国产分析纯。

3. 仪器与设备

气相色谱仪，配火焰光度检测器；色谱柱：30m×0.25mm×0.25μm；超速离心机；旋转蒸发仪；三角瓶振荡器；无油真空泵。

四、 实验步骤

1. 牛乳中有机磷农药的提取净化

用移液管移取 10mL 纯牛奶样品，在牛乳样品中加入 1mL 丙酮，混匀后加入 14mL 有机提取液（丙酮-乙腈 1∶4），静置 20min，然后振摇 30s 混匀，在离心机上以 4500r/min 离心 5min。将离心机中的上清液收集到 150mL 的分液漏斗中，再向离心管中加入 1mL 水及 10mL 的有机提取液（丙酮-乙腈 1∶4），按上述方法提取，重复 3 次，收集上清液。

在收集了提取液的分液漏斗中加入 25mL 二氯甲烷，剧烈振摇，注意放气，振摇完毕后在分液漏斗中加入 2mL 甲醇，静置、分层，将分液漏斗中有机相收集至 100mL 比色管中。在分液漏斗中的上层水相中分别加入 20mL、10mL 二氯甲烷，再提取 2 次，将提取的有机溶液均收集在 100mL 比色管中，并用二氯甲烷将比色管定容至 100mL。

在定容后的比色管中加入 10g 无水硫酸钠，振摇、静置，移取 50mL 提取液经少量无水硫酸钠过滤至圆底烧瓶中，在旋转蒸发仪上 60℃氮吹旋转浓缩至干，用丙酮定容至 5mL，待测，外标法定量。

2. 色谱条件

毛细管柱：30m×0.25mm×0.25μm；进样温度：220℃；检测温度：250℃；柱箱：100℃起以 35℃/min 升至 250℃，保留 10min；载气：高纯氮气，纯度 99.999%，流速 10mL/min；燃气：氢气，纯度 99.999%，流速 75mL/min；助燃气：空气，流速 100mL/min；进样方式：不分流进样，进样体积 1.0μL，以保留时间定性，峰面积定量。

3. 有机磷标准曲线的制作

精确称取甲胺磷 0.00705g、久效磷 0.00863g、杀扑磷 0.00864g，分别吸取 7μL 的敌敌畏、甲拌磷及倍硫磷，用丙酮溶解，各自定容于 10mL 的容量瓶中，配成高浓度的单标液体。分别移取 1mL 单标液于 25mL 容量瓶中，用丙酮定容，配制成混标。

分别移取 1mL 混标，将其定容于 25mL、50mL、100mL、200mL 容量瓶中，编号为 7、6、5、3 号。移取 1mL、7mL 的 6 号标液，分别定容于 10mL 的容量瓶中，编号为 2、4 号。移取 1mL 的 5 号标液，定容于 10mL 的容量瓶中，编号为 1 号。共稀释了 7 个浓度梯度，按照上述的色谱条件上机测定。

以标准样品的质量浓度为横坐标，相应的峰面积为纵坐标，获得多种不同类型的农药标准曲线、相关系数及检出限。

4. 计算结果

气相测定结果计算公式如式下。

$$X = \frac{V_1 V_3 S_1 c}{V_2 m S_0}$$ 　　　　　　(3-17)

式中　X——样品中农药的含量，mg/kg；

　　c——标准溶液中农药含量，mg/L；

　　m——样品质量，g；

　　V_1——提取溶剂的总体积，mL；

　　V_2——吸取出用于检测的提取溶液的体积，mL；

　　V_3——样品最后定容体积，mL；

　　S_1——样品中被测农药峰面积；

　　S_0——农药标准溶液中被测农药的峰面积。

回收率计算公式如式下。

$$R = \frac{X}{X_0} \times 100\%$$ 　　　　　　(3-18)

式中　X——样品检测出农药的含量，mg/kg；

　　X_0——样品加标的农药含量，mg/kg；

　　R——样品加标回收率，%。

检测限计算公式如式下。

$$DL = 3Nc/H$$ 　　　　　　(3-19)

式中　DL——检出限，mg/kg；

　　N——基线噪声；

　　c——样品浓度，mg/kg；

　　H——样品峰高。

五、实验操作注意事项

① 选择与待测农药极性相近的溶剂，要求提取溶剂不能与样本发生作用，毒性低。

② 针对不同的样品及不同种类的农药，选择不同的提取条件和溶剂。对于含水率较高的牛乳样品，乙腈极性中等，可以有效地提取目标农药且干扰物少。

③ 由于样品成分复杂，因而也易对色谱仪的进样口造成污染，分析时应注意及时对进样口的隔垫或衬管进行更换。

六、思考题

① 本实验为什么使用火焰光度检测器（FPD）？

② 本实验为什么采用程序升温对样品进行分离？

③ 残留分析实验对提取溶剂的要求是什么？提取目的是什么？

④ 在程序升温过程中，有时不进样也会出现色谱峰，分析原因。

▨▨▨ 实验16　固相萃取-高效液相色谱法测定蘑菇中咪鲜胺残留量 ▨▨▨

一、实验目的

1. 学习蘑菇中咪鲜胺的提取净化方法。

2. 用液相色谱法测定蘑菇中咪鲜胺的残留量。

二、实验原理

实验以丙酮-石油醚（4∶1）为提取剂，采用超声波提取蘑菇中农药残留，经固相萃取柱净化，吹干后用乙腈定容，供液相色谱仪进行测定。

1. 超声波提取法

超声波是一种高频率的声波，超声波在液体中振动时，产生一种空化作用，当发生空化现象时，液体中空气被赶出而形成真空，这些空化气泡具有巨大的破坏作用，利用这种能量，用溶剂将各类样品中残留的农药提取出来。超声波提取法一次可同时提取多个样品，具有简便、快速的特点。

2. 固相萃取法

固相萃取法（SPE）利用固体吸附剂将液体样品中的目标化合物吸附，达到分离和富集目标化合物的目的。该方法克服了液-液分配和一般柱色谱的缺点，具有分离效率高、使用方便、快速、重复性好、操作安全等优点，因而在农药残留，特别是在脂肪和蛋白质含量高的复杂样品中的农药残留物以及农药多残留的分离、提取、净化和浓缩等方面得到广泛应用。

三、实验材料

1. 样品

市售蘑菇。

2. 试剂

咪鲜胺标准品（prochloraz，99.0％），乙腈（色谱纯），丙酮（色谱纯），二氯甲烷（色谱纯），氯化钠，氨水（分析纯），石油醚（重蒸），所有用水均为超纯水。

3. 仪器与设备

高效液相色谱（带 UV 检测器），分散器，旋转蒸发仪，氮吹仪，固相萃取系统，C_{18} SPE 小柱和 PSA 小柱，实验室玻璃仪器。

四、实验步骤

1. 标准工作溶液的配制

准确称取咪鲜胺标准品 100mg，用适量乙腈溶解，25℃下以乙腈定容至 100mL，即配制成 1000mg/L 的储备液，于冰箱中 4℃冷藏备用。

2. 样品的前处理

称取经切碎的蘑菇样品 25g 于 250mL 烧杯中，加入乙腈 50mL 超声波提取 10～15min，以及加入 Celite545 助滤剂 1g，抽滤，以 20mL 乙腈分次洗涤烧杯和滤渣，合并滤液后将其转入分液漏斗，加 5％NaCl 溶液 80mL，以二氯甲烷 30mL×2 萃取，合并后的有机相 50℃下减压浓缩至近干，以乙腈 1mL 复溶。

PSA 小柱以 10mL 乙腈预淋洗；C_{18} 小柱先以 5mL 石油醚预淋洗，再以 5mL 乙腈预淋洗。经过活化的两小柱以接头连接（PSA 小柱在上，C_{18} 小柱在下），将小柱装于固相萃取装置。取浓缩液过柱，再以乙腈 2mL＋3mL 洗脱，流出液收集于 10mL 试管中，于 40℃氮吹仪上以 N_2 吹至 5mL 以下，以乙腈定容至 5mL，备测。

3. 色谱条件

高效液相色谱，带 320-UV 检测器；色谱柱：250mm×4.6mm（i.d.），不锈钢柱，内填 C_{18}，填充物粒径 5μm；流动相：0.5％的氨水-乙腈 20∶80（体积比）；流速：1.0mL/min；检测波长：225nm；进样体积：2μL；柱温：室温。

五、实验操作注意事项

① 在 SPE 技术中，通过使样品在吸附剂与溶液中溶解度及功能团的相互作用最佳化状态来影响样品的滞留与洗脱。根据待测农药性质、样品种类等，选用合适的微型柱和淋洗剂。

② 高效液相色谱法（HPLC）可以分离检测极性强、分子量大及离子型农药，尤其对不易气化或受热易分解的化合物更能显示其突出优点。

③ HPLC 分析农药残留一般采用 C_{18} 或 C_8 填充柱，以甲醇、乙腈等水溶性有机溶剂作流动相，选择紫外吸收、质谱、荧光或二极管矩阵为检测器。

六、 思考题

① 超声波提取法的优点是什么？

② 一个完整的固相萃取操作包括哪几个步骤？

③ 与液-液萃取等传统的分离浓缩方法比较，固相萃取具有哪些优点？

④ 根据固相萃取柱中填料的不同，SPE 可分为哪几种类型？

实验17 黄瓜和土壤中腐霉利的残留量测定

一、 实验目的

1. 练习匀浆法振荡和柱色谱净化及液-液分配净化法的操作。

2. 了解 GC-ECD 和 GC-NPD 检测农药残留量的要求及特点。

二、 方法原理

腐霉利易溶于丙酮、氯仿、二氯甲烷等溶剂，而样本中水分含量很高，弱极性溶剂很难把待测物有效地提取出来，因此选择丙酮作提取剂。提取出的样品经过液-液分配和柱色谱净化，除去对检测有干扰的大部分杂质，最后用气相色谱对待测组分进行定性定量测定。

三、 主要仪器及试剂

1. 仪器

气相色谱仪，带 ECD 检测器；组织捣碎机；玻璃色谱柱 20cm×0.8cm。

2. 试剂

丙酮、色谱用氧化镁、活性炭、腐霉利标样等。

四、 实验方法

1. 提取

称 20g 黄瓜样本（10g 土壤），加 100mL 丙酮，经组织捣碎，过滤，滤渣用少量丙酮洗 3 次，合并滤液于一量筒中，定量到一定体积。取部分（相当于 5g 瓜样，2g 土样）提取液转入分液漏斗中，加入等体积 5％氯化钠溶液，用 30mL 石油醚萃取 2 次，合并石油醚液，于旋转蒸发器上浓缩至近干。

2. 柱色谱净化

玻璃柱依次加入 2cm 厚无水硫酸钠，1g 酸洗活性炭、氧化镁、Celite545 的混合物（1∶2∶4，质量比），上面再铺一层无水硫酸钠。先用石油醚润湿柱子，再用少量石油醚-丙酮（8∶2）混合溶剂溶解浓缩物，分 3 次转入到柱头，用 100mL 上述混合溶剂淋洗柱床，并收集淋洗液，于旋转蒸发器上浓缩至体积不大于 0.5mL，再用丙酮少量多次转入刻度试管中定容，待测。

3. 气相色谱条件

检测器：电子捕获检测器（ECD, ^{63}Ni）；色谱柱：1m×3mm 玻璃柱；担体：Gas Chrom Q（60～80 目）；固定液：3％OV-17；检测温度：色谱柱 240℃，检测器 260℃，进样口 260℃；载气流速：氮气（≥99.9％）40mL/min。

4. 结果计算

以外标法（峰高）定量。

5. 方法灵敏度、准确度、精确度

最小检出量：2.0×10^{-11} g；最低检出浓度：0.02mg/kg；回收率：黄瓜添加 0.1～2.0mg/kg，回收率为 80.0%～101.0%，土壤添加 0.1～5.0mg/kg，回收率为 72.8%～89.4%；变异系数：黄瓜<11.4%，土壤<11.4%。

五、 注意事项

任何时候，均不能将净化过的提取液蒸发至干。在残留分析中，农药残留量损失最大的操作很可能发生在蒸发至小体积或蒸干的过程中。安全的方法是蒸发至小体积（0.5mL），避免蒸发至干。

六、 思考题

① 从含水量大的样本中提取脂溶性农药，选择溶剂时应考虑什么问题？

② ECD 检测器对所用溶剂有何要求？

实验18 毛细管气相色谱法测定小麦面粉中有机氯农药残留量

一、 实验目的

采用毛细管气相色谱法测定小麦面粉中有机氯农药的残留量。

二、 实验原理

本实验采用振荡法提取样品，用浓硫酸磺化法、柱色谱法对小麦面粉中的有机氯农药进行净化分析，然后选用大口径弱极性的 OV-1701 毛细管柱，在柱温 210℃ 的情况下对 11 种有机氯农药进行分离测定。

柱色谱法是利用色谱原理在开放式柱中将农药与杂质分离的净化方法，常用的是吸附柱色谱法。柱内装有吸附剂作为固定相，淋洗液作为流动相，将样本提取液浓缩至一定体积后加进柱中使其被吸附剂吸附，再向柱中加入适当极性淋洗溶剂，样本组分随淋洗剂移动，从而使待测农药与脂肪、色素和蜡质等物质分离。

三、 实验材料

1. 材料

市售面粉。

2. 试剂

甲体六六六（α-HCH）、乙体六六六（β-HCH）、丙体六六六（γ-HCH）、丁体-六六六（δ-HCH）、七氯、艾氏剂、狄氏剂、p,p'-滴滴伊（p,p'-DDE）、o,p'-滴滴涕（o,p'-DDT）、p,p'-滴滴滴（p,p'-DDD）、p,p'-滴滴涕（p,p'-DDT）标准储备液，浓度均为 100μg/mL，农业部环境保护科研监测所提供。使用时，用石油醚稀释为所需浓度的标准混合工作液。

弗罗里硅土：进口分装，粒径为 74～150μm，经 650℃ 灼烧 4h，置于干燥器中冷却。使用前于 130℃ 干燥 2h，每 100g 加 5mL 蒸馏水脱活并充分摇匀，放置过夜后使用。

无水硫酸钠：分析纯，于 650℃ 灼烧 4h，冷却后储藏于干燥器中备用。石油醚（30～60℃）：分析纯，使用时重蒸。实验所用试剂均为分析纯，实验用水为蒸馏水。

3. 仪器与设备

气相色谱仪、电子捕获检测器（ECD）、双通道色谱工作站、旋转蒸发器、离心机。

四、 实验步骤

1. 样品提取

称取 10g 面粉置于 100mL 三角瓶中，加入 30mL 石油醚于电动振荡器上振荡 60min 取下，待沉淀后，将上清液减压过滤到全玻璃浓缩器中，然后向残渣中再加 20mL 石油醚振荡 30min，减压过滤，再用 20mL 石油醚分 3 次洗三角瓶和瓶内残渣，收集全部滤液，50℃减压浓缩至 5mL。

2. 净化方法一：浓硫酸磺化法

将 1 步骤中浓缩的样品移入 10mL 离心管中，以石油醚 5mL 分数次洗涤蒸发瓶，合并洗涤液于管中。向离心管中小心加入浓硫酸约 1mL，振摇 1min，3000r/min 离心 15min。将上清液移入具塞试管中，以石油醚洗涤离心管 2 次，合并洗涤液，将溶液定容至 10mL，上机进行气相色谱测定。

3. 净化方法二：柱色谱净化法

取制备色谱柱 [20cm×1.2cm（i.d.）玻璃柱]，自下而上依次加入少量脱脂棉、2g 无水硫酸钠、4g 弗罗里硅土、2g 无水硫酸钠。采用湿法装柱，用 30mL 石油醚预淋洗，弃掉淋洗液。将浓缩的样品液移入色谱柱中，用 10mL 淋洗液（$V_{石油醚}:V_{无水乙醚}=96:4$）分 2 次洗涤浓缩瓶，洗涤液移入色谱柱中，再用 70mL 淋洗液淋洗，流速为 4mL/min。收集全部淋洗液，减压浓缩，定容至 10mL，上机进行气相色谱测定。

4. 色谱条件

色谱柱为 OV-1701 弹性石英毛细管柱（30m×0.53mm×1.0μm），柱温 210℃，进样口检测器温度 250℃；载气、尾吹气均为高纯氮，纯度为 99.999%；柱前压 65kPa，载气流速 4mL/min，尾吹 40mL/min；进样方式为不分流进样；进样量为 2μL。

5. 结果分析

① 标准曲线的绘制。将标准混合工作液分别用石油醚稀释为 0.0005μg/mL、0.001μg/mL、0.005μg/mL、0.01μg/mL、0.05μg/mL、0.1μg/mL 的工作液进行 GC-ECD 检测，分别以各自的峰面积（y）对浓度（x）进行回归计算。

② 根据样品峰面积或峰高计算农药残留量。

五、 注意事项

① 浓硫酸磺化法会使狄氏剂等对酸不稳定成分分解，检测不到狄氏剂，且杂质干扰大，回收率偏低。

② 柱色谱法是一种较理想的净化方法，只要选择合适极性的混合溶液作为洗脱液，就能收到满意的结果，本实验采用石油醚-乙醚混合溶液（$V_{石油醚}:V_{无水乙醚}=96:4$）为洗脱液，洗脱液用量为 80mL，样品净化效果良好。

六、 思考题

① 什么是柱色谱净化法？

② 吸附柱色谱法常用的吸附剂有哪些？

③ 用弗罗里硅土（florisil）作为吸附剂的好处是什么？

实验19 气相色谱测定蔬菜上百菌清残留量

一、 实验目的

采用气相色谱法测定蔬菜上百菌清的残留量。

二、 实验原理

用丙酮溶剂振荡提取，经石油醚液-液分配净化，浓缩，定容后用气相色谱法电子捕获检测器（ECD）测定百菌清的残留量。

液-液分配是利用待测农药与干扰杂质在两种互不相溶的溶剂中溶解度（分配系数）的差异而达到分离目的的净化技术。液-液分配适合液态样品，或经过其他方法以溶剂提取后的液态基质。

三、实验材料

1. 样品

市售蔬菜。

2. 试剂

丙酮（分析纯）、石油醚（光学纯）、硫酸钠、91％百菌清标准品。

3. 仪器与设备

气相色谱、电子捕获检测器（ECD）、振荡器、旋转蒸发仪、循环水式多用真空泵。

四、实验步骤

1. 标准曲线的制作

用百菌清标准工作液、石油醚为溶剂分别配制成 $0.01\mu g/mL$、$0.05\mu g/mL$、$0.10\mu g/mL$、$0.15\mu g/mL$、$0.20\mu g/mL$、$0.25\mu g/mL$ 的标准溶液，各进样 $1\mu L$，以峰高为纵坐标，标样浓度为横坐标作图，得百菌清的标准曲线。

2. 样品的提取、净化及测定

称取切碎混匀的新鲜蔬菜 20g，置 250mL 具塞三角瓶内，加入丙酮溶剂 100mL，振荡 20min，静置后，过滤到 250mL 的分液漏斗中，再用少量的丙酮清洗残渣，过滤后转入分液漏斗中，然后加入 3％硫酸钠水溶液 50mL，再分别加入 40mL、30mL、30mL 的石油醚萃取 3 次，将 3 次的提取液合并，用少量无水硫酸钠脱水后，在旋转蒸发仪上浓缩，用石油醚定容至 10mL，供色谱分析用。

3. 色谱条件

^{63}Ni 电子捕获检测器（ECD），玻璃色谱柱长 1.5m、内径 3mm，内填装涂有 5％OV-17/ChiromosorbWAW-DMCS（80～100 目）。气化室、检测器温度为 210℃，柱温为 195℃，载气高纯氮（99.99％），流速为 50mL/min，纸速 2.5mm/min，进样量 $1\mu L$。

五、注意事项

① 长期使用会使检测器受到污染，可采用不定期更换色谱柱进样口石英棉的办法解决。

② 旋转蒸发浓缩法对蒸气压高的农药，使用时应注意温度条件不能过高，否则易造成农药的损失。

六、思考题

① 什么是液-液分配净化法？

② 液-液分配法常用的溶剂有哪些？

③ 液-液分配法的优缺点是什么？

实验20　气相色谱-质谱联用测定联苯菊酯含量

一、实验目的

1. 了解气相色谱-质谱联用仪原理和结构组成。

2. 学习气相色谱-质谱联用仪的操作步骤。

3. 学习使用气相色谱-质谱联用仪测定联苯菊酯含量。

二、 实验原理

在相同色谱-质谱条件下，同一物质具有相同的保留时间和离子信息，通过未知农药样品与标准农药样品对照进行定性。相同色谱-质谱条件下，在一定进样量范围内，进样量与峰面积或峰高成正比，以此为定量依据。

三、 实验材料

1. 实验仪器和实验用品

岛津 GCMS-TQ8030、十万分之一电子天平、移液器、数控超声波清洗器、玻璃棒、烧杯、容量瓶、滴管、移液管、量筒等。

2. 药品及试剂

99.0％联苯菊酯标准样品、未知含量的联苯菊酯样品，甲醇、乙腈、甲酸、二氯甲烷均为色谱纯；水（新蒸二次蒸馏水）。

四、 实验步骤

1. 气相色谱-质谱分析条件

离子源：EI；离子源温度：260℃；接口温度：260℃；采集方式：MRM；溶剂延迟2min。检测器电压：0.3kV，监测离子（m/z）为 153.10，166.10，179.10；以 181.10/166.10 为定量离子对。毛细管色谱柱为 Rtx-5Ms 柱（30.0m×0.25mm×0.25μm）；载气：He，纯度：99.999％；柱流量（恒流）：1.0mL/min；进样口温度：250℃；进样方式：不分流进样；程序升温：初温230℃，以 10℃升至 290℃，保留时间 5.0min 左右，总程序时间：7min，进样量：5μL。

2. 仪器操作具体步骤

① 开启计算机和仪器，设置仪器参数，如载气流速、温度、真空度等仪器运行参数。

② 待仪器稳定后，进行气相色谱条件的选择。

③ 待仪器稳定后，用待测样品标准品进行质谱参数调谐，得到最佳的质谱分析条件，确保峰形平滑对称，灵敏度高。

④ 选择最优的气相色谱条件和质谱分析条件，编辑完整的仪器分析方法。

⑤ 待仪器运行和基线稳定后进样，进行实时分析。样品运行期间可以利用工作站前台对运行情况进行观察，异常时需进行调整。

⑥ 样品运行结束后进行数据处理，化合物的质谱是以测得离子的质荷比（m/z）为横坐标，以离子强度为纵坐标的谱图。采用 Scan 方式，色谱-质谱联用分析可以获得不同组分的质谱图。以色谱保留时间为横坐标，以各时间点测得的总离子强度为纵坐标，可以测得待测混合物的总离子流色谱图。当固定检测某离子或某些的质荷比，对整个色谱流出物进行选择性检测时，将得到选择离子检测色谱图。

3. 样品配制及测定

（1）样品配制　准确称取 99.0％联苯菊酯标准样品 0.02525g 于小烧杯中，加入二氯甲烷，定容至 50mL，得到 $5.00×10^2$ mg（a.i.）/L 联苯菊酯母液，用二氯甲烷稀释成浓度为 1mg（a.i.）/L、0.5mg（a.i.）/L、0.25mg（a.i.）/L、0.05mg（a.i.）/L、0.005mg（a.i.）/L 和 0.001mg（a.i.）/L 的标准溶液。在上述色谱条件下，待仪器稳定后分别进样，记录纯品峰面积。以峰面积作纵坐标，浓度作横坐标，绘制曲线图，计算回归方程 $y=a+bx$。

（2）样品测定　准确称取样品 0.2g 置于 50mL 容量瓶中，用二氯甲烷溶解、定容、稀释，在上述色谱条件下，待仪器稳定后，进样，按式（3-20）计算样品含量（单点校正法）或用回归方程计算含量。

样品中联苯菊酯的有效含量（X）计算公式（单点校正法）为：

$$X = \frac{S_1 C_2}{S_2}$$

（3-20）

式中　X——待测样品溶液中有效成分含量，mg（a.i.）/L；

　　　C_2——标准样品溶液中有效成分含量，mg（a.i.）/L；

　　　S_1——待测样品溶液峰面积值；

　　　S_2——标准样品溶液峰面积值。

4. 其他

同一浓度标样连续进样 5 次，计算其峰面积的变异系数。

五、实验说明及注意事项

① N$_2$ 钢瓶阀门不能开太大，及时检测各接口是否漏气，经常更换色谱柱入口处的石英棉，防止出怪峰。

② 进样完成后，升高柱温对色谱柱进行老化保护，及时清理离子源。

③ 记录好仪器使用记录。

六、思考题

① 用回归方程和单点校正计算未知样品中联苯菊酯的含量。

② 气质联用法的基本原理与气相色谱法有什么不同之处？

③ 气相色谱-质谱联用仪是否要求色谱柱必须将目标峰与杂质峰分开，为什么？

实验21　超高效液相色谱-串联质谱联用法测定吡虫啉含量

一、实验目的

1. 熟悉超高效液相色谱仪-串联质谱仪结构、流程以及调试方法和检测方法。

2. 掌握超高效液相色谱-串联质谱仪的操作和外标法的定量方法。

二、实验材料

1. 药品及试剂

98.2%吡虫啉标准样品，未知吡虫啉样品，甲醇、乙腈、甲酸均为色谱纯，水为新蒸二次蒸馏水。

2. 仪器

超高效液相色谱-串联质谱（UPLC-MS/MS）、十万分之一电子天平、移液器、数控超声波清洗器、玻璃棒、烧杯、容量瓶、滴管、移液管、量筒等。

三、实验操作步骤和注意事项

① 样品必须过 0.22μm 有机滤膜，必须澄清透明后方可进样。

② 过滤流动相包括色谱甲醇、重蒸水，配制流动相后用超声波脱气 10min。

③ 打开主机，设定流速、温度，观察真空度和压力是否稳定，并注意排气。

④ 每次实验必须记录流动相组成、流速、压力，以确定是否污染。

⑤ 色谱-质谱条件。

超高效液相色谱-串联质谱（UPLC-MS/MS）条件：采用电喷雾（ESI＋）模式测定，多离子反应监测（MRM）模式扫描。吡虫啉母离子特征峰（$m/z=256.00$），二级质谱后得离子特征峰 209.13 和 175.07，以 256.00/209.00 作为定量离子对，锥孔电压 DP＝60V，碰撞池能量 CE＝8eV，保留时间 1.3min 左右。安捷伦 Eclipse plus C_{18} 柱（10mm×5.5mm，1.8μm），流动相 A：0.2％甲酸水溶液，流动相 B 为乙腈。柱温：30℃；进样体积：5μL。梯度洗脱程序见表 3-4 所示。

表 3-4　梯度洗脱程序

时间 /min	流速 /(mL/min)	流动相百分比/%	
		0.2％甲酸水溶液	乙腈
0	0.3	70	30
0.5	0.3	20	80
2.0	0.3	0	100
3.0	0.3	0	100
4.01	0.3	70	30
5	0.3	70	30

⑥ 标准曲线绘制。准确称取 98.2％吡虫啉标准样品 0.02545g 于小烧杯中，加入甲醇，定容至 50mL，得到 $5.00×10^2$ mg（a.i.）/L 吡虫啉母液；准确移取上述吡虫啉母液各 1.000mL 于 25mL 容量瓶中，用甲醇定容，配成吡虫啉[20mg(a.i.)/L]的标准溶液母液，用甲醇稀释成浓度为 2mg（a.i.）/L、1mg（a.i.）/L、0.1mg（a.i.）/L、0.01mg（a.i.）/L、0.001mg（a.i.）/L 和 0.0001mg(a.i.)/L 的标准溶液。

⑦ 在上述色谱条件下，待仪器稳定后，分别进样，进样顺序为标样、样品、样品、标样。计算面积。以纯品浓度为横坐标，峰面积为纵坐标，做出标准曲线。计算出线性方程 $y＝a+bx$ 及相关系数 r。

⑧ 样品测定。准确称取吡虫啉样品 0.2g（准确至 0.0002g）于 50mL 容量瓶中，流动相定容，再稀释到相应浓度，在上述色谱条件下，待仪器稳定后，分别进样。计算峰面积，代入线性方程，求出样品中吡虫啉含量。

⑨ 实验完毕要清洗进样针、进样阀等，用过含酸的流动相后，色谱柱、离子源都要用甲醇/水冲洗，延长仪器使用寿命。

⑩ 仪器使用完毕后，认真做好实验记录，包括实验人、实验时间、实验内容和仪器运转状况等。

四、思考题
① 计算未知样品的含量。
② 开机后何时开始进样？
③ 液相色谱-串联质谱联用仪对流动相缓冲盐有什么要求？
④ 液相色谱-串联质谱联用仪对待测样品的浓度和进样体积有什么要求？

附录1　农药登记残留试验准则(中国)

一、田间试验原则

（1）田间残留试验必须在使用该农药的两个有代表性的地区进行两年试验，该两地区作物的生长条件各具有一定的代表性（试验地不一定必须有防治对象存在）。

（2）试验作物品种、栽培方法、农药施用历史及气象条件都应该明确。

（3）试验小区的面积随作物种类而异，其面积必须保证能多次重复取得有代表性的样本，各小区之间设保护行，小区面积一般为 30m^2（根据不同作物可适当增减），果树不少于 2 棵。每个处理设 3 个以上重复小区。

（4）必须设不施药对照区，必要时在对照区可选用对试验农药无干扰的药剂。

（5）试验用药必须是拟登记产品，按照推荐的剂量和方法施药。试验用药至少应该有两种剂量，其一是推荐的最大剂量，另一剂量根据具体情况而定，如果不发生药害，可使用推荐剂量（或常用量）1.5~2 倍的剂量。施药次数应依据推荐次数和高于推荐的次数进行施药。

（6）应该采用当地农业生产上常用的药械和推荐的施药方式施药。

二、田间试验设计

1. 设计的试验应按施药量、施药次数、施药时期随机排列的方法设试验小区，以明确与作物中残留量的关系，并能制订安全使用标准。

2. 为了明确农药残留消解趋势，测定半衰期，应做残留消解动态试验。

① 对水稻、小麦、果树等同一时期收获的作物，应设不同时期多次施药的处理。

② 对不同时期收获的作物（如黄瓜、茶叶、烟草等）应设一次施药分期采样的试验。

③ 如果施药多次，在最后一次施药雾滴干后应立即采样测定，以后再按不同间隔期采样，至少测定五次。通常最后一次采样是在残留量消解＞90％时。

三、采样

试样采集标准化是获得准确数据的基础。由于田间实际使用农药时不可能撒布均匀，要求采样必须是随机的和有代表性的，并且必须采足够的数量，否则，即使再精确的测定亦无实际意义。应避免采集有病的、过小的或未成熟的作物样本，采集后包装好，拴上标签，立即送到残留实验室。

1. 各类作物取样量

（1）禾本科作物　如稻、麦、杂谷类等。籽粒样本在每一试验小区随机多点（不少于10 个点）采摘而得，脱下籽粒，采粗样 5000~10000g，再取 1000~2000g 作为试样。茎秆等样本必须在离地 10cm 处切断，每个试验小区抽样点 5~10 个，取样 1000~2000g（视作物而定）。

（2）蔬菜类　根茎、块茎、鳞茎类蔬菜（如萝卜、马铃薯、洋葱等），随机多点取样 2000~5000g，大的菜类不少于 5 棵，清除附着泥土，不能洗涤（甜菜取样量与之相同）。叶菜、茎菜、果菜类，随机多点取样 2000~5000g。豆菜类（连豆荚），采样 2000~3000g。

（3）水果类　苹果、梨、桃等大果实，果实采自全株，注意从上部、下部、内侧、外侧、阳面、阴面均匀采摘 5000g。葡萄、草莓等小果实，采样 2000g。

（4）核果类及种子　核桃、栗子，采样 1000~2000g。棉籽收获时采样约 1000g，并除去棉绒。芝麻、蚕豆、葵花籽、花生等均在 1000~2000g。

（5）茶叶、烟草　采样 1000g。

（6）避免污染　对照区采样时，必须避免被所测农药污染。

（7）试样数量的缩减　一般样本均可连续采用四分法，舍弃三个等分，直到获得数量合适的试样。对于苹果、柑橘、大白菜、西瓜等较大的个体，可将全部试样交实验室。

2. 水样

根据需要采适量，一般每个小区随机多点取样，混合过滤后取 1000mL。

3. 土样

根据农药移动性能，一般在每个小区耕作层（0~15cm）取 5~10 个点，每个点 1000g左右，最后每个小区缩分成一个样（对有的农药还要分层采土样）。

四、样本的预处理

（1）采集的试样，对性质不稳定的农药（易分解），应当立即进行测定。有的暂时不能测定时，按原状在-5～0℃下保存。如果储藏较长时间时，必须在-20℃下冷冻保存，由于冷冻试样的细胞已经破坏，解冻后的样本必须立即分析。

（2）样本不同部位的残留量是有差别的，因此，要统一分析部位，否则会造成混乱。原则上以可食和用作饲料的部位及土壤为对象，分析前需对样本进行预处理（用于水田的农药，还要测定水中的残留量）。以下列样本为例。

① 稻谷，磨成糙米再粉碎到40目左右，残留量较高的试样还应测精白米。豆、麦粉碎到40目（粉碎时应加干冰，以防农药分解和损失）。稻草、稻壳、麦秆和麸皮粉碎到40目（青稻草、麦秆，剪成1～2cm长）。

② 苹果、梨、桃、柿子、樱桃等，去蒂及内芯或核，不削皮。番茄、草莓、茄子、辣椒等，去蒂。柑橘类，果肉和果皮分别进行测定。西瓜、香瓜，瓜皮和瓜肉分别测定。香蕉去掉果皮。

③ 甘蓝、白菜等去掉外层老叶。洋葱、大葱去掉老皮和须根。萝卜、芜菁、甜菜、胡萝卜、人参、薯、芋等，除去附着泥土，但不用水洗。黄瓜，去掉柄；南瓜，去蒂；菠菜，去掉须根（留红色部分）。

④ 其他。如花生，去掉外皮；啤酒花，干花；茶，成茶；烟叶，经烘烤或晾晒。

五、分析

（1）一般只分析农药的有效成分，某些已明确有毒的降解或转化产物、代谢物和杂质等亦要测定。

（2）灵敏度和回收率。

① 方法灵敏度　以样本检测极限（最小检知浓度，mg/kg）表示。要求检测极限至少比允许残留量低一个数量级。变异系数要求：（1～10）mg/kg±10%、（0.1～1）mg/kg±20%、（0.01～0.1）mg/kg±50%、（0.001～0.01）mg/kg±（100%～200%）。

② 方法回收率　一般以允许残留量、低于和高于允许残留量的浓度做添加回收率，回收率范围应为70%～110%，一般平均在80%以上。

六、结果整理

（1）测定结果一般不应减掉对照样本测定值，也不得按回收率进行校正。

（2）保留的有效数字要一致（同一报告）。

（3）测定值未达到检出极限时，应以"<检出极限""痕量"或"未检出"表示。

（4）残留试验总结报告应包括田间试验设计、分析方法、灵敏度、回收率实验、测定结果及色谱图（色谱法）等。

（5）残留试验总结报告必须由工程师（或同等职称）以上人员签字，试验单位盖章。

附录2　农药产品企业标准制定、编制说明和检测报告内容格式

1　农药标准的标准化管理

《中华人民共和国标准化法》规定我国标准分为：国家标准，用"GB"表示；化工行业标准，用"HG"表示；地方标准，用"DB"表示；企业标准，用"QB"表示。国家标准、行业标准分为强制性标准和推荐性标准，推荐性标准用"GB/T"或"HG/T"表示。农药

产品标准属于强制性标准，必须严格执行，没有农药产品标准的农药不得生产。

目前我国农药产品质量标准与国际水平还有一段差距，如原药含量要比 FAO 标准低，可湿性粉剂悬浮率也低。FAO 要求增加杂质控制项目，有害杂质控制得越来越严，甚至到 10^{-6} 级。在有效成分分析方法方面广泛采用了高效液相色谱法（HPLC），在气相色谱法（GC）中，国内大中型农药企业基本可以达到。

2 企业标准制定

2.1 产品名称和基本物化参数

中文通用名称：应采用国家标准（GB 4839—2009）规定的名称；尚未制定国家标准的，应向农药登记审批部门指定的有关技术委员会申请暂用名称（或建议名称）；

英文通用名称：应采用 ISO 通用名称；若无，可采用其他国际组织的名称并注明出处；

商品名称（若有）；

化学文摘服务登录号（CASRN）（若有）；

国际农药分析协作委员会（CIPAC）数字代号（若有）；

企业开发号（若有）；

化学名称；

结构式；

实验式；

分子量；

熔点（或沸点）；

蒸气压（20℃）；

溶解度（20℃）；

密度（堆积度）；

黏度（若有）；

稳定性：对酸、碱、光、热等；

分配系数；

其他。

2.2 范围

标准规定的内容和适用的范围。

2.3 引用标准

在标准中引用而构成标准的条文。

2.4 要求

包括产品组成和外观、产品技术项目和指标。

技术项目主要有：

有效成分含量；

其他成分名称及含量；

相关控制项目及指标要求。

若有效成分以不同的化合物存在，必须注明其确切的结构形式；若化合物中有异构体存在，须注明各有效体比例。

2.5 试验方法

包括抽样、鉴别试验、有效成分含量测定、其他成分含量测定、相关理化指标测定等方法（通常包括方法提要、原理、仪器、试剂和溶液、仪器操作条件、测定步骤、结果计算、允许差等）及相关谱图（若有）、必要的仪器装置图等。

2.6 产品的检验和验收

2.7 标志、标签、包装和储运

2.8 产品质量保证期。

以下为我国农药相关产品标准编写规范

HG/T 2467.1—2003 农药原药产品标准编写规范

HG/T 2467.2—2003 农药乳油产品标准编写规范

HG/T 2467.3—2003 农药可湿性粉剂产品标准编写规范

HG/T 2467.4—2003 农药粉剂产品标准编写规范

HG/T 2467.5—2003 农药悬浮剂产品标准编写规范

HG/T 2467.6—2003 农药水剂产品标准编写规范

HG/T 2467.7—2003 农药可溶液剂产品标准编写规范

HG/T 2467.8—2003 农药母药产品标准编写规范

HG/T 2467.9—2003 农药水乳剂产品标准编写规范

HG/T 2467.10—2003 农药微乳剂产品标准编写规范

HG/T 2467.11—2003 农药悬乳剂产品标准编写规范

HG/T 2467.12—2003 农药颗粒剂产品标准编写规范

HG/T 2467.13—2003 农药水分散粒剂产品标准编写规范

HG/T 2467.14—2003 农药可分散片剂产品标准编写规范

HG/T 2467.15—2003 农药可溶粉剂产品标准编写规范

HG/T 2467.16—2003 农药可溶粒剂产品标准编写规范

HG/T 2467.17—2003 农药可溶片剂产品标准编写规范

HG/T 2467.18—2003 农药烟粉粒剂产品标准编写规范

HG/T 2467.19—2003 农药烟片剂产品标准编写规范

HG/T 2467.20—2003 农药超低容量液剂产品标准编写规范

GB/T 17768—1999 悬浮种衣剂产品标准编写规范

GB/T 21459.1—2008 真菌农药母药产品标准编写规范

GB/T 21459.2—2008 真菌农药粉剂产品标准编写规范

GB/T 21459.3—2008 真菌农药可湿性粉剂产品标准编写规范

GB/T 21459.4—2008 真菌农药油悬浮剂产品标准编写规范

GB/T 21459.5—2008 真菌农药饵剂产品标准编写规范

3 农药产品企业标准编制说明

内容应包括：

① 制定标准的目的和意义。

② 制定标准的依据和工作概况。

③ 技术指标确定的依据。

④ 试验方法的详细说明及评价。有效成分的检验方法应包括分析方法的线性关系、5批以上精密度测定数据、5批以上准确度测定数据、原始谱图。

⑤ 5批以上热储稳定性试验数据。

⑥ 2年常温储存稳定性试验报告。取得登记后，若对产品标准进行了修订，应将修订后的标准及编制说明重新提交登记审批部门备案。

4 检测报告

4.1 检测报告的基本要求

真实、及时、准确、完整。防止漏记和随意涂改。不得伪造、编造数据。国家质量监督部门接收委托检验仅对来样负责。

4.2 检测报告的书写

① 检测记录纸竖用横写,不得使用铅笔。检测报告应用字规范,字迹工整。

② 检测报告应使用规范的专业术语,计量单位应采用国际标准计量单位,有效数字的取舍应符合要求。

③ 检测报告不得随意删除、修改或增减数据,否则无效。如必须修改,须在修改处画一斜线,不可完全涂黑,保证修改前记录能够辨认,并应由修改人签字,注明修改时间及原因。

④ 谱图应粘贴在检测报告的相应位置上,用热敏纸打印的检测报告,须保留其复印件。

⑤ 检测报告应妥善保存,避免水浸、墨污、卷边,保持整洁、完好、无破损、不丢失。

4.3 检测报告的签署、检查、存档和异议处理

① 每次检测结束后,应由检测人、审核人、批准人、负责人和记录人在报告后签名。报告无"检验报告专用章"或检验单位公章无效。

② 对质检部门的检测报告若有异议,应于收到报告后十五日内向检验单位提出,过期不予受理。

③ 应按归档要求将检测报告整理归档。

农药剂型加工

4.1 农药制剂配制

4.1.1 农药助剂使用技术基础

农药助剂是农药制剂加工和应用中使用的除农药有效成分以外的其他辅助物，分为配方助剂和喷雾助剂两类。本篇主要介绍配方助剂。

4.1.1.1 乳化剂

使用乳化剂的农药加工剂型主要有乳油、水乳剂、微乳剂、可分散油悬剂和悬乳剂等，其中乳油是最基本的农药剂型。

配制农药乳油时一般要考虑乳化剂的以下指标。

① 乳化性能　即乳油用不同硬度的水稀释时，在一定条件下乳液的稳定程度。相同乳化效果情况下，乳化剂用量越低，乳化性能越强。

② 与原药及溶剂的相溶性　即调配的乳油储存前后均能够清澈透明，无颗粒和絮状物，乳化性能良好，农药的分解率低。

③ 水分含量　视农药的品种而定，一般情况下水分含量越低越好。

④ 酸碱度　最好呈中性和微酸性。

⑤ 流动性　用凝固点来衡量，越低越好，主要是方便使用。

⑥ 外观　色泽浅，透明度好，不分层。此外要求成本低，无毒害和药害，对环境友好。

乳化剂主要分为单体乳化剂和复配乳化剂两种。复配乳化剂一般由两种或两种以上的乳化剂单体混合而成，其中为了调节其流动性、便于使用，常含有一定量溶剂。我国目前现有的复配乳化剂大多是针对乳油开发的，多由非离子乳化剂单体和阴离子乳化剂单体（钙盐）复配而成，因此一般不适合于水乳剂、微乳剂、可分散油悬剂和悬乳剂等剂型，筛选后者制剂配方时最好以乳化剂单体进行配伍试验。因此，了解并掌握乳化剂单体的性质和性能是非常必要的。

对于非离子乳化剂来讲，浊点是重要的质量指标。对于某种具有一定聚合度的非离子乳化剂单体均有一个规定的浊点范围，若浊点偏离较大则表明产品的质量不好。在低于室温无法测定浊点时，可采用测定浊点指数（水数）的方法。

（1）浊点的测定方法　称取 0.5g（精确至 0.01g）样品于小烧杯中，加入蒸馏水 50mL，用玻棒搅动使其溶解，溶解后倒入大试管内，使液面高度为 5cm，然后将温度计插入大试管内，再将大试管放入水浴中缓慢升温，一面搅动样品，一面观察，当溶液刚出现浑浊时，可搅动使其恢复透明。待再次出现浑浊而经搅拌并不消失时，立即记下温度。然后重新倒入新的溶液进行测定，这样连续 3 次，所求得的平均温度即该样品的浊点。如果样品水溶液超过 100℃还不出现浑浊，样品可改用含 3％氯化钠的水溶液来测定。如果样品水溶液在常温下已浑浊，则可改用含 25％乙醇的水溶液来测定。需要说明的是两种情况下测得的浊点必须注明测定条件。

图 4-1　浊点指数测定装置

（2）浊点指数的测定方法　依据 GB/T 11277—2012。称取 (1.0±0.1)g（精确至 0.001g）样品于高 80mm、直径 50mm、带有双层壁、质量小于 200g、已称准至 0.01g 的烧杯（图 4-1）中，加入 10mL 正丙醇，放入磁棒，在烧杯上加盖。将烧杯放在磁力搅拌器上，插入温度计，烧杯与水浴接通，开动循环水和搅拌器（开始慢慢搅拌，以免液体溅到烧杯壁上），温度为 (30±0.1)℃。当试样完全溶解（溶液呈透明状）后，用滴定管逐滴加入蒸馏水（注意控制加水的时间应该在 20～30min 之间），直至液体浑浊为终点。到达终点后，让溶液平衡 5min，以保证浑浊不消失。记录所消耗水的体积（mL）即为水数。水数不但可用来测定乳化剂的亲水性，也可测定农药及溶剂的亲水性。

在各制剂配方中选择乳化剂的关键是确定乳化剂的单体种类和各种单体的比例。乳化剂的选择方法主要有亲水亲油平衡值法（HLB 值法）、相转变温度法（PIT 法）及乳液转变点法（EIP 法）等。

（1）HLB 值法的要点

① 每个乳化剂（单体或复配物）都有一个特定的 HLB 值范围。

② 油/水（O/W）型乳状液需要的乳化剂 HLB 值通常在 8～18；水/油（W/O）型需要的乳化剂 HLB 值在 3～6。

③ 被乳化系统（农药和农药-溶剂系统）的 HLB 值与所选乳化剂系统 HLB 值等值时，通常可望获得理想的乳化效果。目前对于已知结构的乳化剂可采用相应的经验公式进行计算获得，而对于未知结构的乳化剂或复配乳化剂可采用乳化试验法进行测定。Griffin 提出将已知 HLB 值的乳化剂、未知 HLB 值的乳化剂和已知所需 HLB 值的油相掺合，采用代数加和法配成一系列不同组成的乳状液，找出其中稳定性最好的一种即可计算出未知乳化剂的HLB 值。

（2）PIT 法　该法适用于选择聚氧乙烯型非离子表面活性剂。其原理是乳状液的类型与温度有关，温度变化时，乳液类型 O/W 和 W/O 可以相互转变。利用相转变温度可以判断乳状液的稳定性，也可以说明乳状液中乳化剂的性质。PIT 测定方法是将等量的油和水与 3％～5％的聚氧乙烯非离子乳化剂制成乳液，加热搅拌，通过电导仪测定电导率或用其他方法观察是否发生转相，继续升温直到电导率突然降低说明发生 O/W 型向 W/O 型的转变，此时的温度即为相转变温度。PIT 法选择聚氧乙烯型非离子乳化剂的原则是配制 O/W 型乳液时乳化剂的 PIT 应高于储存温度 20～60℃，配制 W/O 型乳液时，乳化剂的 PIT 应比储

存温度低 $10\sim40\,^{\circ}\mathrm{C}$，才能保证储存过程中不因温度变化而发生乳状液的转型。

（3）EIP 法　EIP 是指乳液从 W/O 型转变为 O/W 型的转折点，是在相同浓度不同乳化剂配成的 W/O 型乳液中加入水并记录发生转相时加入水的体积，即发生转相时单位体积油相所需加入的水体积。其测定方法是在 $200\mathrm{cm^3}$ 硬质烧杯中加入液体石蜡 $50\mathrm{cm^3}$ 和 2% 浓度的壬基酚聚氧乙烯醚乳化剂，在 $600\mathrm{r/min}$ 转速下充分搅拌，使乳化剂溶解分散，然后向烧杯中滴入水，每加 $1\mathrm{cm^3}$ 水用 $600\mathrm{r/min}$ 速度搅拌 $15\mathrm{s}$。测定溶液的电导率，从电导率判断是否发生 W/O 型向 O/W 型乳状液的转变，记录发生转型时加入水的体积（$\mathrm{cm^3}$）。一般 EIP 低的乳化剂有利于配制成稳定的 O/W 型乳液。

上述方法在选择乳化剂时都存在局限性，受油相和乳化剂种类、性质、浓度以及相互配比不同的影响而有变化，同时还因外界条件如温度、水质、稀释倍数、添加剂的加入等而改变。

一般地讲，在水温较低时，要求乳化剂的亲油性稍强一些，即提高乳化剂中钙盐的比例或提高亲油性非离子组分的比例或降低亲水性非离子组分的比例；在水温较高时，要求乳化剂的亲水性稍强一些，即降低钙盐的比例或降低亲油性非离子组分的比例或提高亲水性非离子组分的比例。在实践中，为了配制一种适应较宽温度条件的乳化剂，有时会选用三元或三元以上的复配乳化剂。

水质对乳化剂乳化性能的影响主要表现在所形成乳状液的稳定性。实践表明，在相同条件下配制某种理想的乳状液时，如水的硬度较高，应适当地增加乳化剂的亲水性，即增加乳化剂中非离子组分的亲水性或者降低钙盐的用量才能达到；反之，如水硬度较低，应适当地提高乳化剂的亲油性，即降低乳化剂中非离子组分的亲水性或增加钙盐的用量才能达到。否则很难获得较理想的乳状液。在选择农药乳化剂配方时，为了使选定的乳化剂能更好地适应不同水质的要求，在试验中通常选用（以碳酸钙计）硬度分别为如 $100\mathrm{mg/L}$、$342\mathrm{mg/L}$ 和 $500\mathrm{mg/L}$ 三种不同的水质进行乳液稳定性试验。这样选定的乳化剂能较好地满足农药使用时对水质的要求。

稀释倍数指用水稀释乳油时较之乳油体积所需水量的的倍数。不同的乳油或不同的应用技术采用的稀释倍数不同。在选择乳化剂配方时，应重点研究在低稀释倍数下对乳化剂的性能要求。

4.1.1.2　农药润湿剂与渗透剂

润湿和渗透作用是农药表面活性剂的基本应用性能之一。农药制剂加工及应用中提供这两种作用的助剂是农药润湿剂和渗透剂。它既可作为农药制剂的配方组分，也可用作农药喷雾使用时所添加的各种喷雾助剂。

（1）农药可湿性粉剂（WP）中润湿剂的应用　可湿性粉剂是最基本的农药加工剂型之一，其基本助剂组分是润湿剂和分散剂。WP 润湿剂几乎包括了所有农药润湿剂品种。近年开发的新型润湿剂、渗透剂大都与 WP 相关。各类 WP 用润湿剂在制剂性能，特别是润湿性和再润湿性与分子结构之间的关系方面，目前尚未找到明确而普遍适用的规律。有时单体助剂的润湿性较好，而用在 WP 配方中则不尽人意。所以至今很大程度上有赖于实践经验的积累和配方筛选试验。

（2）农药可溶液剂加工中润湿剂与渗透剂的使用　原来认为水溶性较好的农药制成以水为介质的可溶液剂不需要加润湿剂、渗透剂也能对植物、虫体有好的润湿性和渗透性，但实际上这完全是误解。多数水基可溶液剂农药如没有适当助剂，则药效一般发挥不好，特别是某些除草剂和植物生长调节剂。

（3）流点法确定润湿剂品种　用蒸馏水将各润湿剂配制成5%的水溶液，称取5g粉碎至200目的原药样品（精确至0.01g）于50mL烧杯中，然后连同不锈钢小铲一起称重，用胶头滴管将配制好的润湿分散剂的水溶液逐滴加入烧杯，边滴加边搅拌，不时将小铲提起直至有液滴刚好开始滴下时，停止滴加，再将烧杯和不锈钢铲一起称重，记录滴加溶液的质量（精确至0.01g），重复4次。一般水溶液用量低的润湿剂润湿效率高。

（4）润湿剂溶液表面张力测定方法　测定表面张力方法有Du Nouy法（白金环法）、毛细升高法、液体积法（滴重法）、吊片法、泡压法（气泡最大压力法）、停滴法、悬滴法等，常用的方法为白金环法（Ring mothod）。

图4-2　JZHY-180数显
手动表、界面张力仪

如图4-2所示JZHY-180数显手动表、界面张力仪是一种新型的界面张力仪，广泛用于开发新型表面活性剂或混合型表面活性剂、润湿漆及颜料，稳定乳胶，开发药物及化妆品生产，测定油墨的流动特征、电镀池中的表面活性剂浓度，以及生物制剂用表面活性剂、油田用表面活性剂及教学等多种领域。

① 测定原理　利用白金环以垂直的方向从液面向上拉，使白金环脱离液面所需的力，即代表此液体的表面张力。这种测定方法通常使用Du Nouy张力计。

② 测定方法　首先把载有杠杆和吊钩的铜丝拉紧，把白金环充分洗干净，用洗液洗，或者在火焰上烧，以除去环上的油垢物。洗净后挂在杠杆的吊钩上，调节立柱的高低使仪器本身保持水平。然后把指针的零点和刻度盘上的零点重合在一起。其次要把吊有白金环的杠杆调节至水平，通过转动固定钢丝另一端的钮子使杠杆与仪器上附有的两根平行的金属丝相平。相平后即将此钮子用螺钉拧紧，以后在测定时即不再动此钮子。当杠杆不保持水平地位时仍需调节。再求出在刻度盘上每扭转1°所代表的力，求法是先把一小块纸片放在白金环上，纸片的质量预先称好，并往纸片上逐渐添加铜片的砝码。当在白金环上添加纸片和砝码以后杠杆必然不能保持水平，要想使杠杆仍旧恢复水平，就需要转动指针。指针的零点所指的刻度盘上的数字，即是纸片和砝码的总重所产生的力，加上不同量的砝码可以记录出不同的角度，因此可以求出每扭转1°所代表的质量。例如纸片与砝码的总重为0.2g，转动的角度为13.3°，总重为0.3g时转动的角度为19.9°，由此可以求出指针每转动1°所代表的质量为0.015g。

测定某液体的表面张力时，一般是把某物质用水稀释至一定浓度（一般稀释到0.01%～0.1%），并使其达到一定温度（一般是在25℃）。将此液体倒入直径在8cm左右的玻璃皿中（用培养皿即可），玻璃皿预先也要用洗液洗干净。将盛有欲测定溶液的玻璃皿放在仪器的平台上，然后扭转平台下的螺钉使平台逐渐上升，至白金环浸入试液面下5mm左右，此时白金环应位于玻璃皿的中央，然后逐渐使平台下降，以使杠杆与两根平行的金属丝相平，白金环的环必须要保持水平，否则液面可能先与一部分白金环接触，这就会影响测定的结果。即慢慢扭转指针，为了保持杠杆的水平状态，需要在扭转指针的同时，需扭转平台下面的螺钉使平台稍微下降。如此操作使白金环直到脱离液面，记录指针所指的角度，再扭回指针使白金环重新操作，再扭转指针使白金环脱离液面。如此重复3次，求得3次结果的平均角度。测定时应尽量迅速，以使液体的温度变化很小。

③ 结果的计算　先要测量白金环的圆周长度（L，cm）。这可以通过测量其直径再计算

圆周长，或者自行制作一个已知圆周长度的白金环。做白金环所用的白金丝的半径（r，cm）以及白金环的半径（cm）也需预先测量。

根据以上量得的数据进行计算，例如扭动的角度是 55°，所代表总的拉力是 $0.015 \times 55 = 0.825$g，若以 dyn（$1\text{dyn} = 10^{-5}$N）表示，须乘以 980，即 $0.825 \times 980 = 808.5$dyn。而表面张力通常以 dyn/cm（$1\text{dyn/cm} = 10^{-3}$N/m = 1mN/m）为单位，因此 808.5dyn 还要折算成每厘米的达因数。

$$总拉力（P）= 0.0150 \times 980 \times 55 = 808.5\text{dyn}$$
$$表面张力 = P / (2L) \tag{4-1}$$

式中　L——白金环圆周长，6cm。

$$表面张力 = \frac{0.0150 \times 980 \times 55}{2 \times 6} = 67.38\text{dyn/cm}$$

但当把白金环向上拉而还没有脱离液面时白金环本身要带上一点液体，这些液体因为重力作用而加大了拉力，因此必须进行校正以减去这部分液体所产生的重力，校正方法是算出 R^3/V 和 R/r 的值。从表面张力校正表中查出校正值，首先要计算出白金环所带的液体的体积，根据式（4-2）可以求出液体的体积（mL）。

$$V = P / (D - d) \tag{4-2}$$

再求出 R^3/V 的数值，例如：$R = 0.99$cm，$V = 0.825$mL

则：
$$R^3/V = 1.176$$
$$R = 0.99\text{cm}；r = 0.0175\text{cm}$$
$$R/r = 56.57$$

根据 R^3/V 和 R/r 的值可以从表面张力校正表中查出校正值（F），即 $F = 0.932$。

则未校正前的 67.38dyn/cm 经校正后即变成：
$$67.38 \times 0.932 = 62.80\text{dyn/cm} = 62.80\text{mN/m}$$

全自动数字界面张力仪可自动调零，测定范围 $0 \sim 199.9$mN/m，分辨率为 0.1mN/m。采用系统机控制，操作员只需在参数界面输入所需参数，即可进入主界面，进行实时采样，并实时显示动态曲线。力值可自动计算、显示、存储、打印，历史曲线也可调阅、打印，测量结果既准确又方便。

4.1.1.3　分散剂

使用分散剂的主要剂型有可湿性粉剂、悬浮剂、水分散粒剂等，对分散剂性能的共同要求如下所述。

① 使产品有良好流动性，不结块；
② 有一定的润湿性和分散悬浮性；
③ 储存稳定性和化学稳定性；
④ 制剂良好的稀释性及与其他剂型产品的相容性；
⑤ 适度起泡性；
⑥ 适应加工工艺性能。

当然，分散剂也必须满足农药助剂的一般性能要求。

分散剂的选择原则即在多数情况下，制备农药分散体的中心环节始终是选择以分散剂为中心的助剂和配方。农药品种和剂型一经指定，则对助剂系统性能要求也就基本上确定了下来。

分散剂的一般选择原则如下所述。

① 分散能力强的表面活性剂，一般具有较强吸附能力，例如某些嵌段或接枝聚合物表面活性剂。

② 高分子分散剂，特别是分子或链节上具有较多分枝的亲油基和亲水基，并带有足够电荷，其分散力较强、适应性较广。例如木质素磺酸盐类、烷基萘和萘磺酸甲醛缩合物，还有聚合羧酸盐、烷基酚聚氧乙烯醚甲醛缩合物硫酸盐、烷基酚聚氧乙烯醚甲醛缩合物丁二酸酯硝酸盐等。

③ 根据吸附作用原理，对非极性固体农药，宜选非离子分散剂或弱极性离子分散剂。若分散农药固体粒子表面具有官能团，显示明显极性，那么宜选用具极性亲和力吸附型阴离子，尤其是高分子阴离子分散剂。

④ 化学结构相似原理。例如有机磷酸酯类农药，其所需分散剂和乳化剂，由经验可知，具有多芳核聚氧乙烯醚或聚氧丙烯醚类以及它们的甲醛缩合物，或者有机磷酸酯类表面活性剂，往往效果较好。

⑤ 分散剂协同效应的应用。实践和理论证明在多数农药分散系统中，选用两种或多种适当的分散剂或润湿-分散剂，往往比用单一的效果好。一方面，农药制剂要求性能是多方面的；另一方面，联用复配助剂系统往往可提供的性能较为全面。这一点在整个农药助剂领域都很重要。但要指出的是，绝不是任何两种或多种分散剂混合使用均会产生所希望的效果。恰恰相反，联用不当有时会产生相反效果。因此，通过试验检验是必要的，有时则是唯一可靠的方法。

⑥ 分散剂的掺合性。农药制剂的桶混或混用是化学农药应用技术的重要方式。现代化农业要求和正在推行的农药-化肥联用技术，也对农药制剂性能，特别是对助剂系统要求有好的相容性，对强而浓的化肥电解质有好的掺合性。

在悬浮剂配方研究过程中，一般采用以下方法筛选和确定润湿分散剂的用量。

① 流点法确定润湿分散剂品种　用蒸馏水将各润湿分散剂配制成5%的水溶液，称取5g粉碎至200目的原药样品（精确至0.01g）于50mL烧杯中，然后连同不锈钢小铲一起称重，用胶头滴管将配制好的润湿分散剂的水溶液逐滴加入到烧杯中，边滴加边搅拌，不时将小铲提起直至有液滴刚好开始滴下时，停止滴加，再将烧杯和不锈钢铲一起称重，记录滴加溶液的质量（精确至0.01g），重复四次。一般水溶液用量低的分散效果好。

流点与润湿分散剂的活性和固体物的细度有关：活性越高，流点越低；固体活性物越细，流点越高。另外需要注意的是，由于分散剂单独使用时通常润湿性能不足，所以用流点法筛选分散剂时，最好先确定润湿剂品种后，再在使用相同润湿剂的体系中进行分散剂品种的筛选。

图4-3　分散剂含量测定

② 黏度曲线法筛选润湿分散剂及其用量　确定分散剂的品种后可以进一步测定同一悬浮剂中不同含量分散剂时的黏度值，以黏度为纵坐标，分散剂含量为横坐标，绘制黏度-分散剂含量曲线（如图4-3）。以曲线中黏度最低点对应的分散剂含量为制剂中分散剂的最适含量。

4.1.1.4　农药溶剂与助溶剂

农药溶剂是溶解或稀释农药有效成分的液体。农药溶剂通常分为有机溶剂和无机溶剂。有机溶剂在农药乳油、水乳剂、微乳剂、油剂等液体剂型中广泛使用，是将固体有效成分制备液体制剂所必需的农药助剂，起溶解和调节制剂含量作用。而有效成分为液体时，其作用主要为稀释和调节含量。

溶剂应具有以下基本性能。

① 溶解能力强。首先要对制剂活性组分（原药）有较高的溶解性。

② 与制剂其他组分相溶性好。溶解后形成的溶液不分层、无沉淀，低温下无结晶析出，不与原药发生不利的化学反应。

③ 挥发性适中。配制乳油用的溶剂闪点一般不低于27℃，特殊制剂和应用技术另有要求。以确保生产、储运和使用安全。

④ 对植物无药害，对环境安全。

⑤ 对人、畜毒性低，刺激性低或无刺激性。多核芳烃化合物含量低于规定量。

⑥ 要求货源充足，质量稳定，价格适中，以保证制剂质量和控制成本。

助溶剂又称为共溶剂，是辅助性溶剂。一般用量不多，但往往具有特殊作用即专用性。助溶剂选用技术比较高，基本依靠配方试验，经验比重较大。应用助溶剂的剂型也在增多，主要还是某些乳油加工，乳化剂中有时也需要助溶剂。

（1）溶剂对原药溶解度测定方法　取5只20mL具塞试管，每只试管中放入（1.20±0.02）g待测原药样品，用移液管取2mL溶剂分别放入每只试管中，盖上塞子，在室温下轻轻摇动，必要时在50～60℃水浴中加热以加速溶解。如果不能全部溶解，再加2mL溶剂，再次加热溶解；如果还不能完全溶解，再加2mL，重复上述操作，直至加入10mL溶剂还不能完全溶解时，可弃之，选择另一种溶剂进行试验。如果某一溶剂完全溶解时，将其放入0℃冰箱，4h后观察有无沉淀（结晶）或分层。如没有沉淀或分层，仍能完全溶解，则可加入少量原药继续观察；如果有沉淀或分层时，则再加2mL溶剂，继续试验下去，直到加至10mL溶剂为止。按每毫升溶剂所溶解的原药质量计算溶解度。

（2）闪点及其测定方法　可燃性液体挥发出的蒸气和空气的混合物与火源接触能闪燃的最低温度即为闪点。含有可燃性溶剂或因分解作用而产生可燃性气体的农药产品应规定闪点的质量指标。其目的是为评估农药产品在储存、运输过程中引起燃烧的危险程度。例如联合国粮农组织（FAO）公布的超低容量农药制剂的质量标准中，规定以密闭式闪点试验器测试，其闪点不应低于22.8℃。我国对各种农药制剂未规定闪点限制，但其测定可参照国家标准（GB/T 21775—2008）方法进行。

4.1.1.5　农药填料或载体

农药填料或载体是荷载或稀释农药的惰性成分，主要用于各种固体剂型，有时也用在悬浮剂、悬乳剂、可分散油悬浮剂等液体制剂中。在制造农药粉剂、可湿性粉剂时一般将可用于制造高浓度固体制剂的、吸附性能强的硅藻土、凹凸棒土、膨润土、白炭黑等称为载体，而将具有低的或中等吸附能力的滑石、叶蜡石、黏土、轻质碳酸钙等称为填料。在制造悬浮剂及悬浮乳剂时，主要是利用某些填料或载体在液体介质中所具有的流变性和增稠性，以助于制剂的物理稳定，如凹凸棒土、膨润土等。

配制相应的农药制剂选择载体或填料时一般首要考虑原药的物理状态以及载体与药剂的相容性，储存和使用过程中不应导致药剂分解；其次考虑填料或载体的物理性能，如纯度、密度、细度、硬度、pH值、比表面积、吸附性能、流动性能以及水分含量、Fe_2O_3含量、阳离子交换容量和价格等因素。

加工粉剂时应考虑如下几点。

① 稳定性好的农药如卤代烃类农药可只要求填料或载体的物理性能（易粉碎、流动性

等），不稳定的农药如有机磷类农药则首先考虑选择活性小不宜引起药剂分解的填料或载体。

② 蒸气压高、易挥发的农药应选择吸附性能强的载体，易光解的农药应选择具有微孔结构的载体，以减少药剂损失。

③ 固体原药和高熔点原药的载体易于选择，而液体原药和低熔点原药应选择吸附性能强的载体，以保证制剂的流动性和分散性。

加工可湿性粉剂时还要求载体自身的润湿性、分散性、悬浮性良好，硬度低，易于加工。加工粒剂时则应对载体的吸附性、流动性、耐磨性、粉尘大小等因素加以考虑。

4.1.2 农药制剂配制技术

4.1.2.1 液体制剂

（1）乳油配制技术　农药乳油主要是由农药原药、溶剂和乳化剂组成。在某些乳油中还需要加入适当的助溶剂以及稳定剂和增效剂等其他助剂。乳油配方研究主要包括农药有效成分含量、溶剂和乳化剂的选择，以及乳油的化学稳定性和理化性能等内容。

① 农药原药　其为乳油中有效成分的主体，对最终配成的乳油有很大的限制和影响。在配制之前首先要全面地了解原药本身的各种理化性质、生物活性及毒性等。

原药的物理性质主要是物理状态，有效成分及杂质的含量，在有机溶剂和水中的溶解度，挥发性，熔点和沸点等。

化学性质主要是有效成分的化学稳定性，包括在酸、碱条件下的水解性（半衰期），光化学和热敏稳定性；与溶剂、乳化剂和其他助剂之间的相互作用等。

生物活性包括有效成分的作用方式，活性谱、活性大小、选择性和作用机制等。毒性主要指急性毒性，包括急性经口、经皮和吸入毒性。在配制混合乳油时，还需了解两种（或多种）有效成分的相互作用，包括毒性和毒力。

在上述各项性能中，原药纯度、在有机溶剂中的溶解度和化学稳定性最重要，在配制之前必须通过相应的试验获得可靠的数据，任何资料只能作为参考，不能作为依据。

② 有效成分含量的选择　一般来讲，乳油中的有效成分含量高可以降低溶剂的用量、节省包装材料、减少运输量和减轻对生态环境的影响，从而降低乳油的生产成本。乳油中有效成分含量的高低主要取决于农药原药的物理状态、在溶剂中的溶解度和施药要求。其基本要求是乳油在变化的温度范围内，仍能保持均相的透明溶液。有时为了提高乳油的稳定性，对某些在主溶剂中溶解度不够理想的农药品种，可以选用合适的助溶剂。

③ 溶剂　乳油中的溶剂主要是对原药起溶解和稀释作用，帮助乳油在水中乳化分散，改善乳油的流动性，使乳油中有效成分有一个固定的含量，便于使用。根据乳油的理化性能、储运和使用要求，乳油中的溶剂应具备以下条件：对原药有足够大的溶解度；不导致有效成分的分解；对人、畜毒性低，对作物安全；资源丰富，价格便宜；挥发性小，闪点高；对环境和储运安全等。溶剂选择的主要依据是原药在溶剂中的溶解度和溶剂对原药化学稳定性的影响，其次是溶剂的来源和价格。乳油常用常规溶剂主要有各种芳烃、醇类，其次是脂肪烃和酮类，以及它们的混合溶剂，其他酯类、卤代烷烃类应用较少。如果溶解度不够理想，再选用适当的助溶剂，即使用混合溶剂。

乳油设计和生产中，溶剂品种和性能规格是经常变化的因素之一，为此需要对乳化剂及乳油配方进行检验和及时调整。当选用较亲水溶剂时，乳化剂亲油性组分通常是钙盐的比例需适当降低，而亲水性乳化剂通常是各类非离子组分，比例要相应提高。反之，采用较亲油溶剂时，如重质芳烃和脂肪烃溶剂，乳化剂亲油性组分比例要提高，而亲水性组分比例相应降低。

④ 乳化剂 乳化剂是配制农药乳油的关键组分。乳化剂能否使乳油对水稀释后形成相对稳定的乳状液是选择乳化剂的首要原则，其次是乳化剂对农药原药化学稳定性的影响。即乳化剂首先能使乳油在水中形成相对稳定的乳状液，喷洒到作物或有害生物体表面能很好地润湿、展着，加速药剂对作物的渗透性，对作物安全。其次对农药原药化学稳定性无影响，不应因储存日久而分解失效；耐酸，耐碱，不易分解；对温度、水质适应性广泛；此外，不应增加原药对哺乳类动物的毒性或降低对有害生物的毒力。

配制农药乳油所使用的乳化剂主要是复合型的，即一种阴离子型乳化剂和一种或几种非离子型乳化剂混配而成的混合物。复合型乳化剂可以产生比原来各自性能更优良的协同效应，可以降低乳化剂用量，使之对农药的适应性更宽，配成的乳状液更稳定。

在混配型乳化剂中，最常用的阴离子型乳化剂是十二烷基苯磺酸钙（简称钙盐，常用ABS-Ca 表示），而常用的非离子型乳化剂品种型号繁多。乳化剂的筛选实际上是确定非离子乳化剂的品种、非离子乳化剂与阴离子乳化剂的配比以及乳化剂用量的过程。

⑤ 其他助剂 主要是助溶剂、稳定剂、增效剂等，根据农药的品种和施药要求选用。

(2) 水乳剂的配制技术 水乳剂分为 O/W 型和 W/O 型两类，O/W 型在生产上具有实用价值。

① 水乳剂的配方组成 水乳剂主要由有效成分、溶剂、乳化剂、共乳化剂、防冻剂、消泡剂、增稠剂和水组成。

② 水乳剂的配方要求 水乳剂中有效成分含量一般低于 50%。是否使用溶剂根据原药的物理状态而定，种类与乳油相似，但尽量不用极性溶剂。

③ 水乳剂常用实验室设备及使用 高剪切混合乳化机（图 4-4，图 4-5）是制备水乳剂的常用设备，还可用于悬浮剂等制剂样品。

图 4-4 密闭式高速剪切乳化机　　　　图 4-5 高速剪切乳化机

BME100L 型高剪切混合乳化机的使用注意事项如下所述。

a. 启动前，检查剪切头是否清洁，调节高度；b. 接通电源后，打开剪切机开关，出现"吧嗒"声，通过速度调节按钮慢慢调速至所需转速；c. 本乳化机额定转速 10000r/min，乳化时不能超过此转速，乳化机连续工作时间，建议不要超过 30min，否则会影响使用寿命；d. 关机，通过速度调节按钮慢慢调速至显示屏为 0000，关闭剪切机开关，显示屏无显示，说明已关机；e. 每次使用完毕，动力头必须在清水中（或有机溶剂中）清洗，去除全部滞留物；f. 搅拌头必须在液料中运转，以免滑动轴承与转轴以及转子与定子因干磨引起发热而咬死；g. 本设备输入电源 200V、50Hz，外壳必须接地，建议使用 550W 的稳压电源，如对转速要求较高，必须外接稳压电源。

（3）微乳剂的配制　微乳液亦有 O/W 型和 W/O 型之分，农药微乳剂所采用的多是 O/W 型，以下微乳液均以 O/W 型进行介绍。

① 基本配方　见表 4-1。

表 4-1　典型的微乳剂配方

组　分	含量/%	组　分	含量/%
有效成分	1～20	助乳化剂	3～10
溶剂	不用或根据需要添加	防冻剂	5
乳化剂	5～20	去离子水	余量

② 微乳剂的组分

a. 微乳剂中农药有效成分含量一般低于 20%，有效成分应该在水中稳定，熔点在 70℃以下的相对容易配制微乳剂。在常温下为固体的农药原药必须选择适当的溶剂，配制成溶液后方可使用，需指出的是若使用与水不混溶的溶剂来溶解原药，其使用量越大，则制剂所耗费的乳化剂量也相应增加。

b. 微乳剂的溶剂选择范围比水乳剂宽，可使用非极性溶剂，如芳烃、重芳烃、石蜡烃、脂肪酸的酯化物等，也可根据需要选择某些极性溶剂，如醇类、酮类、二甲基甲酰胺等。

c. 对乳化剂的选择，其基本原则与水乳剂一样，可在 HLB 8～18 范围内选择。离子型或非离子型的均可，实际应用中更多的是两种类型乳化剂复配。

d. 在微乳剂制剂中乳化剂和助乳化剂统称为增溶剂。助乳化剂的作用是提高乳化剂对农药活性物的增溶量，或促使油水界面张力下降，一般选择低分子量的醇类，如丁醇、辛醇、异丙醇、异戊醇、甲醇、乙醇、乙二醇、丙三醇或低级二元醇的聚合物等。但助乳化剂并非微乳剂必需组分，实际制备过程中根据需要添加。

e. 防冻剂一般选择二元醇或水溶性非极性物固体，如尿素、蔗糖、葡萄糖类等。

③ 微乳剂属于热力学稳定体系，一般不需添加增稠剂、触变剂等进行流变学性能调节。其制备工艺简单，生产中按配方从原辅料储罐中抽取物料，添加到调制釜中调配，配以一般框式或桨式搅拌器，边搅拌边进料，自发形成透明制剂。

（4）悬浮剂的配制

① 悬浮剂的配方组成　悬浮剂（SC）主要由农药原药、润湿剂、分散剂、增稠剂、防冻剂、pH 调整剂、消泡剂和水等组成。但不同品种、不同规格的制剂配方各有不同，筛选合理的制剂配方是悬浮剂开发的重要工作。水悬浮剂的基本配方组成为：有效成分 40%～50%，润湿分散剂 3%～7%，增稠剂 0.1%～0.5%，防冻剂 3%～5%，水加至 100%。pH 调整剂和消泡剂根据需要添加。

② 悬浮剂的组分要求

a. 有效成分需符合的条件。ⓐ在水中的溶解度一般不大于 100mg/L，最好不溶，否则在制剂储存时易产生结晶。但也有在液相中的溶解度超过 100mg/L 的原药制得稳定性好的悬浮剂的例子，如吡虫啉、灭多威等。通过选择合适的润湿分散剂和增稠剂，可使制剂的保质期达到 3 年以上。ⓑ在水中的化学稳定性好，对某些稳定性不太好的有效成分通常使用缓冲剂、抗氧化剂来改善其化学稳定性。ⓒ熔点一般在 60℃以上，以免在研磨时熔化，引起粒子凝聚，影响制剂的稳定性。ⓓ对于复配制剂来说，还要考虑以两原药增效不增毒、相容稳定性好为原则确定其最佳配比和最佳浓度。

b. 润湿分散剂。农药悬浮剂的润湿分散剂具有润湿和分散双重作用，多选用阴离子表面活性剂，有时根据需要与非离子表面活性剂（乳化剂）配合使用。润湿分散剂的用量一般不超过 10%，要求其与所分散的农药有效成分结合能力强，不易脱落。

c. 防冻剂。农药悬浮剂在低温环境中能稳定储存需要加入防冻剂。选用防冻剂一般要求在较低用量下防冻性能好、挥发性低、对有效成分不溶解。如用乙二醇作防冻剂，一般加入 5% 左右，最多不超过 10%。若农药悬浮剂在气温高于 0℃的地区储存和使用，则在配方中可以不加防冻剂。

d. 增稠剂。增稠剂是农药悬浮剂的重要组分。对增稠剂的要求一般是用量少、增稠作用强而又不影响制剂稀释稳定性。一般用量为 0.1%～0.5%，最多不超过 3%。

e. 消泡剂。农药悬浮剂在加工过程中容易产生大量气泡，影响制剂的加工、计量、包装和使用。一般选用有机硅类、有机硅酮类，也可根据需要在长链醇、脂肪酸、聚氧丙烯、甘油醚中选择。

f. pH 调整剂。加入 pH 调整剂是保证制剂中有效成分化学稳定性的重要手段。绝大多数原药在中性介质条件下稳定，而少数原药则需要酸性或碱性介质条件，因此，必须通过加入 pH 调整剂调节介质，以适合原药对介质 pH 的需要。一般用硫酸或有机酸调节酸性；而用有机胺调整介质的碱性。

g. 防腐剂。可在甲醛、苯甲酸、山梨酸、柠檬酸及其盐类中选择。

③ 悬浮剂主要实验设备

a. 砂磨机。砂磨机是配制水基和油基悬浮剂的关键设备。

b. 粒度测定仪器。粒度是粉体产品最重要的技术指标之一。粉剂若是由单一粒子组成的，则单一粒子的直径即为粉体的粒度。通常粉粒是由大小形状不同的粒子组成的，此时粉体的粒度用粒子的平均直径表示。

随着技术的进步和人们对粒度测量要求的提高，逐渐出现了多种新型的、集多门现代科学技术为一体的粒度测量仪器，比如激光粒度分析仪、库尔特计数器、颗粒图像处理仪、离心沉降仪等。它们的原理不同，性能特点也不相同。

c. 黏度测定仪器。国内目前多采用旋转黏度计测定液体的黏度，如目前广泛用于测定石油、油脂、油漆、油墨、浆料、食品、药物、涂料、化妆品等液体的黏度的 NDJ-79 型旋转黏度计。

(5) 液体制剂生产单元操作　液体制剂通常是将药物以不同的分散方法和不同的分散程度分散在适宜的分散介质中制成的液体分散体系，如乳油、水乳剂、悬浮剂等。液体制剂按分散系统可分为均匀相液体制剂和非均匀相液体制剂。前者如乳油、微乳剂、水剂、可溶性液剂等；后者又分为水乳剂、水悬浮剂、油悬浮剂等。液体制剂生产的单元操作主要有溶解、分散与过滤等。

① 溶解　乳油、水剂配制中原药的溶解和溶解度是至关重要的。有时需要增加溶解度，增加溶解度的方法有制成可溶性盐、引入亲水基团、加入助溶剂、使用混合溶剂和加入增溶剂。

制备均相液体制剂时，液体组分常用量取法，量取体积单位常用 mL 或 L，固体组分常用称取法，单位常用 g 或 kg。

组分加入的次序：一般溶剂、助溶剂、稳定剂等先加入；固体组分中难溶性的应先加入溶解；易溶组分、液体组分及挥发性药物后加入。为了加速溶解，可将各组分研细，以配方溶剂的 1/2～3/4 量来溶解，必要时可搅拌或加热，但受热不稳定的组分以及遇热反而难溶解的组分则不应加热。

② 过滤　溶解后通常需要过滤，特别是固体组分，原则上应另用容器溶解，以便必要

时加以过滤，以防有异物混入或者为了避免溶液间发生配比变化。

过滤是将固液混合物强制通过多孔性介质，使液体通过而固体沉积或截留在多孔性介质上的操作。多孔性介质称滤过介质或滤材，直接影响过滤的速度和效果，是各种滤过器的关键组成部分。粗滤时常用的滤过介质有滤纸、棉、绸布、尼龙布、涤纶布等；精滤时常用的滤过介质有垂熔玻璃、砂滤棒、石棉板、微孔滤膜等。常用的滤过器有砂滤棒、垂熔玻璃滤器、微孔滤膜滤过器、板框压滤机、板框压滤器等。

③ 砂磨粉碎　此即为使用砂磨机进行粉碎的工艺。砂磨机是由球磨机发展而来的一种用于细粉碎和超微粉碎的研磨机械。用于农药水悬浮剂、油悬浮剂加工。

砂磨粉碎的优点为：a. 湿式生产的生产效率高。与相同规模的干式粉碎机械相比，其处理能力可增大 20%～30%。b. 粒细而匀。c. 便于连续化生产，可与分级设备组成闭路粉碎系统。d. 成本低于其他干式粉碎。闭路设备只需用管道及泵，所需其他辅助设备少，投资省。e. 没有污染，有利于环境保护。

用于砂磨的设备称为砂磨机（图 4-6），有立式和卧式之分。在规定容量的桶状容器内，有一旋转主轴，轴上装有若干个形状不同的分散盘。容器内预先装有占容积 50%～60% 的研磨介质，由送料泵将经过高速分散机预先分散润湿调制好的物料浆液从容器底部送入砂磨机内。由主轴带动分散盘旋转（线速 610m/min）产生离心力，使研磨介质与物料克服黏性阻力，向容器内壁冲击。由于研磨介质与物料流动速度的不同，固体颗粒与研磨介质之间产生强剪切力、摩擦力、冲击力而使物料逐级粉碎。这种粉碎是在两个研磨介质（如玻璃珠）之间或研磨介质与容器内壁之间互相撞击的点上进行的，大颗粒先被粉碎成小颗粒，而小颗粒不被粉碎，直至都成为一样大小的颗粒后，才一起被粉碎成更细小的颗粒。随着浆液上升至容器上部的分离机构（立筛或狭缝），将研磨介质与浆液分离，只有浆液可以流出，而研磨介质仍留在容器内。容器外面有夹套可通冷水控制温度，粉碎作业控制在 40～50℃ 之间。

图 4-6　砂磨机

砂磨粉碎效率与分散盘形状、数量、组合方式及研磨介质有关。a. 研磨介质中，玻璃珠、陶瓷珠、锆珠均为球形，球形介质是在接触点上粉碎的。b. 分散盘结构。根据浆料的性质，选择分散盘的形状、数量并确定排列组合。分散盘有多种形状，基本形状有圆盘状、藕片状、风车状三种类型，各有不同效用，须适当配合、及时调整，特别要与浆料的黏度、浓度相适应。

④ 胶体磨粉碎。胶体磨（图 4-7）是流体超微粉碎机械，兼备粉碎、乳化、分散、均质、搅拌等功能。胶体磨可以代替石磨、砂磨机、球磨机、组织捣碎机等。

胶体磨工作原理同前述高剪切均质机。

4.1.2.2 固体制剂

（1）可湿性粉剂的配制　可湿性粉剂由原药、润湿分散剂、载体（或填料）以及必要的稳定剂组成。配方筛选的关键是润湿分散剂和载体（填料）。

① 可湿性粉剂配方设计和助剂选择一般原则。可湿性粉剂配方设计的基本参数来自于农药品种规格和特性，助剂和载体填料的市场供应，特别是用户对产品质量的要求、工艺技术水平以及特定地区的法规等。通常明确了加工的农药类别、品种、有效成分含量以及公认的制剂质量指标之后，选好助剂是完成目标的关键技术。配方研究过程中润湿性和分散悬浮性是最重要的性能考察指标。

图 4-7　胶体磨

以下几点是通常考虑的因素。

a. 所得到的产品必须达到有关标准（国标、行标或企标），所选的载体、助剂等应价廉、易得、资源丰富，以提高最终产品在市场上的竞争力。

b. 载体或填料系统。可湿性粉剂中的载体（填料），特别是中、低有效成分含量，因载体（填料）量大，对制剂性能影响较大。若非限定载体，为了制剂优质和减少或避免助剂性能评价的差错或掩盖性能差异，最好选用商品化填料或性能好的填料。此外，还应考虑原药的物理状态——液态或固体，制剂中有效成分含量的高低，再根据载体的性能拟出载体的种类和名称，若原药为液态并要求配制高含量时，则一定要选吸油率高的载体，反之，则选吸油率中低等及价格较低的载体。

c. 选择润湿分散剂。载体初步选定后需选择润湿分散助剂，选择程序一般是先选润湿剂，再选分散剂，或直接选复配助剂。无论选何种助剂，宜先选常用的。

d. 助剂用量。影响可湿性粉剂配方中助剂用量的诸因素中主要是助剂本身性能、制剂含量和质量要求以及成本。一般设计配方时，农药纯度高、含量高、载体质量好，助剂用量与原药的比例较低；相反的则用量稍多。总的讲，目前多数可湿性粉剂制剂的助剂用量水平在 1%～5%，很少超过 10%。这里着重指出，对同一制剂并不是助剂用量越多越好。

e. 制剂有效成分含量。如果没有指定制剂的有效成分含量，通常设计时的主要考虑因素是实用性和经济性。

f. 性能测试条件的选择。表面上看性能测试条件与配方设计关系不大，但实际上却是关系设计配方质量水平的重要条件。现在已有国际（FAO 或 WHO）质量标准及标准测试方法。除了测试仪器设备有专门规定外，对可湿性粉剂配方性能主要的测试条件有两个：一是水温，二是稀释倍数。当然水的硬度也有规定。各国、各地区的施药气候条件和技术水平、水质状况都有很大差别，通常要根据农药品种实际施用可能遇到的条件来决定极端条件的上下限。

② 小样配制、加工及设备。根据拟定的不同载体、助剂，进行不同配方的小样加工试制，以测定样品的润湿性和悬浮率。在测定指标合格的前提下，根据原料易得、经济等综合平衡、比较，以确定合理的配方。小样加工设备根据加工样品的数量而定。

a. 若原药量较少，拟在实验室进行小样加工。最简单的设备是研钵（玻璃或瓷质），将配方各组分称样后转入研钵中进行手工研磨。研磨到一定细度的样品用标准筛进行筛分，未通过标准筛的残留物倒入研钵中再次进行研磨筛分。如此反复多次，直至全部通过规定的标准筛（一般为 200～325 目），即得到小样加工品，然后进行润湿性、悬浮率等有关指标的测定。为减轻劳动强度，也可使用每次可加工20g左右的实验室用小型气流粉碎机。必须指出的是，这样制得的样品并不能代表生产上的产品。因此，所测定的指标也只是筛选配方时作为相对比较的指标。

b. 若原药量较多，拟定的配方可直接在实验室小型气流粉碎机上进行加工（宜先混合均匀，预粉碎到一定细度）。当然，在上述 a. 种情况下所选定的初步配方，为了进一步验证，也可在这种小型气流机上加工。毕竟通过小型气流粉碎机加工的样品更接近于生产上加工的产品，即更具有代表性，在生产上应用成功的可能性更大。

经过上述筛选出的配方即可作为进一步扩大、试产或生产性配方。为慎重起见，经扩大、试产的产品尚需通过有关指标测定进一步验证配方的准确性和合理性。

③ 可湿性粉剂主要实验室设备。可湿性粉剂对物料的细度有较高的要求，因此万能粉碎机是常用的设备。

FW型高速万能粉碎机（图4-8）广泛应用于化工、农林、矿产、医药卫生、煤炭、地质等行业，可对粉末涂料、植物、药物、土壤、粮食、食品原材料、砂石、矿物等进行粉碎处理。其使用方法为：将粉碎试样放入粉碎室内，将盖盖紧，开通电源即可粉碎。取试样前先断电源，以防发生危险，一次粉碎试样勿超量，以免因负荷过大烧毁电机。需要注意的是：万能粉碎机短时间内产生热量较大，有些熔点低的农药不宜使用；此外，连续使用时间不能超过3min，需间歇5min再继续使用。

图 4-8　高速万能粉碎机

（2）固体制剂生产单元操作

① 粉碎　粉碎是借机械力将大块固体物质破碎成适宜大小的颗粒或细粉的操作，包括破碎和磨碎两个过程，前者将大块物料破成小块，后者将小块物料磨成粉末。粉碎度指粉碎前的粒度与粉碎后的粒度之比。粉碎度的大小由剂型、生产要求、用途、药剂的性质等决定，过度粉碎不一定合适。粉碎在农药工业中用以使载体和原药减小粒径，增加粉粒数目，扩大比表面积，便于分散施用，增加覆盖面积，从而使粉粒附着均匀，提高防效，节约用药量，降低防治费用。粉碎机械主要有研钵、球磨机、锤击式粉碎机、冲击式粉碎机、流能磨等。

② 筛分　是借助筛网孔径大小将粒度不同的松散物料分离为2种或2种以上粒级的操作过程，对药剂的质量及制剂生产的顺利进行有重要意义。

工业筛，常用"目"表示筛号。

$$筛孔宽度（\mu m）=\sqrt{2.2}\times1000/筛目号数$$

药筛的筛面可分为冲制筛和编织筛。冲制筛筛孔坚硬，不易变形，多用于高速旋转粉碎机的筛板及药丸等粗颗粒的筛分。编织筛筛分效率高，主要用于细粉的筛选，尼龙丝做的编织筛因对药物稳定，在制剂生产中应用较广。但编织筛筛线易发生位移，导致筛孔变形。

制药工业筛分设备常用粉碎、筛粉、空气离析、集尘联动装置；小批量生产常用振动筛、旋动筛、摇动筛等。振动筛利用机械或电磁方法使筛或筛网产生振动，因此分机械振动筛和电磁振动筛。机械振动筛是在旋转轴下配置不平衡重锤和设置具有棱角的凸轮使筛产生振动。振动筛具有分离效率高、单位筛面处理物料能力大、对细粉处理能力强、占地小、质量轻、维修费用低等优点而被广泛应用。

③ 混合　混合是把两种以上组分的物质混合均匀的操作，以含量均匀一致为目的。固体的混合以固体粒子为分散单元，需借助机械作用才能进行。混合的均匀程度常用标准偏差或方差及混合度表示。

混合设备主要有容器旋转型和容器固定型两类。容器旋转型主要有水平圆筒形混合机、V形混合机、双锥混合机、高效三维混合机等；容器固定型主要有搅拌槽型混合机、锥形垂直螺旋混合机等，如图 4-9 所示。

|(a)|(b)|

图 4-9　高效三维混合机（a）和双螺旋混合机（b）

高效三维混合机具有一个主动轴和一个被动轴，每个轴带有一个万向节，能使物料在三维空间轨迹中运动，由于强烈的湍动运动和缓慢的翻转运动，使物料得以充分混合，混合均匀度可达 99.9%，装载系数达 80%。

④ 制粒　制粒是把粉末、熔融液、水溶液等状态的物料经加工制成具有一定形状与大小粒状物的操作，是使细粒物料团聚成较大粒度的加工过程。制粒的方法主要有湿法和干法两种。

湿法制粒是物料粉粒表面被黏合剂中的液体所润湿，使粉粒间产生黏着力，并在液体架桥与外加机械力的作用下形成一定形状和大小的颗粒，经干燥后以固体架桥的形式固结。湿法制粒主要有挤压制粒、高速搅拌制粒、流化制粒、喷雾制粒等。湿法制得的颗粒由于外形美观、流动性好、压缩成型性好，在制剂生产中广泛应用。

⑤ 干燥　干燥是利用热能使物料中的水分汽化除去，获得干燥物品的工艺操作。按加热方式分为传导干燥、对流干燥、辐射干燥、介电加热干燥。

制剂生产中被干燥的物料多为湿法制粒物，以对流干燥应用较广。热能以对流的方式由热空气传递给物料，控制气流的温度、湿度、流速达到干燥的目的。热空气温度调节方便，物料不致过热。

常用的干燥设备有厢式干燥器、流化床干燥器、喷雾干燥器等。物料干燥后水分含量的测定常用干燥失重测定法。干燥的方法有干燥器干燥法（干燥剂常用无水氯化钙、硅胶、五氧化二磷）、常压加热干燥法、减压干燥法等。

多功能红外水分仪与电子天平联机使用，用于颗粒等样品的含水量测定。该仪器利用红外辐射元件所发出的红外线对物料直接照射加热，红外线穿透力强，物料表面及内部分子同时吸收红外线，干燥速度快，受热均匀。与电子天平连用，显示水分（%）、干重（%）、比值（%）、质量（g），可进行全自动或半自动定时测定、温度范围及加热速度设置，并可进行打印和统计。

⑥ 压片　是用压片机将原药与适宜辅料压制加工成片状制剂的过程。压片机直接影响片剂的质量。压片机种类很多，但工艺过程和原理相似。

⑦ 包衣　包衣指在颗粒、种子等的表面包裹上适宜材料的衣层。包衣片的质量要求为：衣层均匀、牢固、光洁、美观、色泽一致、无裂片，不影响药物的崩解、溶出和吸收。包衣的方法有滚转包衣法（锅包衣法）、流化包衣法等。

图 4-10　包衣机

包衣机（图 4-10）由包衣锅、加热器、鼓风装置等组成，被包颗粒在包衣锅中做滚转运动，包衣材料一层层均匀黏附于片剂表面上。

a. 包衣锅　具有各种形式、各种材质，是保证包衣质量的首要因素。颗粒在锅内应保持良好的流动状态，此与包衣锅的转速和角度有关。包衣锅的角度是锅轴与水平所成的角度，直接影响片心的交换和撞击，一般为 45°。包衣锅小于 45°，颗粒翻滚不好，交换不好。包衣锅的转速直接影响包衣效率。调速的目的是控制一定离心力，颗粒转至最高点呈弧形运动落下，做均匀有效翻转，使加入衣料分布均匀。转速过慢，离心力小，颗粒未达一定高度即落下，交换滚圆效果不好，衣料不均匀。转速过快，离心力大，颗粒不能落下，无滚动翻转。

b. 加热器　由电热丝加热或通干热空气，加速包衣溶液中溶剂的挥发。

c. 鼓风装置　送热风加速包衣干燥，送冷风使衣膜冷却。

4.1.2.3　农药制剂的储存稳定性

此为农药加工制剂质量指标之一，指各种剂型的制剂在储存期间其物理、化学性能变化的程度。变化越小，储存稳定性越好；反之，储存稳定性越差。储存稳定性通常又分为物理性能稳定性和化学性能稳定性。

（1）物理性能稳定性　产品在存放过程中，其物理状态的变化，如粉剂、可湿性粉剂的结块、发黏，流动性、悬浮率的降低，乳油分层、沉淀的产生，乳化性能变坏等，一般外观状态的变化靠目测，悬浮率、流动性、乳化性能按常规方法测定。世界卫生组织（WHO）对乳油类制剂还规定了低温储藏试验，即一定量乳油样品冷却到 0℃，在 0℃下用玻璃棒慢慢地搅拌 1h，没有固体物或油状物析出为合格。

（2）化学性能稳定性　产品在存放过程中农药的分解可降低制剂的有效成分含量。分解率大，则储存稳定性差。评价农药加工制剂储存期的化学性能稳定性应在常温下经过 1～2 年时间的储藏后再测其有效成分含量下降情况。但实用中，常通过测出高温储藏时的分解率来预测常温下储存的分解率。有机磷粉剂常温储存 1 年的分解率约相当于 50℃储存两周分解率的 1.25 倍，常温储存 2 年的分解率约相当于 50℃储存两周的 2 倍。联合国粮农组织（FAO）的标准为：大多数有机磷粉剂热储存条件是 54℃时 7 天，其他类型的农药一般规定（54±2）℃储存 14 天，有效成分含量与储前含量相差在允许范围内，分解率一般不得超过 5%，但也因农药品种而异，原药本身易分解的，其分解率标准可稍高一点。试样经测定含量后，分别密封于安瓿或磨口瓶内，在（54±2）℃恒温箱中储存 14 天（或按其自身标准），取出样品测定含量。按式（4-3）计算分解率。

$$分解率 = \frac{X_1 - X_2}{X_1} \times 100\%$$
(4-3)

式中　X_1——试样储存前有效成分含量；

　　　X_2——试样储存后有效成分含量。

恒温箱和玻璃恒温水浴（图4-11，图4-12）是储存试验中常用的实验室设备。玻璃恒温水浴槽可用于水浴恒温加热和其他温度试验，其具有的特点为：①工作室透明利于操作者观察内部试验情况；②温度数字显示，自动控温；③带有电动搅拌，加温时水温均匀上升。

图4-11　电动玻璃恒温水浴

图4-12　SYP智能玻璃恒温水浴

其使用方法与维护如下。

① 向工作室水箱注入适量纯净水。

② 将加热线、搅拌电机线、温度传感器插入相应插孔内。

③ 接通电源。

④ 选择温度。a. 当温度"设定——测量"选择开关拨向"设定"时，调节控温旋钮，选择所需温度；b. 将温度"设定——测量"选择开关拨向"测量"时，显示工作室的实际温度（红灯亮表示加热工作）。

⑤ 打开搅拌开关，缓慢调节搅拌速度。

⑥ 工作完毕，将"温控旋钮"置于最小位置，关闭电源开关，切断电源。

⑦ 长期不用，应将工作水箱排净擦干。

4.2　实验部分

实验1　20%三唑酮乳油的实验室制备

一、实验目的

1. 了解并掌握农药乳油的加工工艺和制备方法。

2. 了解并掌握农药乳油制备中溶剂和乳化剂的选择方法。

3. 了解并熟悉农药乳油的特性评价方法。

二、 相关知识及原理

1. 相关知识

$$\text{C}_{14}\text{H}_{16}\text{ClN}_3\text{O}_2, 293.8$$

化学名称 1-(4-氯苯氧基)-3,3-二甲基-1-(1H-1,2,4-三氮唑-1-基)丁酮

理化性质 无色晶体，微臭，熔点 82.3℃，相对密度 1.283。水中溶解度（20℃）为 64mg/L；有机溶剂中溶解度（g/L，20℃）：除脂肪族外，中等程度溶于大多数有机溶剂，二氯甲烷、甲苯＞200，异丙醇 99，正己烷 6.3。对水解稳定，在酸性和碱性条件下较稳定。

制剂 15％、20％、25％可湿性粉剂，10％、12.5％、20％乳油，10％粒剂。

2. 制备原理

农药乳油一般由原药、溶剂和乳化剂组成，其他组分根据需要添加，如助溶剂、稳定剂、渗透剂等。合格的乳油在保质期内储存不变质，并且在使用时能用任意比例的水稀释形成乳状液，而便于喷雾使用。

乳油配方的关键在于溶剂和乳化剂的选择，但有时助溶剂和稳定剂选择的合适与否也决定着乳油配方的成败。

乳油的加工是一个物理过程，就是按照选定的配方，将原药溶解于有机溶剂中，再加入乳化剂等其他助剂，在搅拌下混合、溶解，制成单相透明的液体。

三、 药品及仪器

1. 药品

95％三唑酮原药，乳化剂 3202，溶剂甲苯或二甲苯均为工业品。基本配方：乳化剂用量 12％，甲苯或二甲苯补足。

2. 仪器

三口玻璃圆底烧瓶 500mL，玻璃漏斗，玻璃温度计 0～100℃，桨式搅拌器，电子恒速搅拌机，烧杯 200mL，量筒 100mL，气相色谱仪 GC-8A，电子分析天平（0.0001g），电子天平 300g，试剂瓶 250mL，水浴锅。

四、 实验步骤

① 仔细安装好实验装置。

② 按配比先将溶剂一次加入三口玻璃圆底烧瓶内。开启搅拌，然后一次加入所需农药原油或原药，若是原药，则需待固体原药完全溶解后，再按比例加入乳化剂。若需助溶剂，根据情况可先加助溶剂，再加溶剂等。

③ 搅拌 1h 后，取样分析其活性组分含量并进行乳化性能测定；待分析结果合格后即可出料包装，贴上标签备用。

五、 注意事项

① 所用农药原药、溶剂和乳化剂等均有不同程度的毒性，严防接触皮肤和衣裤，以防引起中毒。

② 冬季制备农药乳油时，需适当升温，以保证农药原药、乳化剂等彻底溶解，促使混合均匀。但温度不能太高，以免因溶剂挥发而导致配比不准确。根据需要可加装回流装置。

③ 混合时间必须充分，以免因混合不匀而产生分析误差。

六、思考题

① 农药乳油中溶剂选择的理论依据是什么？
② 农药乳油中乳化剂选择的理论依据是什么？

实验2　20%三唑酮乳油质量控制指标及检测方法

一、质量控制指标

1.组成和外观

本品应由符合标准的三唑酮原药制成，应为稳定的均相液体，无可见悬浮物和沉淀。

2.项目指标

20%三唑酮乳油应符合表 4-2 要求。

表 4-2　20%三唑酮乳油控制项目指标

项目	指标	项目	指标
三唑酮含量/% ≥	20.0	乳液稳定性(稀释200倍)	合格
对氯苯酚含量/% ≤	0.1	低温稳定性	合格
水分含量/% ≤	0.5	热储稳定性	合格
酸度(以 H_2SO_4 计)/% ≤	0.4		

注：正常生产时，低温稳定性、热储稳定性试验，每三个月至少进行一次。

二、测定方法

1.有效成分分析方法

参照 HG/T 3294—2001，采用气相色谱法，分析条件为：1m×3mm 不锈钢柱，3% OV-17/Chrohrosorb G AW DMCS 80～100 目；柱温：200℃，气化温度：230℃，检测温度：250℃，载气（N_2）30mL/min；内标物：邻苯二甲酸二正丁酯。

2.水分的测定

按 GB/T 1600—2001 中的"卡尔•费休法"进行，允许使用精度相当的微量水分测定仪测定。

3.酸度的测定

酸度的测定按 HG/T 2467.1—2003 中 4.7 进行。

4.乳液稳定性试验

试样用标准硬水稀释 200 倍，按 GB/T 1603—2001 进行试验。

在 250mL 烧杯中，加入 100mL（30±2）℃标准硬水，用移液管吸取适量乳剂试样，在不断搅拌的情况下慢慢加入硬水中（按各产品规定的稀释浓度），使其配成 100mL 乳状液。加完乳油后，继续用 2～3r/s 的速度搅拌 30s，立即将乳状液移至清洁、干燥的 100mL 量筒中，并将量筒置于恒温水浴内，在（30±2）℃范围内，静置 1h，取出，观察乳状液分离情况，如在量筒中无浮油（膏）、沉油和沉淀析出，则判定乳液稳定性合格。

5.低温稳定性试验

（1）方法提要　试样在 0℃保持 1h，记录有无固体和油状物析出，继续在 0℃储存 7 天，离心将固体析出物沉降，记录其体积。

（2）仪器　制冷器：保持（0±2）℃。离心管：100mL，管底刻度精确至 0.05mL。离心机：与离心管配套。移液管：100mL。

（3）试验步骤　移取 100mL 样品加入离心管中，在制冷器中冷却至（0±2）℃，让离心管及其内容物在（0±2）℃下保持 1h，其间每隔 15min 搅拌一次，每次 15s，检查并记录有无固体物或油状物析出。

将离心管放回制冷器，在（0±2）℃下继续放置 7 天，将离心管取出，在室温（不超过20℃）下静置 3h，离心分离 15min（管子顶部相对离心力为 $500g \sim 600g$，g 为重力加速度）。记录管子底部析出物的体积（精确至 0.05mL）。析出物不超过 0.3mL 为合格。

6. 热储稳定性试验

（1）仪器　恒温箱（或恒温水浴）：（54±2）℃。安瓿瓶（或54℃仍能密封的具塞玻璃瓶）：50mL。医用注射器：50mL。

（2）试验步骤　用注射器将约 30mL 试样注入洁净的安瓿中（避免试样接触瓶颈），置此安瓿于冰盐浴中制冷，用高温火焰迅速封口（避免溶剂挥发），至少封 3 瓶，冷却至室温称量。将封好的安瓿置于金属容器内，再将金属容器放入（54±2）℃恒温箱（或恒温水浴）中，放置 14 天。取出冷至室温，将安瓿外面拭净分别称量，质量未发生变化的试样，于24h 内对上表规定的项目进行检验。

三、思考题

① 农药乳油的质量指标有哪些？怎样的乳油其乳化性能才符合要求？

② 当农药乳油混合完毕后，经分析测定后有下列情况该怎样调整？以 40％氧化乐果乳油为例，当分析结果氧化乐果有效含量为 38％时，该怎样调整？当分析结果氧化乐果有效含量为 42％时，该怎样调整？经乳化实验后，其乳化性能不合格时，该怎么处理？当氧化乐果乳油包装存放一段时间后有絮状物出现或有分层现象时该怎样处理？

附录1　农药乳液稳定性测定方法
(GB/T 1603—2001)

一、实验目的

学习农药乳油、水乳剂和微乳剂等稀释乳液稳定性的测定方法。

二、实验原理

试样用标准硬水稀释，1h 后观察乳液的稳定性，上无浮油、下无沉淀为合格。

三、实验材料

1. 样品

农药乳油。

2. 试剂和溶液

无水氯化钙；碳酸钙：使用前在 400℃下烘 2h；盐酸；标准硬水：硬度以碳酸钙计为 0.342g/L。

标准硬水配制方法如下所述。

（1）方法一　称取无水氯化钙 0.304g 和带结晶水的氯化镁 0.139g 于 1000mL 的容量瓶中，用蒸馏水溶解稀释到刻度。

（2）方法二　称取 2.704g 碳酸钙及 0.276g 氧化镁，用少量 2mol/L 盐酸溶解，在水浴上蒸发至干以除去多余的盐酸。然后用蒸馏水将残留物完全转移至 100mL 容量瓶中，并用蒸馏水稀释至刻度，再取出 10mL 溶液于 1000mL 的容量瓶中，用蒸馏水稀释至刻度。

（3）方法三

① A 溶液——0.04mol/L 钙离子溶液的配制　准确称取碳酸钙 4.000g 于 800mL 烧杯中，加入少量水润湿，然后缓缓加入 1.0mol/L 盐酸 82mL，充分搅拌混合，待碳酸钙全部溶解后，加水 400mL，煮沸除去二氧化碳。冷却至室温，加入 2 滴甲基红指示液，用 1mol/

L 氨水中和至橙色。将此溶液转移到 1000mL 容量瓶中，用水定容后摇匀，备用。

② B 溶液——0.04mol/L 镁离子溶液的配制　准确称取氧化镁 4.000g 于 800mL 烧杯中，加入少量水润湿，然后缓缓加入 1.0mol/L 盐酸 82mL，充分搅拌混合，待氧化镁全部溶解后，加水 400mL，煮沸除去二氧化碳。冷却至室温，加入 2 滴甲基红指示液，用 1mol/L 氨水中和至橙色。将此溶液转移到 1000mL 容量瓶中，用水定容后摇匀，备用。

③ 标准硬水配制　移取 68.5mL 溶液 A 和 17.0mL 溶液 B 溶于 1000mL 烧杯中，加水 400mL，滴加 0.1mol/L 氢氧化钠溶液或 0.1mol/L 盐酸溶液，调节溶液 pH 为 6.0～7.0。将此溶液转移到 1000mL 容量瓶中，用水定容摇匀，备用。

以上三种方法可任选一种。

3. 仪器

量筒：100mL，内径（28±2）mm，高（250±5）mm；烧杯：250mL，直径 60～65mm；玻璃搅拌棒：直径 6～8mm；移液管：刻度精确至 0.02mL；恒温水浴锅。

四、　实验步骤

在 250mL 烧杯中加入 100mL（30±2）℃标准硬水，用移液管吸取适量乳剂试样，在不断搅拌的情况下慢慢加入硬水中（按各产品规定的稀释浓度），使其配成 100mL 乳状液。加完乳剂后，继续用 2～3r/s 的速度搅拌 30s，立即将乳状液移到清洁、干燥的 100mL 量筒中，并将量筒置于恒温水浴内，在（30±2）℃范围内静置 1h，取出，观察乳状液分离情况，如在量筒中无浮油（膏）、沉油和沉淀析出，则判定乳液稳定性合格。

五、　思考题

不同温度和水的硬度对乳液中乳化剂的性能会产生怎样的影响？

附录2　低温稳定性试验测定方法
(GB/T 19137—2003)

一、　实验目的

学习农药液体制剂低温稳定性的测定方法。

二、　实验原理

试样在 0℃保持 1h，记录有无固体和油状物析出，继续在 0℃储存 7 天，离心将固体析出物沉降，记录其体积。若测定悬浮剂的低温稳定性则不需离心，可直接检查固体析出物体积。

三、　实验材料

1. 样品

农药乳油。

2. 仪器

制冷器：保持（0±2）℃；离心管 100mL，管底刻度精确至 0.05mL；离心机：与离心管配套；移液管 100mL。

四、　实验步骤

取（100±0.2）mL 样品加入离心管中，在制冷器中冷却至（0±2）℃，让离心管及其内容物在（0±2）℃下保持 1h，其间每隔 15min 搅拌一次，每次 15s，检查并记录有无固体物或油状物析出。将离心管放回制冷器。在（0±2）℃下继续放置 7 天，将离心管取出，在室温（不超过 20℃）下静置 3h，离心分离 15min（管子顶部相对离心力为 500～600g，g 为重力加速度）。记录管子底部析出物的体积（精确至 0.05mL）。析出物不超过 0.3mL 为合格。

五、 思考题

若乳油低温不合格应该怎样处理？

实验3 4.5%高效氯氰菊酯水乳剂的制备

一、 实验目的

1. 了解并掌握农药水乳剂的加工工艺和制备方法。

2. 了解并熟悉农药水乳剂质量检测标准及方法。

二、 相关知识及原理

1. 相关知识

高效氯氰菊酯结构式

(S)-α-氰基-3-苯氧基苄基-(1R)-顺-3-(2,2-
二氯乙烯基)-2,2-二甲基环丙烷羧酸酯

(R)-α-氰基-3-苯氧基苄基-(1S)-顺-3-(2,2-
二氯乙烯基)-2,2-二甲基环丙烷羧酸酯

(S)-α-氰基-3-苯氧基苄基-(1R)-反-3-(2,2-
二氯乙烯基)-2,2-二甲基环丙烷羧酸酯

(R)-α-氰基-3-苯氧基苄基-(1S)-反-3-(2,2-
二氯乙烯基)-2,2-二甲基环丙烷羧酸酯

分子式　$C_{22}H_{19}Cl_2NO_3$

分子量　416.15

化学名称　(RS)-α-氰基-3-苯氧苄基(1RS)-顺，反-3-(2,2-二氯乙烯基)-2,2-二甲基环丙烷羧酸酯

理化性质　原药外观为白色至奶油色结晶体，为两对外消旋体混合物，其顺反比约为2：3。熔点64～71℃。密度1.32g/mL（理论值），1.12g/mL（晶状粉末）（20℃）。溶解度：在pH＝7的水中，51.5（5℃）、93.4（25℃）、276.0（35℃）[单位为 $\mu g/L$（理论值）]；异丙醇11.5，二甲苯749.8，二氯甲烷3878，丙酮2102，乙酸乙酯1427，石油醚13.1（均为mg/mL，20℃）。稳定性：150℃以下、空气及阳光下以及在中性和微酸性介质中稳定，碱存在下差向异构，强碱中水解。

制剂　4.5%乳油，4.5%水乳剂。

2. 制备原理

水乳剂是乳状液的浓缩液，又叫浓乳剂。水乳剂的加工工艺比较简单，通常方法是：将原药、溶剂、乳化剂和共乳化剂混合溶解在一起，成为均匀油相；将水、分散剂、抗冻剂等混合在一起，成均一水相；在高速搅拌下，将水相加入油相或将油相加入水相，形成分散良好的水乳剂。水乳剂配方的关键在于溶剂和乳化剂的选择，但有时共乳化剂选择的合适与否也决定着水乳剂配方的成败。

三、 药品及仪器

1. 药品

95％高效氯氰菊酯原药、专用乳化剂、二甲苯均为工业品。配方：乳化剂用量8％，二甲苯10％，水补足。

2. 仪器

高剪切乳化机、电子天平、烧杯。

四、 实验步骤

① 仔细安装好实验装置。

② 按配比先将溶剂一次加入三口玻璃圆底烧瓶内。开启搅拌，然后一次加入所需农药原药，待固体原药完全溶解后，再按比例加入乳化剂。

③ 溶解完全后，滴加软化水或去离子水，开启剪切乳化机，随滴加速度加快逐步提高转速，滴加完成后，稳定转速继续剪切，待取样检测合格后即可出料包装，贴上标签备用。

五、 思考题

制备水乳剂时的乳化方式有哪几种？试比较不同乳化方式的实验效果。

▰▰▰ 实验4 4.5％高效氯氰菊酯水乳剂质量控制指标及检测方法 ▰▰▰

一、 质量控制指标

1. 组成和外观

本品应由符合标准的高效氯氰菊酯原药制成，应为稳定的乳状液体。

2. 项目指标

4.5％高效氯氰菊酯水乳剂应符合表4-3要求。

表 4-3 4.5％高效氯氰菊酯水乳剂控制项目指标

项目		指标	项目	指标
高效氯氰菊酯含量/％	≥	4.5	乳液稳定性(稀释200倍)	合格
酸度(以 H_2SO_4 计)/％	≤	0.5	持久起泡性(1min 后)/mL ≤	10
倾倒性	倾倒后残余物/mL ≤	3	低温稳定性	合格
	洗涤后残余物/mL ≤	0.5	热储稳定性	合格

注：正常生产时，低温稳定性、热储稳定性试验，每三个月至少进行一次。

二、 测定方法

1. 有效成分含量测定

采用液相色谱法，150mm×3.9mm硅胶柱，流动相采用正己烷-乙酸乙酯（99：1），流速 1.0mL/min，内标物苯甲酸甲酯，检测波长 $\lambda=230$nm。

2. 酸度或碱度或 pH 值的测定

酸度或碱度的测定按 HG/T 2467.1—2003 中 4.7 进行；pH 值的测定按 GB/T 1601 进行。

3. 倾倒性试验

按 HG/T 2467.5—2003 中 4.9 进行。

4. 乳液稳定性试验

试样用标准硬水稀释 200 倍，按 GB/T 1603—2001 进行试验，上无浮油、下无沉淀为合格。

5. 持久起泡性试验

按 GB/T 28137—2011 进行。

6. 低温稳定性试验

按 HG/T 2467.2—2003 中 4.10 进行。经轻微搅动，应无可见的粒子和油状物。将适量样品装入安瓿中，密封后于 0℃冰箱中储存 1 周或 2 周后观察，不分层无结晶为合格。

7. 热储稳定性试验

按 HG/T 2467.2—2003 中 4.11 进行。样品密封于安瓿中，于（54±2）℃恒温箱储存 14 天，分析热储前后有效成分含量，计算有效成分分解率；同时观察记录析水、析油或沉淀产生情况。

8. 其他参考指标

（1）冻融稳定性　将样品置于冻融箱，每 24h 为一周期，分别在 −20℃和 50℃下循环储存，每 24h 检查一次，发现样品分层、有油或固体析出，停止试验，如未出现上述现象继续试验，记录不分层的循环天数。

（2）细度　镜检或采用粒度分布仪分析。

（3）黏度　可用 NDJ-79 或 Brookfield 黏度计测定。

三、思考题

水乳剂发生分层的原因有哪些？应该如何克服？

实验5　4.5%高效氯氰菊酯微乳剂的制备

一、实验目的

1. 学习并掌握农药微乳剂的制备方法。

2. 了解并熟悉农药微乳剂质量检测的标准及方法。

二、相关知识及原理

1. 相关知识

见高效氯氰菊酯水乳剂。

2. 实验原理

微乳剂是由原药、溶剂、乳化剂和水组成的感官透明的均相液体制剂。农药微乳剂一般为水包油（O/W）型，在水中稀释形成感官透明或半透明的稀微乳状液。一般采用转相法制备，即将农药原药与乳化剂、溶剂充分混合成均匀透明的油相，在搅拌下慢慢加入蒸馏水或去离子水，形成油包水型（W/O）乳状液，再经搅拌加热，使之迅速转相为水包油型，冷却至室温使之达到平衡，经过滤制得稳定的水包油（O/W）型微乳剂。微乳剂只是在一定的温度范围内稳定。

三、药品及仪器

1. 药品

高效氯氰菊酯原药，专用乳化剂，环己酮。342mg/L WHO 标准硬水（Ca^{2+}：Mg^{2+} = 4：1）的配制：溶解 $CaCl_2$ 0.304g 和 $MgCl_2 \cdot 6H_2O$ 0.139g 于蒸馏水中，稀释至 1000mL。

2. 仪器

搅拌器、电热套、烧杯、量筒、温度计、冰箱。

四、实验方法

① 仔细安装好实验装置。

② 按配比先将助溶剂一次加入三口玻璃圆底烧瓶内。开启搅拌，然后加入所需农药原油或原药，若是原药，则需待固体原药完全溶解后，再加入溶剂，搅拌均匀后再按比例加入乳化剂。

③ 待溶解完全后，滴加软化水或去离子水，开启搅拌机，转速在 150r/min，滴加完成后，稳定转速继续搅拌，待取样检测合格后即可出料包装，贴上标签备用。

五、 注意事项

仔细观察并记录实验过程中滴加水后出现的变化。

六、 思考题

① 如何鉴别一种微乳剂的类型是水包油还是油包水型？

② 制备微乳剂时剪切乳化是必要操作吗？为什么？

实验6 4.5％高效氯氰菊酯微乳剂质量控制指标及检测方法

一、 质量控制指标

1. 组成和外观

本品应由符合标准的高效氯氰菊酯原药、水和适宜的助剂组成，外观为透明或半透明均相液体，无可见的悬浮物和沉淀。

2. 项目指标

4.5％高效氯氰菊酯微乳剂应符合表 4-4 要求。

表 4-4 4.5％高效氯氰菊酯微乳剂控制项目指标

项目		指标	项目		指标
高效氯氰菊酯含量/％	≥	4.5	持久起泡性(1min 后)/mL	≤	10
酸度(以 H_2SO_4 计)/％	≤	0.5	低温稳定性		合格
透明温度范围/℃		−5～50	热储稳定性		合格
乳液稳定性(稀释 200 倍)		合格			

注：正常生产时，低温稳定性、热储稳定性试验，每三个月至少进行一次。

二、 测定方法

1. 有效成分含量测定

同实验 4。

2. 酸度或碱度或 pH 值的测定

酸度或碱度的测定按 HG/T 2467.1—2003 中 4.7 进行；pH 值的测定按 GB/T 1601—93 进行。

3. 透明温度范围

取 10mL 样品于 25mL 试管中，用搅拌棒上下搅动，于冰浴上渐渐降温，至出现浑浊或冻结，此转折点的温度为透明温度下限 T_1；再将试管置于水浴中，以 20℃/min 的速度慢慢加温，记录出现浑浊时的温度，即透明温度上限 T_2；则透明温度范围为 $T_1～T_2$。

4. 乳液稳定性试验

试样用标准硬水稀释 200 倍，按 GB/T 1603—2001 进行试验，上无浮油、下无沉淀为合格。

5. 持久起泡性试验

按 GB/T 28137—2011 进行。

6. 低温稳定性试验

按 HG/T 2467.2—2003 中 4.10 进行。经轻微搅动，应无可见的粒子和油状物。

7. 热储稳定性试验

按 HG/T 2467.2—2003 中 4.11 进行。

影响微乳剂透明温度范围的因素有哪些？如何在配方研究中加以利用？

实验7 20%吡虫啉可溶液剂的实验室制备

一、 实验目的

了解并掌握农药可溶性液剂的加工工艺和制备方法。

二、 相关知识及原理

1. 相关知识

$C_9H_{10}ClN_5O_2$,255.7

化学名称 1-(6-氯-3-吡啶基甲基)-N-硝基亚咪唑烷-2-基胺

理化性质 无色晶体。熔点 143.8℃。蒸气压（20℃）2.0×10⁻⁷ Pa。水中溶解度（20℃）为 0.51g/L；有机溶剂中溶解度（g/L，20℃）：正己烷 0.1，甲苯 0.5～1，甲醇 10，二氯乙烷 50～100，乙腈 20～50，丙酮 20～50，异丙醇 1～2。

制剂 10%、25%可湿性粉剂，75%水分散粒剂，20%可溶液剂。

2. 制备原理

可溶性液剂一般是由原药、与水相溶的有机溶剂和乳化剂组成的透明、均一液体制剂，用水稀释后形成真溶液，用于喷雾。可溶性液剂配方的关键在于溶剂和乳化剂的选择，溶剂必须与水混溶，乳化剂对原药必须具有增溶作用。该剂型的配制过程与乳油基本相同。

三、 药品及仪器

1. 药品

95%吡虫啉原药、非离子乳化剂、DMF、甲醇均为工业品。配方：吡虫啉 20%，乳化剂用量 12%，DMF用量 20%，甲醇补足。

2. 仪器

搅拌器、三口瓶、量筒、烧杯。

四、 实验方法

① 仔细安装好实验装置。

② 按配比先将助溶剂一次加入三口玻璃圆底烧瓶内。开启搅拌，然后加入所需农药原药，待完全溶解后，再加入溶剂，搅拌均匀后再按比例加入乳化剂，再充分搅拌均匀。待取样检测合格后即可出料包装，贴上标签备用。

五、 注意事项

溶解顺序很重要，应该是先加助溶剂后加溶剂。

六、 思考题

可溶性液剂常用哪些溶剂，其应用前景怎样？

实验8 20%吡虫啉可溶性液剂质量控制指标及检测方法

一、 质量控制指标

1. 组成和外观

本品应由符合标准的吡虫啉原药制成，外观淡黄色至棕黄色透明，无可见悬浮物和沉淀。

2．项目指标

20％吡虫啉可溶性液剂应符合表 4-5 要求。

表 4-5　20％吡虫啉可溶性液剂控制项目指标

项目		指标	项目	指标
吡虫啉含量/%	≥	20.0	与水互溶性(稀释 20 倍)	合格
水分含量/%	≤	2.0	低温稳定性	合格
pH 值		5～7	热储稳定性	合格

注：正常生产时，低温稳定性、热储稳定性试验，每三个月至少进行一次。

二、　测定方法

1．有效成分含量测定

采用液相色谱法。测定条件为：150mm×3.9mm 不锈钢柱，NovapakG$_{18}$ 5μm，流动相：甲醇-水（40∶60）；流量：0.4mL/min，检测波长：260nm。

2．水分的测定

按 GB/T 1600—2001 进行。

3．酸度或碱度或 pH 值的测定

酸度或碱度的测定按 HG/T 2467.1—2003 中 4.7 进行；pH 值的测定按 GB/T 1601—93 进行。

4．与水互溶性

（1）试剂和仪器　标准硬水：$\rho(Ca^{2+}+Mg^{2+})$ ＝342mg/L，按 GB/T 14825 配制。量筒：100mL。

（2）试验步骤　用移液管吸取 5mL 试样置于 100mL 量筒中，用标准硬水稀释至刻度，混匀。将此量筒放入（0±2）℃恒温水浴中，静置 0.5h，稀释液均一、无析出物为合格。

5．低温稳定性试验

按 HG/T 2467.2—2003 中 4.10 进行。析出物不超过 0.3mL 为合格。

6．热储稳定性试验

按 HG/T 2467.2—2003 中 4.11 进行。

三、　思考题

可溶性液剂对水分有什么要求？如何控制水分含量？

▰▰▰ 实验9　50%莠去津(atrazine)可湿性粉剂的实验室制备 ▰▰▰

一、　实验目的

1．了解并熟悉农药可湿性粉剂的制备原理和工艺流程设备。

2．学习鉴定农药可湿性粉剂质量的方法。

二、　相关知识

$$C_8H_{14}ClN_5, 215.7$$

化学名称　2-氯-4-乙氨基-6-异丙氨基-1,3,5-三嗪

理化性质　纯品为白色结晶，熔点 175.8℃，蒸气压 0.039mPa（25℃），相对密度 1.187（20℃）。20℃时的溶解度：水 33mg/L；氯仿 28g/L，丙酮 31g/L，乙酸乙酯 24g/L，甲醇 15g/L。在中性、弱酸、弱碱介质中稳定，在强酸、强碱介质中水解为无除草活性的 6-羟基三嗪，在土中半衰期为 100 天。

加工剂型　38％悬浮剂、50％可湿性粉剂、90％水分散粒剂。

三、制备原理

可湿性粉剂是由原药、润湿剂、分散剂、填料各组分经混合、粉碎而成的固体粉状剂型。制剂投入水中要求润湿时间尽量短，同时要求快速分散形成稳定的悬浮液，稳定时间越长越好。

四、药品及仪器

1. 药品

莠去津原药、十二烷基硫酸钠（K$_{12}$）、分散剂 NNO、白炭黑、轻质碳酸钙。

配方为：莠去津原药 50％，K$_{12}$ 2％，NNO 4％，白炭黑 5％，轻质碳酸钙补足 100％。

2. 仪器

万能粉碎机、气流粉碎机、电子天平、烧杯等。

五、实验步骤

① 按配方称取莠去津原药、润湿剂、分散剂及填料，在万能粉碎机中预混合。

② 按气流粉碎机粉碎流程进行细粉碎。

③ 取样进行 325 目湿筛检验，粒度合格后进行包装。

六、思考题

润湿剂和分散剂是农药可湿性粉剂的关键组分，其选择的顺序及原则是什么？

实验10　50％莠去津可湿性粉剂质量控制指标及检测方法

一、质量控制指标

1. 组成和外观

本品应由符合标准的莠去津原药、助剂和填料加工制成，外观应是流动的粉状固体；存放过程中不应有结块。

2. 项目指标

50％莠去津可湿性粉剂应符合表 4-6 要求。

表 4-6　50％莠去津可湿性粉剂控制项目指标

项目		指标	项目		指标
莠去津含量/％		50.0±2.5	pH 值		6.0～10.0
水分含量	≤	2.5			
悬浮率/％	≥	60	细度（通过 45μm 试验筛）/％	≥	95
润湿时间/s	≤	120	热贮稳定性[①]		合格

① 为形式检验项目。

二、测定方法

1. 莠去津含量测定

采用气相色谱法，分析条件为 2m×4mm 不锈钢柱，5％ XE-60 Chromosorb W AW DMCS150～180μm，柱温：212℃，气化温：250℃，检测温：250℃，载气（N$_2$）：20mL/min，内标物：西草净。

2. 悬浮率测定

悬浮率是检验农药可湿性粉剂质量好坏的重要指标之一。

(1) 试剂和溶液 无水氯化钙：分析纯；氯化镁：分析纯。

标准硬水：342mg CaCO$_3$/kg，称取经 500～550℃灼烧 2h 冷却至室温的无水氯化钙 0.304g 和经 50～60℃干燥 2h 冷却至室温的带 6 个结晶水的氯化镁 0.139g，用蒸馏水溶液稀释至 1000mL，摇匀。

(2) 仪器

① 量筒 250mL，带磨口玻璃塞，0～250mL 刻度距离为 20.0～21.5cm，250mL 刻度线与塞子底部之间距离应为 4～6cm。

② 玻璃吸管见图 4-13，长约 400mm，内径约为 3mm，一端尖处有 2～3mm 的孔，管的另一端连接在相应的抽气源上。

③ 恒温水浴 (30±2)℃，水浴液面应没过量筒颈部。

(3) 测定步骤 将整袋产品混合均匀。称取试样 5g（称准至 0.0002g），置于有 50mL (30±2)℃标准硬水的 200mL 烧杯中，用手摇荡做圆周运动，约每分钟 120 次，进行 2min，将该悬浮液在同一温度的水浴中放置 13min，然后用 (30±2)℃标准硬水将其全部洗入 250mL 量筒中，并稀释至刻度，盖上塞子，以量筒底部为轴心，将量筒在 1min 内上下颠倒 30 次。打开塞子，再垂直放入无振动的恒温水浴中，避免阳光直射，放置 30min。用吸管在 10～15s 内将量筒内容物的上部 9/10（即 225mL）悬浮液移出。抽液时吸管的管口沿量筒内壁随液面下降而下移，确保吸管的顶端总是在液面下几毫米处，避免下部沉淀物搅动。按规定方法测定试样和留在量筒底部 25mL 悬浮液中的莠去津质量。

图 4-13 玻璃吸管

(4) 计算 试样中的莠去津悬浮率 w_1（％）按式（4-4）计算。

$$w_1 = \frac{m_1 - m_2}{m_1} \times \frac{10}{9} \times 100 \qquad (4-4)$$

式中 m_1——配制悬浮液所取试样中莠去津的质量，g；

m_2——留在量筒底部 25mL 悬浮液中莠去津的质量，g；

10/9——换算系数。

3. 细度试验

细度试验是检验农药可湿性粉剂质量好坏的重要指标之一。

(1) 仪器 电子天平（精确至 0.01g），45μm 实验筛，500mL 烧杯。

(2) 测定程序 称取 20g 试样（准确至 0.2g）置于 500mL 烧杯中，加入 300mL 水，用玻璃棒（一端可套上 3～4cm 乳胶管）搅拌 2～3min，使其呈悬浊状。然后全部倒至试验筛（45μm）上，再用清水冲洗烧杯，洗水也倒至筛中，直至烧杯底部的粗颗粒全部洗至筛中为止。然后用内径为 9～10mm 的橡皮管导出的自来水冲洗筛上的残余物，水流速度为每分钟 4～5L。橡皮管末端出口保持与筛缘平齐为度（距筛表面 5mm 左右）。在筛洗过程中，保持水流对准筛上的残余物，使其能充分洗涤，一直洗到通过筛的水清亮透明，没有明显的悬浮物存在为止。把残余物冲至筛的一角，并转移至恒重的蒸发皿中，将蒸发皿中的水分加热至近干，再置于烘箱内在适宜的温度下烘干，冷却，称至恒重（准确到 0.01g）。细度 X_2（％）按式（4-5）计算。

$$X_2 = \frac{G_1 - a}{G_1} \times 100 \tag{4-5}$$

式中　G——可湿性粉剂试样的质量，g；

　　a——筛上残余物的质量，g。

4. 农药可湿性粉剂润湿性试验

农药可湿性粉剂的润湿性是检验制剂质量好坏的重要指标之一。

（1）试剂和溶液　无水氯化钙：分析纯；氯化镁：分析纯；标准硬水 342mgCaCO₃/L，称取经 500～550℃灼烧 2h 冷却至室温的无水氯化钙 0.304g 和经 50～60℃干燥 2h 冷却至室温的带 6 个结晶水的氯化镁 0.139g，用蒸馏水溶液稀释至 1000mL，摇匀。

（2）仪器　恒温水浴，量筒，500mL。

（3）测定步骤　取标准硬水（100±1）mL，注入 250mL 烧杯中，将此烧杯置于（25±0.1）℃的恒温水浴中，使其液面与水浴水平面平齐。待硬水至（25±1）℃时用表面皿称取（5±0.1）g 试样，将全部试样从与烧杯口齐平位置一次均匀地倾倒在该烧杯的液面上，但不要过分地扰动液面。加样品时立即用秒表计时，直至试样全部润湿。记下润湿时间。如此重复 5 次，取其平均值，作为该样品的润湿时间。

5. 热储稳定性的测定

将 20g 样品放入烧杯（内径 6～6.5cm），并且在不使用任何压力的情形下使其铺成等厚度的平滑均匀层，将金属圆块放在烧杯中的粉剂表面上（使样品表面产生 25g/cm² 的压力），随后放入 54℃恒温箱。24h 后取出烧杯，拿走圆块。烧杯放在干燥器中冷却，观察是否结块、发黏，以及悬浮率、流动性是否降低。

三、　思考题

农药可湿性粉剂质量鉴定指标制定的依据是什么？

附录3　可湿性粉剂悬浮率测定
(GB/ T 14825—2006)

一、　实验目的

掌握可湿性粉剂悬浮率测定方法。

二、　实验内容

样品的稀释、稳定、抽取、定量等悬浮剂的悬浮率检测方法。

三、　仪器和实验用品

1. 仪器

日本岛津 GC-14B 气相色谱仪（配 FID 检测器），OV-17 色谱柱，CR-6A 数据处理机，循环水式真空泵（3 台），超声波仪，电子天平，水浴锅，250mL 具塞量筒（30 个），弯头玻璃管（30cm 长 3 只），1m 抽气橡胶管（3 根，配套真空泵口），1000mL 容量瓶（3 个），100mL 容量瓶，50mL 烧杯（30 个），250mL 烧杯（30 个），500mL 烧杯（6 个），塑料称量匙（1 个），玻璃棒（30 个）等。

2. 试剂

纯品（$P > 98\%$），氰草津可湿性粉剂，三氯甲烷，无水氯化钙，带 6 个结晶水的氯化镁，蒸馏水，邻苯二甲酸二丁酯。

四、　悬浮率测定步骤

1. 气相色谱的操作条件

OV-17 1m色谱柱，柱温：185℃，气化温：200℃，检测温：200℃；载气流速：高纯氮63mL/min，氢气流速35mL/min，空气流速400mL/min。

2. 内标溶液配制

称0.25g邻苯二甲酸二丁酯于250mL容量瓶，用三氯甲烷溶解并定容。

3. 标准样品配制

称取标准品各约50mg（精确到0.0001g），加入20mL三氯甲烷溶解后，定量加入5.0mL内标液，混匀。

4. 样品溶液配制

称取可湿性粉剂约0.2g（精确到0.0001g），加入20mL三氯甲烷溶解后，用超声波仪处理2min后，定量加入5.0mL内标液，混匀。

5. 标准硬水的配制

称取无水氯化钙0.304g、带6个结晶水的氯化镁0.139g于1000mL容量瓶中，用蒸馏水溶解并定容。

6. 悬浮率测定

准确称取可湿性粉剂样品2.0g（精确到0.0001g）于烧杯中，用50mL、（30±1）℃的标准硬水无损失转移至250mL烧杯中。称量杯要反复冲洗，直至药品完全冲洗干净。用手摇晃烧杯做圆周运动，约每分钟120次，持续2min，将该悬浮液放置于（30±1）℃的水浴中13min，用（30±1）℃的标准硬水将烧杯中的悬浮液无损失全部洗入250mL的具塞量筒中，并稀释至刻度（因悬浮液浑浊，以水平线与刻度线平行为准）。以量筒底部为轴心，将量筒在1min内上下颠倒30次（一上一下为一次），打开塞子将量筒垂直放入无振动的（30±1）℃恒温水浴中静置30min。将量筒拿出，用吸管在10～20s内将内容物吸取至25mL刻度线。确保向上弯曲的吸管口总是在液面下几毫米处，不能搅起量筒内的沉降物，将余下的1/10（即25mL）悬浮液（连同沉淀物）全部转移至100mL小烧杯中，放在（80±1）℃的水浴中蒸发干（含水量在40%～60%之间）。用50mL三氯甲烷分多次溶解蒸干物（每次超声助溶10s），定容后测定其中有效成分的含量并计算悬浮率。

7. 悬浮率（X）计算公式

$$X = 10/9 \times \frac{m_1 - m_2}{m_1} \times 100 \approx 111.1 \times \frac{m_1 - m_2}{m_1} \tag{4-6}$$

式中　m_1——配制悬浮液所取试样中有效成分质量，g；

　　　m_2——留在量筒底部25mL悬浮液中有效成分质量，g。

五、思考题

① 悬浮率与药害的关系。

② 配制标准硬水时为何不得用自来水？

③ 量筒下部的沉降物越多是否是悬浮率越低，为什么？

附录4　农药可湿性粉剂润湿性测定方法
(GB/T 5451—2001)

一、实验目的

掌握农药可湿性粉剂润湿性的测定方法。

二、实验原理

将一定量可湿性粉剂从规定的高度倾入盛有一定量标准硬水的烧杯中，测定其完全润湿的时间。

三、实验材料

1. 样品

福美双可湿性粉剂。

2. 仪器

容量瓶：100mL、1000mL；移液管：10mL；聚乙烯瓶：1000mL；温度计：分度值 1℃，量程 0～100℃；烧杯：250mL［内径为（6.5±0.5）cm］、100mL、800mL、1000mL；秒表；量筒：20mL、（100±1）mL、500mL；表面皿［直径为（9.0±0.5）cm］；恒温水浴；pH 计。

3. 试剂

无水氯化钙；带结晶水的氯化镁（$MgCl_2 \cdot 6H_2O$）。

4. 标准硬水

$\rho(Ca^{2+} + Mg^{2+}) = 342mg/L$。

四、测定步骤

取标准硬水（100±1）mL，注入 250mL 烧杯中，将此烧杯置于（25±1）℃的恒温水浴中，使其液面与水浴水平面平齐。待硬水至（25±1）℃时，称取（5±0.1）g 的试样（试样应为有代表性的均匀粉末，而且不允许成团、结块）置于表面皿上，将全部试样从与烧杯口齐平的位置一次性均匀地倾倒在该烧杯的液面上，但不要过分地扰动液面。加试样时立即用秒表计时，直至试样全部润湿为止（留在液面上的细粉末可忽略不计）。记下润湿时间（精确至秒）。如此重复 5 次，取其平均值，作为该样品的润湿时间。

五、思考题

测定农药可湿性粉剂润湿性应注意哪些问题？

附录5　热储稳定性试验测定方法
(GB/T 19136—2003)

一、实验目的

学习固体制剂和液体制剂热储稳定性的测试方法。

二、固体制剂（粉体制剂和片剂）

将试样加压放置（片剂不加压），于 54℃储存 14 天后，对规定项目进行测定。

1. 实验材料

（1）样品　吡虫啉可湿性粉剂。

（2）仪器　恒温箱（或恒温水浴）：（54±2）℃；烧杯：250mL，内径 6.0～6.5cm；圆盘：直径大小应与烧杯配套，并恰好产生 2.45kPa 的平均压力；广口玻璃瓶：100mL，瓶盖内衬密封垫。

2. 实验步骤

（1）粉体制剂　将 20g 试样放入烧杯，不加任何压力，使其铺成等厚度的平滑均匀层。将圆盘压在试样上面，置烧杯于烘箱中，在（54±2）℃的恒温箱（或恒温水浴）中放置 14 天。取出烧杯，拿出圆盘，放入干燥器中，使试样冷至室温。于 24h 内完成对有效成分含量等规定项目的检验。

（2）片剂　将 20g 试样放入广口玻璃瓶中，不加任何压力，加盖置玻璃瓶于烘箱中，在

（54±2)℃下储存 14 天。取出玻璃瓶，放入干燥器中，使试样冷至室温，在 24h 内完成对规定项目的测定。

三、 液体制剂

将试样置于安瓿中，于 54℃储存 14 天后，对规定项目进行测定。

1. 实验材料

（1）样品　阿维菌素乳油。

（2）仪器　恒温箱（或恒温水浴）；安瓿（或 54℃仍能密封的具塞玻璃瓶）：50mL；医用注射器：50mL。

2. 试验步骤

用注射器将约 30mL 试样注入洁净的安瓿中（避免试样接触瓶颈），置此安瓿于冰盐浴中制冷，用高温火焰迅速封口（避免溶剂挥发）。至少封 3 瓶，分别称量。将封好的安瓿置于金属容器内，再将金属容器放入（54±2)℃恒温箱（或恒温水浴）中，放置 14 天。取出冷至室温，将安瓿外面拭净分别称量，质量未发生变化的试样，于 24h 内对规定的项目进行检验（编写具体产品标准时，应规定热储稳定性试验合格的判定原则）。

四、 思考题

热储稳定性试验是否必须在 54℃下进行？

附录6　农药粉剂、可湿性粉剂细度测定方法
(GB/ T 16150—1995)

一、 实验目的

学习农药粉剂和可湿性粉剂的细度测试方法。

二、 干筛法（适用于粉剂）

将烘箱中干燥至恒重的样品自然冷却至室温，并在样品与大气达到湿度平衡后，称取试样，用适当孔径的试验筛筛分至终点，称量筛中残余物，计算细度（如所干燥的样品易吸潮，须将样品置于干燥器中冷却，并尽量减少样品与大气环境接触，完成筛分）。

1. 实验材料

（1）样品　农药粉剂。

（2）仪器　试验筛：适当孔径，并具配套的接收盘和盖子；玻璃皿：已知质量；刷子：2.5cm 软平刷；恒温烘箱：100℃以内控温精度为±2℃；干燥器。

2. 实验步骤

（1）样品的制备　根据样品的特性调节烘箱至适宜的温度，将足量的样品置于烘箱中干燥至恒重，然后使样品自然冷却至室温并与大气湿度达到平衡，备用。如果样品易吸潮，应将其置于干燥器中冷却至室温，并尽量减少与大气环境接触。

（2）测定　称取 20g 试样（精确至 0.01g），置于与接收盘相吻合的适当孔径试验筛中，盖上盖子，按下述两种方法之一进行试验。

① 振筛机法　将试验筛装在振筛机上振荡，同时交替轻敲接收盘的左右侧。10min 后，关闭振筛机，让粉尘沉降数秒钟后揭开筛盖，用刷子清扫所有堵塞筛眼的物料，同时分散筛中软团块，但不应压碎硬颗粒。盖上筛盖，开启振筛机，重复上述过程至 2min 内过筛物少于 0.01g。将筛中残余物移至玻璃皿中称重。

② 手筛法　两手同时握紧筛盖及接收盘两侧，在具胶皮罩面的操作台上，将接收盘左

右侧底部反复与操作台接触振筛，并不时按顺时针方向调整筛子方位（也可按逆时针方向）。在揭盖之前，让粉尘沉降数秒，用刷子清扫堵塞筛眼的物料，同时分散软团块，但不应压碎硬颗粒。重复振筛至 2min 内过筛物少于 0.01g。将筛中残余物移至玻璃皿中称重。

三、湿筛法（适用于可湿性粉剂）

将称好的试样置于烧杯中润湿、稀释，倒入润湿的试验筛中，用平缓的自来水流直接冲洗，再将试验筛置于盛水的盆中继续洗涤，将筛中残余物转移至烧杯中，干燥残余物，称重，计算细度。

1. 实验材料

（1）样品　农药可湿性粉剂。

（2）仪器　试验筛：适当孔径，并具配套的接收盘和盖子；烧杯：250mL、100mL；烘箱：100℃以内控温精度为±2℃；玻璃棒：带橡皮罩；干燥器。

2. 实验步骤

（1）试样的润湿　称取 20g 试样（精确至 0.1g），置于 250mL 烧杯中，加入约 80mL 自来水，用玻璃棒搅动，使其完全润湿。如果试样抗润湿，可加入适量非极性润湿剂。

（2）试验筛的润湿　将试验筛浸入水中，使金属丝布完全润湿。必要时可在水中加入适量的非极性润湿剂。

（3）测定　用自来水将烧杯中润湿的试样稀释至约 150mL，搅拌均匀，然后全部倒入润湿的标准筛中，用自来水洗涤烧杯，洗涤水也倒入筛中，直至烧杯中粗颗粒完全移至筛中。用直径为 9~10mm 的橡皮管导出的平缓自来水流冲洗筛上试样，水流速度控制在 4~5L/min，橡皮管末端出水口保持与筛缘平齐为度。在筛洗过程中，保持水流对准筛上的试样，使其充分洗涤（如试样中有软团块可用玻璃棒轻压，使其分散），一直洗到通过试验筛的水清亮透明为止。再将试验筛移至盛有自来水的盆中，上下移动使洗涤筛缘始终保持在水面之上，重复至 2min 内无物料过筛为止。弃去过筛物，将筛中残余物先冲至一角再转移至已恒重的 100mL 烧杯中。静置，待烧杯中颗粒沉降至底部后，倾去大部分水，加热，将残余物蒸发近干，于 100℃（或根据产品的物化性能采用其他适当温度）烘箱中烘至恒重，取出烧杯置于干燥器中冷却至室温，称重。

（4）计算　粉剂、可湿性粉剂的细度 x（%）按式（4-7）计算。

$$x = \frac{m_1 - m_2}{m_1} \times 100 \tag{4-7}$$

式中　m_1——粉剂（或可湿性粉剂）试样的质量，g；

　　　m_2——玻璃皿（或烧杯）中残余物的质量，g。

（5）允许差　2 次平行测定结果之差应在 0.8% 以内。

四、思考题

农药粉体的细度还可以用什么方法进行测定？

实验11　38%莠去津悬浮剂加工及质量检测

一、实验目的

了解悬浮剂的加工技术及质量检测指标和方法。

二、实验原理

固体农药的微粒在表面活性剂的作用下可在水中形成具有相当稳定性的悬浮体系，加水后可形成悬浊液。

三、 实验药品与仪器

1. 药品

莠去津原药，38%莠去津悬浮剂，木质素磺酸钠，农乳1602，黄原胶，乙二醇，342mg/L、500mg/L标准硬水，蒸馏水。

2. 仪器

球磨机，砂磨机，电子天平，生物显微镜（附有测微尺），pH计，气相色谱，恒温箱，注射器，移液管，100mL烧杯3个，250mL具塞量筒1个，250mL量筒5个，安瓿6个，温度计。

四、 实验步骤

（1）按配方（莠去津38%、木质素磺酸钠3%、农乳1602 3%、黄原胶0.1%、乙二醇4%，水加至100%）称取各组分并采用球磨机和砂磨机进行研磨加工制得莠去津悬浮剂。将混合后的物料全部转移至砂磨容器中，按物料：玻璃砂＝1∶0.8（体积比）的比例加入玻璃珠（磨料），容器夹套通入冷却水，开启砂磨机，将分散盘转速恒定在1000r/min进行湿法研磨，待取样检测合格后，分离物料，进行包装。

（2）pH值测定。取0.5g悬浮剂样品用50mL蒸馏水稀释，然后用pH计测定。

（3）水温适应性。在250mL量筒中分别装入15℃、20℃、25℃自来水249mL，从距水面5cm处分别滴入1mL悬浮剂，观察分散情况。

（4）水质适应性。在250mL量筒中分别加入0mg/L、342mg/L、500mg/L硬水各249mL，参照上述（3）加入悬浮剂，观察分散情况。

（5）热储稳定性测定。将10g待测样品装入安瓿密封，54℃恒温箱保存2周，取出检测有效成分含量、悬浮率、粒径、分散性等。

（6）冷储试验。取安瓿封装10g样品，−25℃储存24h，取出观察冻结情况，然后在室温下融化，检测分散性、粒径、悬浮率等指标。

五、 思考题

① 悬浮剂良好的悬浮性取决于哪些条件？

② 悬浮剂制备完成后马上测定各项指标是否合适？为什么？

实验12　38%莠去津悬浮剂的质量检测

一、 质量控制指标

1. 组成和外观

本品应由符合标准的莠去津原药、助剂和填料加工制成，外观应是可流动、易测量体积的悬浮液体；存放过程中可能出现沉淀，但经手摇动，应恢复原状；不应有结块。

2. 项目指标

38%莠去津悬浮剂应符合表4-7要求。

表4-7　38%莠去津悬浮剂控制项目指标

项目			指标
莠去津含量/%			38.0±2.0
倾倒性	倾倒后残余物/mL	≤	3
	洗涤后残余物/mL	≤	0.3
悬浮率/%		≥	90
pH值			6.0～9.0
热储稳定性①			合格

① 为形式检验项目。

二、 测定方法

1. 有效成分分析方法

采用气相色谱法，分析条件为 2m×4mm 不锈钢柱，5％ XE-60 Chromosorb W AW DMCS 150～180μm，柱温：212℃，气化温：250℃，检测温：250℃，载气（N₂）：20mL/min，内标物：西草净。

2. 悬浮率测定

农药悬浮剂的悬浮率是检验农药悬浮剂质量好坏的重要指标之一。

（1）试剂和溶液　无水氯化钙：分析纯；氯化镁：分析纯；标准硬水：342mg CaCO₃/L，称取经 500～550℃灼烧 2h 冷却至室温的无水氯化钙 0.304g 和经 50～60℃干燥 2h 冷却至室温的带 6 个结晶水的氯化镁 0.139g，用蒸馏水溶液稀释至 1000mL，摇匀。

（2）仪器

① 量筒　250mL，带磨口玻璃塞，0～250mL 刻度距离为 20.0～21.5cm，250mL 刻度线与塞子底部之间距离应为 4～6cm。

② 玻璃吸管　长约 40cm，内径约为 5mm，一端尖处有 2～3mm 的孔，管的另一端连接在相应的抽气源上。

③ 恒温水浴　（30±2）℃。

3. 测定步骤

将整瓶产品全部倒出，混合均匀。称取试样 5g（称准至 0.0002g），置于有 100mL（30±2）℃标准硬水的烧杯中，用（30±2）℃标准硬水将其全部转入 250mL 带塞量筒内，稀释至刻度，盖上塞子，以量筒中部为轴心，在 1min 内上下颠倒 30 次。打开塞子，再垂直放入无振动的恒温水浴中，避免阳光直射，放置 30min。用吸管在 10～15s 内将量筒内容物的上部 9/10（即 225mL）悬浮液移出。抽液时虹吸管的管口沿量筒内壁随液面下降而下移，确保吸管的顶端总是在液面下几毫米处，避免下部沉淀物搅动。

按规定方法测定试样和留在量筒底部 25mL 悬浮液中的莠去津含量。

4. 计算

试样中的莠去津悬浮率 X（％）按式（4-8）计算。

$$X=\frac{m_1-m_2}{m_1}\times\frac{10}{9}\times100 \tag{4-8}$$

式中　m_1——配制悬浮液所取试样中莠去津的质量，g；

　　　m_2——留在量筒底部 25mL 悬浮液中莠去津的质量，g；

　　　$\frac{10}{9}$——换算系数。

三、 农药悬浮剂的粒度测定

农药悬浮剂的粒度是检验农药悬浮剂好坏的重要标准之一。

1. 仪器

双筒显微镜，测微尺（C6 型 0.2 网形目镜尺），玻璃载片，LS-POP（Ⅳ）型粒度测定仪。

2. 测定程序

（1）显微镜目测法　取试样 1 滴于小试管中。加水稀释并搅匀，取稀释液 1 滴于载片上，在 10×40 倍显微镜下观察粒径大小。

试样中微粒平均粒径（r）按式（4-9）计算。

$$r=\frac{r_1+r_2+r_2+\cdots+r_n}{n} \tag{4-9}$$

式中 r_n——个别微粒的粒径，μm；

        n——目镜尺内观察到的微粒总数。

（2）粒度测定仪法   参见相应的粒度分析仪操作规程。

上述两种方法可任选一种。

四、 农药悬浮剂分散性试验

农药悬浮剂的分散性是检验农药悬浮剂质量好坏的重要标准之一。

1. 试剂和溶液

无水氯化钙：（HG/T 3208—60）分析纯；氯化镁：（GB/T 672—2006）分析纯；标准硬水：342mg CaCO$_3$/L，称取经 500～550℃灼烧 2h 冷却至室温的无水氯化钙 0.304g 和经 50～60℃干燥 2h 冷却至室温的带 6 个结晶水的氯化镁 0.139g，用蒸馏水溶液稀释至 1000mL，摇匀。

2. 仪器

恒温水浴，（30±2）℃；量筒，500mL。

3. 测定步骤

将标准硬水注入 250mL 量筒至满刻度处。置量筒于（30±2）℃恒温水浴，待温度达到（30±2）℃，于量筒内水面上 1cm 处滴入 1 滴试样。试样达到量筒底时应全部自由分散或试样下沉时能分散，但至底部仍有未分散物，经搅动能全部分散为合格。

五、 黏度测定

使用旋转黏度计测定。

六、 思考题

农药悬浮剂的质量鉴定指标制定的依据是什么？

实验13   70%莠去津水分散粒剂的制备

一、 实验目的

1. 了解并熟悉农药水分散粒剂的制备原理和工艺流程设备。

2. 学习鉴定农药水分散粒剂质量的方法。

二、 制备方法

水分散粒剂是由原药、润湿剂、分散剂、填料和黏结剂组成的颗粒状制剂。制备方法一般分为干法和湿法两种，目前前者在国内普遍使用，即先加工成可湿性粉剂，再经造粒而成。制剂投入水中要求尽快润湿和崩解，在水中快速分散形成稳定的悬浮液，稳定时间越长越好。

三、 药品及仪器

1. 药品

莠去津原药，十二烷基硫酸钠（K$_{12}$），NNO，木质素磺酸钠，白炭黑，可溶性淀粉，无水硫酸钠。

配方：莠去津 70%，K$_{12}$ 2%，NNO 4%，木质素磺酸钠 12%，可溶性淀粉 2%，无水硫酸钠补足 100%。

2. 仪器

万能粉碎机，气流粉碎机，电子天平，烧杯等。

四、实验步骤

① 莠去津原药用气流粉碎机粉碎至 325 目以下（也可用万能粉碎机多次粉碎、筛分和收集细粉）。

② 在烧杯中，按配方称取原药、润湿剂、分散剂、填料和黏结剂，加入 13％左右的水分，用玻璃棒搅拌成药泥。

③ 投入挤压造粒机，将挤出的药条用电吹风干燥、破碎和筛分。

④ 取样进行检验，合格后进行包装。

五、思考题

在农药水分散粒剂造粒过程中，水分多少会对造粒结果产生什么样的影响？怎样确定其含量？

实验14　70％莠去津水分散粒剂的质量检测

一、质量控制指标

1. 组成和外观

本品应由符合标准的莠去津原药、载体和助剂制成，应是干的，能自由流动，基本无粉尘，无可见的外来杂质和硬团块。

2. 项目指标

70％莠去津水分散粒剂应符合表 4-8 要求。

表 4-8　70％莠去津水分散粒剂控制项目指标

项目		指标	项目		指标
莠去津含量/％		67.0～70.0	细度(通过 75μm 目筛)/％	≥	95
水分/％	≤	2.5	粒度范围(1～3mm)/％	≥	90
pH 值		6.0～9.0	分散性/％	≥	90
润湿时间/s	≤	60	持久起泡性(1min 后)/mL	≤	25
悬浮率/％	≥	70	热贮稳定性①		合格

① 形式检查项目。每隔 3 个月检查一次。

二、测定方法

1. 有效成分分析方法

采用气相色谱法，分析条件为 2m×4mm 不锈钢柱，5％ XE-60 Chromosorb W AW DMCS 150～180μm，柱温：212℃，气化温：250℃，检测温：250℃，载气（N_2）：20mL/min，内标物：西草净。

2. 水分的测定

按照 GB/T 1600—2001 中的"共沸蒸馏法"进行。

3. 酸度或碱度或 pH 值的测定

酸度或碱度的测定按 HG/T 2467.1—2003 中 4.7 进行；pH 值的测定按 GB/T 1601—93 进行。

4. 润湿时间的测定

按 GB/T 5451—2001 进行。

5. 悬浮率的测定

按 GB/T 14825—2006 方法 3 进行（还应写明称样量和对剩余 25mL 悬浮液和沉淀烘干

或萃取等具体操作步骤)。

6. 湿筛试验

按 GB/T 16150—1995 中的"湿筛法"进行。

7. 粒度范围的测定

(1) 仪器　标准筛组：孔径与规定的粒径范围一致。振筛机：振幅 3～6mm，156 次/min。

(2) 测定步骤　将标准筛上下叠装，大粒径筛置于小粒径筛上面，筛下装承接盘，同时将组合好的筛组固定在振筛机上，准确称取水分散粒剂试样 20g（精确至 0.1g）置于上面筛上，加盖密封，启动振筛机振荡 2min，收集粒径范围内筛上物称量。

(3) 计算　试样的粒度 W_1（%）按式（4-10）计算。

$$W_1(\%) = m_1 \times 100/m \tag{4-10}$$

式中　m——试样的质量，g；

　　　　m_1——规定粒径范围内筛上物质量，g。

8. 分散性

(1) 方法提要　将一定量的水分散性粒剂加入规定体积的水中，搅拌混合，制成悬浮液，静置一段时间后，去除顶部的悬浮液，将底部 1/10 悬浮液和沉淀烘干，用重量法进行测定。

(2) 试剂和仪器　标准硬水：$\rho(Ca^{2+} + Mg^{2+}) = 342mg/L$，pH=6.0～7.0。烧杯：1000mL，内径为（102±2）mm。电动搅拌机：可控制速度。不锈钢搅拌棒（图 4-14）：带有 4 个固定搅拌叶片的螺旋桨式搅拌棒，叶片之间角度为 45°。旋转真空蒸发器。秒表。

图 4-14　不锈钢搅拌棒

图中数值单位为 mm

(3) 测定步骤　在（20±1）℃下，于烧杯中加入 900mL 标准硬水，将搅拌棒固定在烧杯中央，搅拌棒叶片距烧杯底 15mm，搅拌棒叶片间距和旋转方向能保证搅拌棒推进液体向上翻腾，以 300r/min 的速度开启搅拌器，将 9g 水分散粒剂样品（精确至 0.1g）加入搅拌的水中，继续搅拌 1min。关闭搅拌，让悬浮液静置 1min，借助真空泵抽出 9/10 悬浮液

（810mL），整个操作应在 30～60s 内完成，并保持玻璃细管的尖端始终在液面下，且尽量不搅动悬浮液，用旋转真空蒸发器蒸掉 90mL 剩余悬浮液中的水分，并干燥至恒量，干燥温度依产品而定，推荐温度为 60～70℃。

（4）计算　试样的分散性 w_2（%）按式（4-11）计算。

$$w_2 = \frac{10}{9} \times \frac{m - m_1}{m} \times 100 \tag{4-11}$$

式中　m_1——干燥后残余物的质量，g；

　　　m——所取试样的质量，g。

9. 持久起泡性试验

按 HG/T 2467.5—2003 中 4.11 进行。

10. 热储稳定性试验

按 HG/T 2467.12—2003 中 4.12 进行。

三、思考题

农药水分散粒剂质量鉴定指标制定的依据是什么？

实验15　3%辛硫磷颗粒剂的加工及质量检测

一、实验目的

1. 了解颗粒剂的加工方法。
2. 初步掌握颗粒剂的一些质量检测指标和方法。

二、实验原理

粒剂是由有效成分、填料、黏结剂、表面活性剂等组成的固体剂型，可用滚动法实现造粒。

三、实验药品和仪器

1. 药品

辛硫磷原药、硅藻土、滑石、植物淀粉、阿拉伯胶、月桂醇硫酸钠、甲苯。

2. 仪器

气相色谱、球磨机、旋转造粒机、电子天平、迪安-斯达克水分测定仪、接受器、500mL 圆底烧瓶、量筒、标准筛、多孔瓷片、30mm 瓷球。

四、实验步骤

1. 将物料粉碎至所需粒径

设计不同配方，按配方将固体物料混合，采用旋转造粒机造粒。并将所得粒剂进行干燥。

2. 有效成分含量测定

将粒剂粉碎萃取，参照辛硫磷原药方法测定。

3. 水分含量测定

装配仪器，烧瓶中装入 200mL 溶剂和一小片多孔瓷片，回流 45min。冷却，弃去接受器中的水。称取样品（w，g）转移到含有干燥过的甲苯的 500mL 烧瓶中。连接仪器，以每秒 2～5 滴速度蒸馏至除刻度管底部之外仪器任何部位不再有可见冷凝水，所收集的水的体积在 5min 内不变为止。让仪器冷却到室温，用细金属丝把附在接受器壁上的水滴赶下，读取水的体积（V）。

$$水含量（\%）=100V/w \qquad (4\text{-}12)$$

4. 粒度分布测定

将样品 20g 放入标准筛，用振荡器振荡 10min，然后取下筛网上残留的试样称重，计算试样存留百分率。

5. 水中崩解性

目测。

6. 硬度测定

用标准筛筛分 100g 试样，装入球磨机瓷罐，以 75r/min 回转 15min，取出试样，用以上 "4. 粒度分布测定" 中的方法筛分，计算通过筛网的重量 w。

$$强度（\%）=（1-w/试样量）\times 100\% \qquad (4\text{-}13)$$

五、思考题

颗粒剂加工方法的选择对颗粒剂的硬度有何影响？

实验16　农药烟剂的制备

一、实验目的

学习农药烟剂的制备及质量检测方法。

二、实验原理

烟剂包括两组成分，即有效成分和化学发热剂。化学发热剂在短时间内产生大量的热，使有效成分气化而喷入空气中，在空气中再迅速冷却而凝结为固体微粒，就形成烟。

凡是可以在高温下气化而不发生热分解作用的药剂或热分解率较低的药剂均可制备烟剂。

三、药品及仪器

1. 配方

见表 4-9。

表 4-9　几种烟剂的配方　　　　　　　　　　　　　　　单位：g

烟剂	有效成分	硝铵	氯化铵	锯末	陶土
林丹烟剂	8	40	2	20	5
百菌清烟剂	5	40	2	20	5
胺菊酯烟剂	1	40	2	20	5
硫黄	20	40	2	20	5

2. 药品

发热剂：氯酸钾、硝酸钾、硝酸铵等；燃料：木炭、淀粉、锯末等；阻燃剂：陶土、黏土、消石粉、氯化铵；原药：林丹、胺菊酯、百菌清、硫黄。

四、实验方法

① 将锯末过筛，除去较大颗粒，余下的放入锅内炒干至红褐色备用。

② 将硝酸铵研碎，放入铁锅中。加热熔化，蒸去水分。冷至 100℃后（硝酸铵开始结晶）加入一半炒好的锯末，强力搅拌，使其充分黏合，出锅冷却，研碎，再加入另一半炒好的锯末混匀。

③ 将药剂粉碎，加入陶土，与上述燃烧剂混匀，包装（2～3 层纸袋）。

④ 引芯，即将草纸或吸水力强的纸剪成 5cm×15cm 的长条，在硝酸钾或氯酸钾饱和溶

液中连续浸 2～3 次，晾干后即成。

五、 质量检测

1. 点燃现象及燃烧时间

取 1kg 包装烟剂，在包装盒（袋）的上方中央用引线从上至下垂直插入到底。轻轻拍动包装盒（袋），使药粉与引线贴紧，然后用火柴点燃引线，观察点燃现象。从烟剂开始至浓烟结束用秒表计算发烟时间。

2. 燃烧温度的测定

取 1kg 包装烟剂，按上述方法插入引线，用 500℃ 水银温度计一支，将温度计的水银球一端插到烟剂的中心位置（若使用热电阻温度计应将电表放平，校正零点，打开电表开关）后点燃引线，烟剂在燃烧过程中温度计指数逐渐上升，达到某一高度又开始下降，温度计指数达到最高点的温度即为该烟剂的燃烧温度。

六、 思考题

加工成烟剂的药剂应符合什么条件？

实验17　缓慢释放型马拉硫磷微胶囊剂的制备

一、 试验目的

学习微胶囊剂的制备方法。

二、 实验原理

水溶性单体与脂溶性单体在农药粒子表面发生聚合，生成聚合物包裹膜，将农药包裹在内部形成囊核。

三、 试验药品及仪器

1. 实验仪器

高速搅拌机、真空干燥箱、布氏漏斗、真空泵、500mL 塑料瓶。

2. 实验药品

马拉硫磷原药、聚乙烯醇、消泡剂 B、壬酰氯、聚亚甲基聚苯基异氰酸酯、二亚乙基三胺、碳酸钠、蒸馏水。

四、 实验步骤

① 500mL 塑料瓶中加入 300mL 0.5％聚乙烯醇水溶液和 6 滴消泡剂 B。

② 在高速（20000r/min）搅拌下加入 29.8g 马拉硫磷、13g 壬酰氯、2g 聚亚甲基聚苯基异氰酸酯，然后加入 20g 二亚乙基三胺、10gNa$_2$CO$_3$、100mL 蒸馏水。

③ 加料完毕减慢速度继续搅拌 1h，静置 1h，用布氏漏斗过滤，真空干燥，得马拉硫磷微胶囊剂。

五、 思考题

① 农药微胶囊化的方法主要有哪几种，各自的原理是什么？

② 本实验中影响微胶囊剂形成的因素有哪些？

③ 本实验马拉硫磷的含量是多少？

实验18　40%辛硫磷乳油中乳化剂的配方优选(综合设计实验)

一、 实验目的

通过设计农药乳油中乳化剂优化配方的筛选试验，锻炼独立进行配方研究的能力，并进一步熟悉乳油的加工工艺以及判别乳油质量的方法。

二、 实验原理

乳化剂是农药乳油中的关键组分，主要起乳化分散农药原药，促进原药在作物体上的湿润、展布，进而提高活性组分效果的作用。乳化剂的筛选是配制农药乳油的关键。

乳化剂的一般要求：①要求乳化剂与原药相容性好；②对作物安全；③要求来源广泛，价格低廉，以便降低生产成本；④含水量低。乳化剂在农药乳油中含量一般占10％左右，农药乳化剂一般由非离子型乳化剂和阴离子型乳化剂钙盐复配而成，其中钙盐占乳化剂组分的20％～40％。

三、 药品及仪器

91.8％辛硫磷原油、农乳600号、宁乳34号、NP-10、70％无水钙盐、二甲苯、溶剂油等。无水 $CaCl_2$、$MgCl_2 \cdot 6H_2O$、去离子水。

电子天平、烧杯、移液管、具塞量筒等。

四、 实验要求

① 根据上述实验原理结合查阅相关资料独立设计实验，利用实验室已有的条件筛选出可供配制合格40％辛硫磷乳油的专用乳化剂1～2个。

② 通过预习，事先写出具体的实验方案，要求方法简便、快速，能够在实验课上具体实施。

五、 实验报告

① 分别写出40％辛硫磷乳油以及专用乳化剂的配方。

② 结合实验过程指出实验中应注意哪些问题。

③ 写出整个实验筛选过程。

实验19 50％莠去津可湿性粉剂助剂的配方优选(综合设计实验)

一、 实验目的

通过设计农药可湿性粉剂中润湿分散剂配方的筛选试验，熟悉固体制剂配方研究的一般方法，锻炼进行专用助剂开发的能力。

二、 实验原理

润湿剂、分散剂是固体制剂特别是可湿性粉剂、水分散粒剂的重要组分。一般的原则是先确定润湿剂，在此基础上筛选分散剂。好的配方润湿剂和分散剂用量少，润湿时间短，悬浮率高。

三、 药品及仪器

1. 药品

莠去津原药、十二烷基硫酸钠、十二烷基苯磺酸钠、NNO、木质素磺酸钠、拉开粉、农乳600、农乳700、NP-10、宁乳34，白炭黑，高岭土、凹凸棒土、轻质碳酸钙、无水 $CaCl_2$、$MgCl_2 \cdot 6H_2O$、去离子水。

2. 仪器

万能粉碎机，气流粉碎机，标准筛（200目、325目），电子天平，烧杯，具塞量筒等。

四、 实验要求

① 设计润湿剂的简便筛选试验方法。

② 设计分散剂的简便筛选试验方法。

③ 设计填料的配方筛选试验。

④ 获得可供 50％莠去津可湿性粉剂使用的专用助剂配方。

五、 实验报告

① 写出 50％莠去津可湿性粉剂的优化专用助剂配方。

② 写出整个实验筛选过程。

农药生物测定与田间药效试验

5.1 农药生物测定

根据测定目的不同，农药的生物测定大致有以下三个方面。

(1) 常规活性筛选测定　通过生物测定，筛选出活性化合物。

(2) 田间药效试验　在筛选的基础上，为了判定其应用的可能性，进行田间小区或大区试验。

(3) 微量毒物的生物测定　利用药剂的剂量（浓度）与生物的反应相关性，测定农药的有效成分含量，或测定其在植物及其产品中的残留。有些农药（如植物性农药）在未找到适当的分析方法时常采用生物分析法解决这一难题。

在测试过程中对供试生物、农药以及测试条件的要求如下所述。

(1) 供试生物　①分类上或经济上有一定代表性的各种不同种类的生物。②供试的同种生物种性纯正、个体差异小、生理指标较为均一。③容易大规模培养，能终年提供试验材料，使测定工作不受地区或季节限制。④对药剂的敏感性符合要求。

(2) 供试药剂　纯品（原油或原粉），有确切的有效成分和其他组分含量数据。

(3) 可控的环境条件　主要是温湿度和光照。田间试验除温湿度、光照以外，还应考虑风、雨等影响，以及地势、土壤肥力、病虫分布、作物长势及管理水平等。这些指标均应力求一致，以减少试验误差。

(4) 对照　一般有空白对照、标准药剂对照和非有效成分（不含药剂的溶剂、乳化剂等）对照。

(5) 各处理必须设立重复　试验中设立重复是减少误差的一个方法。重复次数可根据不同的生测试材和试验目的确定，一般不应少于 3 次，但也不必过多。

(6) 运用生物统计方法设计试验、分析结果　农药的生物测定及田间试验均应按生物统计学的方法进行设计。试验所得数据应按此要求进行处理变换，并运用适当的方法做统计分析。

5.1.1　农药生物测定实验常用仪器与使用

(1) 高压蒸汽灭菌锅　高压蒸汽灭菌锅是一个密闭的容器，由于蒸汽不能逸出，水的沸点随压力增加而提高，增加了蒸汽的穿透力，可以在较短的时间内达到灭菌目的。高压灭菌一定要彻底排除冷空气，即在升温到排气且有连续水蒸气喷出 10～15min 时再关闭排气孔，否则会出现压力达到但实际温度低的现象，使灭菌不彻底。达到时间后，关闭电源，压力自然下降，压力指针到 0 后，打开锅盖，稍留一缝盖好，用锅内余热将棉塞烘干，10～15min后，取出灭菌物品。高压蒸汽灭菌是实验室最常用的一种灭菌方法，适用于各种耐热、体积大的培养基的灭菌，也适用于玻璃器皿、工作服等物品的灭菌。

（2）干热灭菌箱　干热灭菌是相对于湿热灭菌而言的，灭菌原理都是利用高温能使微生物细胞内的蛋白质凝固而达到灭菌的目的。细胞中的蛋白质含水量大，凝固得快；含水量小，凝固得慢。因而干热灭菌所需要的温度和时间相应地要高于湿热灭菌所要求的指标。此法适用于玻璃皿、金属用具等的灭菌。

电热干燥箱灭菌的操作过程为：①把要灭菌的物品放在箱内，堆积时要留有空隙，勿使接触器壁、铁壳，关闭箱门。②接通电源，设定灭菌温度，并把位于箱顶的通气孔适当打开，使箱内湿空气能逸出，至箱内温度达到 100℃时关闭。③箱内温度达到所需要温度，保持160℃，1h。④灭菌结束后切断电源，待箱内温度降至 60℃以下时，才能打开箱门取出灭菌物品。

（3）超净工作台　超净台开机 10min 以上即可操作，基本上可随时使用，是工厂化生产理想的设备。超净台由三相电机作鼓风动力，功率 145～260W，将空气通过由特制的微孔泡沫塑料片层叠组成的"超级滤清器"后吹送出来，形成连续不断的无尘无菌的超净空气层流，即所谓"高效的特殊空气"，它除去了大于 0.3μm 的尘埃、真菌和细菌孢子等。超净空气的流速为 24～30m/min，防止附近空气可能袭扰而引起的污染。

在超净工作台上可吊装紫外灯，但应装在照明灯罩之外，并错开照明灯平行排列，这样在工作时不妨碍照明。由于紫外线不能穿透玻璃，所以紫外灯不能装入照明灯罩（玻璃板）里面。

（4）电热恒温培养箱　根据需要设定温度，设定结束后培养箱进入升温状态，加热指示灯亮，当箱内温度接近设定温度时，加热指示灯忽亮忽熄，反复多次，控制进入恒温状态。打开内外门，把所需培养的物品放入培养箱，关好内外门，如内外门开门时间过长，箱内温度有些波动，这是正常现象。根据需要选择培养时间，培养结束后，关闭电源，如不马上取出物品，不要打开箱门。

（5）光照培养箱　光照培养箱是具有模拟自然光条件的多功能培养箱，适用于植物的生长组织培养，种子发芽试验，植物的栽培与育种，昆虫及小动物饲养，微生物、抗生物的培养、保存及其他恒温、光照试验。

（6）人工气候箱　人工气候箱是具有光照、加湿功能的高精度冷热恒温设备，可提供一个人工气候实验环境。可用作植物的发芽、育苗，组织、微生物的培养，昆虫及小动物的饲养等。

（7）毛细管微量点滴器　玻璃毛细管点滴器的关键部位是一段长度在 0.5～1.0cm 的玻璃毛细管，其准确的容积可采用同位素稀释法或薄层扫描仪法测定。毛细管的一半长度插入玻璃管的尖头中，并以环氧树脂胶将毛细管固定。使用时，将毛细管少许插入药液，药液因毛细管现象而充满毛细管；将毛细管对准点滴部位（毛细管口即将接触昆虫体壁时!），用嘴轻轻送气，药液即点滴在昆虫指定部位。毛细管点滴器的一个最大优点是点滴器适合昆虫，而点滴器又能随心所欲地移动。对于鳞翅目幼虫，不需要麻醉，即使试虫在慢慢爬动中，亦能点滴。

（8）Potter 喷雾塔　Potter 喷雾法是由 Potter（1952）提出的一种生物测定技术，作为精确喷雾测定方法，已广泛应用于农药药效评价。Potter 喷雾塔是一种精密的喷雾装置，主要由雾化器（喷头）、沉降筒、载物台及玻璃外罩组成。Potter 喷雾塔具有试验结果误差小的优点，许多研究以 Potter 喷雾方法进行农药对昆虫的触杀试验，一般鳞翅目幼虫、飞行昆虫（如家蝇，可装在小笼内，可麻醉后放在培养皿内）、小型盆栽植物等均可直接喷雾。使用 Potter 喷雾器的要点是定量、定压、定时和定距离，只有这样才能保证药面获得均匀一致的雾滴。

（9）气雾风道　E J Gerberg 设计、美国生物科学用品公司生产的喷雾装置，尤其适合蚊子、家蝇、蜚蠊等卫生害虫的生测，也可用于农业害虫生测。该装置由五个主要部件组成：中空的钢质长方体底座、一对钢质空气柜、和空气柜相连接的铝质圆筒状风道以及一个控制台。底座左端有一调速鼓风机，右端封闭。鼓风机将空气吹到右边空气柜，经风道进入左边空气柜排出，而左边空气柜和实验室的排风系统相连。喷头安装在风道的右边，喷头的喷嘴可以任意更换。装试虫的笼子放在风道左端，操作时喷雾压力和风道风速可调，药液用一支 0.1mL 的刻度吸管加入。气雾风道的特点是喷出的雾滴很细而且均匀，水溶液绝大部分为 2~15mm，丙酮溶液 2~8mm。由空气流带动去撞击目标（试虫），不存在雾滴沉积问题，喷雾后 5s 即可取出试虫，十分简便、快速。

（10）真空喷粉器　在一玻璃罩内，放入欲处理的昆虫或盆栽植物。玻璃罩上部有一开孔，下悬一小容器存放定量粉剂。抽真空至一定程度后将开孔打开，空气冲入，将粉剂自上而下均匀地分布在罩内空间，然后沉积在虫体上或植物上。这种喷粉方法的优点是沉积均匀，可使被喷粉对象各个表面均附着粉粒。

5.1.2　农药生物测定时溶剂的选择

溶剂是生物测定系统中的重要组成部分，在农药生测过程中供试的未知化合物样品大多是原药，且不易溶于水，因此需要一种良好的溶剂将其溶解。但是溶剂对靶标也具有一定的毒性，在测定克菌丹对土壤真菌的毒力时，把溶剂丙酮的浓度从 0.1% 提高到 1.0%，克菌丹对土壤真菌的 EC_{50} 相差 6~20 倍。虽然，用固定溶剂作对照，可以简单估计化合物的毒性，但溶剂与被测化合物之间的相互作用可能存在相加作用、协同效应或拮抗效应。另外，同一种溶剂对不同病原菌的毒力的作用也不同，即使是同一种病原菌对不同溶剂的耐受性也不一样。忽视溶剂的影响将会使数据产生较大的偏差而产生误判，特别是在新化合物的筛选时，可能将大量本来活性不高的化合物选上而增加复筛工作量。在对 4 种常用有机溶剂对杀菌剂生物测定的影响研究表明，当溶剂浓度为 0.5~1μL/mL 时，丙酮对全部供试 6 种病原菌，棉枯萎病菌（*Fusarium oxysporum*）、番茄猝倒病菌（*Pythium aphanidermatum*）、番茄晚疫病菌（*Phytophthora infestans*）、立枯丝核菌（*Rhizoctonia solani*）、芦笋茎枯病菌 [*Phomopsis asparagi*（Sacc.）Bubak]、梨黑斑病菌（*Alternaria kikuchiana*）等，以及乙醇、二甲基亚砜、二甲基甲酰胺对大多数病原菌的菌丝生长均无影响。因而在生测过程中可首选丙酮作为化合物的溶剂，而且溶剂的浓度以不超过 1μL/mL 为宜。同时，乙醇对番茄猝倒病菌、梨黑斑病菌，在极低浓度（0.5μL/mL）下即有抑制作用，说明乙醇不适宜作这 2 种菌在离体生物测定中的溶剂，二甲基亚砜也不适宜作棉花枯萎病菌在离体生物测定中的溶剂。另有实验表明，戊唑醇溶于丙酮、二甲基甲酰胺、氯仿、二氯甲烷、甲苯后，对水稻纹枯病菌的 EC_{50} 分别为 0.013 8μg/mL、0.0203μg/mL、0.011 2μg/mL、0.0119μg/mL、0.0171μg/mL，平均值为 0.0149μg/mL，标准差为 0.0031，表明戊唑醇溶于不同溶剂对其活性没有影响。多菌灵溶于不同溶剂对水稻纹枯病菌的 EC_{50} 变化较大，在甲酸中最敏感，EC_{50} 为 $0.0914\mu g/mL$，在盐酸中最不敏感，EC_{50} 为 $0.2209\mu g/mL$，两者相差 $0.1295\mu g/mL$，最大值是最小值的 1.42 倍。这可能是多菌灵与这些溶剂形成不同的轭合物后导致的活性变化。总之，在测试化合物毒性选择溶剂时，首先应选择对靶标生物毒性最低的溶剂，然后选择溶剂的最佳浓度，以保证测试的数据的准确性。

杀菌剂离体生物测定的稳定性还与药剂稀释方法、药液保存时间有关。戊唑醇的浓度为 $10\mu g/mL$ 时，对小麦纹枯病的抑制率为 88.76%，当浓度系列稀释到 $0.04\mu g/mL$ 时，抑制率为 19.28%，以 2/3 比例稀释方法曲线有 5 个控制点，以 1/2 比例稀释方法曲线有 9 个控制点，以比例 2/3 稀释方法曲线有 14 个控制点。所以，以 2/3 比例方法稀释曲线控制点最多，数据最准确，多次重复测定标准差最小。戊唑醇、福美双分别以丙酮配成母液在冰箱中保存，不同时间取出测定其对水稻纹枯病菌的活性。戊唑醇对水稻纹枯病菌 EC_{50} 从 0 天到第 16 天，连续测定 6 次，EC_{50} 变化范围为 $0.0278\sim0.0299\mu g/mL$，平均值 $0.0291\mu g/mL$，标准差为 0.0008，说明戊唑醇溶于丙酮中保持稳定。福美双对水稻纹枯病菌 EC_{50} 从 0 天的 $1.7394\mu g/mL$，渐变到第 13 天的 $5.6224\mu g/mL$，表明福美双在丙酮中易降解，实验时应现配现用。这些影响很可能导致不同实验室或同一实验者在不同时间研究数据的不可比性，由此说明，杀菌剂生物测定应根据不同药剂和毒力测定对象，建立起标准化生物测定方法。

5.1.3 供试生物材料

5.1.3.1 标准试虫

标准试虫的生活力及对样品的敏感性比较稳定而且均匀一致，应是同一繁殖世代、同一虫态、同一龄期甚至同一日龄的；个体大小、体重及群体的雌雄性比（或同一性别）应尽量一致。在天然产物的活性筛选中所用虫种不宜太多，目的是明确供试植物或微生物的次生代谢产物有无农药生物活性，评价供试植物或微生物有无研究开发价值。

常采用的活性筛选试虫有：黏虫（*Leucania separate* Walker）、亚洲玉米螟（*Ostrinia furnacalis* Guenee）、小菜蛾（*Plutella xylostella* L.）、苜蓿蚜（*Aphis medicaginis* Koch）、棉蚜（*Aphis gossypii* Glover）的大龄若蚜或成蚜、玉米象（*Sitophilus zeamais* Motschulsky）成虫、截形叶螨（*Tetranychus truncatus* Ehara）、淡色库蚊（*Culex pipiens pallens*）幼虫、家蝇（*Musca damestica vicina* L.）成虫等。目前，绝大多数标准试虫都实行了人工饲料饲养。几种标准试虫的具体饲养方法如下所述。

（1）黏虫

① 幼虫饲养　采用半合成人工饲料饲养。配方：麦麸 49g，啤酒酵母 68g，抗坏血酸（Vc）5g，玉米叶粉 120g，尼泊金 3g，山梨酸 1.5g，琼脂 28g，自来水 1200mL。

先将琼脂放在自来水中加热溶解。将其余成分称好后放进组织捣碎机筒中，倒入已溶解的琼脂溶液，高速捣混 3min，趁热倒入事先洗净、消毒过的罐头瓶，每瓶装 150g 左右。等凝固后，每瓶用毛笔接入刚孵化的幼虫 50 头，盖好盖子（盖上有 5 个梅花状通气孔），放在温度＝（26±1）℃、相对湿度＝60%～70%的养虫室内饲养，每天光照 8h，直至幼虫在瓶内化蛹，其间不需要添加饲料，也不必清理粪便。

② 成虫饲养　在直径为 15cm、高 25cm 的玻璃缸中铺 3cm 厚的石英砂，以水浸湿砂子，砂上铺一层滤纸。将 40 头左右的蛹（雌雄 1∶1）摊在滤纸上，用白布将缸口扎住，待成虫羽化后以 10%的蜜糖水饲喂，并在缸口放一束稻草或麦草以供产卵。

黏虫全天然饲养也很方便：10 日～次年 3 月/小麦；4～9 月/玉米苗。

(2) 亚洲玉米螟

① 幼虫饲养　采用半合成人工饲料饲养。配方：大豆糁 15g，玉米糁 19g，啤酒酵母 9g，多维葡萄糖 7.5g，山梨酸 0.5g，抗坏血酸 0.5g，38% 甲醛 0.2mL，琼脂 2g，水 120mL。

先将大豆糁在 6.35kg 压力下处理 30min，玉米糁在 110～120℃下烘 100min。将抗坏血酸和多维葡萄糖溶于 50mL 的水中，然后与大豆糁、玉米糁及啤酒酵母混合，放置 2h，使之充分吸水。以 70mL 水加热溶解琼脂，煮沸后再加 25mL 水，煮沸。停止加热后即加入山梨酸和甲醛，冷至 60～70℃与上述大豆糁等合并，充分搅拌均匀，分装果酱瓶内，每瓶 150g 左右。

以消毒过的镊子将瓶中饲料切成 4 大块，将中间的"十字"这部分挖出堆于饲料表面，再用镊子插入饲料与瓶壁之间，将饲料块向瓶中心拨拢，使之与瓶壁之间产生一定间隙。卵块以干净的小块蜡纸衬垫放在饲料上，在 28～30℃、相对湿度＝70%～90%、光照 14～16h/d 的条件下饲养至化蛹，其间无需添加更换饲料。

② 成虫饲养　将蛹放在保湿的培养皿内，置于成虫饲养笼内，笼外上方放一张蜡纸供成虫产卵。每天早、中、晚用小喷雾器对成虫喷水，使其饮水。产卵开始后每天上午更换蜡纸收集虫卵。

(3) 德国小蠊　饲料组成为（质量比）：燕麦粉 9 份，小麦粉 9 份，鱼粉 1 份，酵母粉 1 份。充分混合后 60℃烘 24h，杀死螨类等有害生物。在直径约 30cm、高 40cm 的玻璃缸中，放入收集的德国小蠊卵鞘，在 30℃和相对湿度 70%的条件下培养。卵开始孵化时放入盛有饲料的培养皿及几张质地粗糙并折成瓦楞状的厚纸片以供若虫爬行栖息。饲养以温度 26～27℃、相对湿度 50%～60%为宜。

饲养的饮水装置为 2 管装满凝固的 1%琼脂清水培养基，试虫取食这种清水培养基以获取水分（这种装有琼脂清水培养基的试管可以随时补添，十分方便，而且不会明显地增大养虫缸的湿度）。为防止若虫逃跑，可在缸上口 3cm 处涂一层石蜡，再用纱布扎住。饲虫发育至成虫，即交配产卵鞘于缸中，及时收集卵鞘再繁殖。

(4) 家蝇

① 幼虫饲养　采用人工饲料饲养。配方：麦麸 150g，米糠 50g，奶粉 10g，酵母粉 2g，水 450mL。

先将麦麸和米糠混合，倒入以热水冲的奶粉，待饲料内温度降低后再加其余水（留少许水将酵母粉冲好），最后加入酵母液，充分拌匀。将饲料分装在直径 11cm、高 14cm 的玻璃缸中，每缸加 550g，接卵 500～700 粒，卵上盖一层饲料，缸口盖 50～100 目铜纱。幼虫孵化后，随着生长发育，由上层逐渐向下层移动，将化蛹时又移向上层，并在较干燥的饲料中化蛹。如果饲料过湿或温度过高（25～28℃为宜），均对化蛹不利。待绝大多数幼虫化蛹后，将缸中饲料取出以 27℃清水漂洗，将浮在水面的蛹捞出，略加晾干表面水分，即放入成虫饲养笼中。

② 成虫饲养　养虫笼制作：纱布固定在每边长 35cm 的粗铁丝框架上，将蛹和食物、水一齐放入其中。成虫食物是奶粉和蔗糖，放在一个培养皿中。盛清水的培养皿中放一块泡沫。家蝇羽化后，2～4 天交尾，此时应放入产卵槽。产卵槽为一直径 5.5cm、高 3cm 的玻璃皿，内放浸牛奶的毛边纸团或幼虫饲料。产卵槽每天换 1 次。家蝇成虫饲养温度为 27～30℃，相对湿度为 40%～70%，每天光照不少于 10h，完成一个世代约需 14 天。

(5) 玉米象　小麦、大米、玉米均是其合适的饲料。要求含水量 16%～18%，做如下处理：摊于盘中，70℃，烘6h杀死侵入的其他虫、卵，取出后清水漂洗并浸在水中15～20min，捞出摊开阴干。

装半瓶饲料，接虫100头/瓶（雌雄混合），24～30℃，遮光，5天后筛去成虫，饲料转回瓶内饲养。接虫取虫时需用滑石粉、吸虫器。

（6）棉蚜　在温室内棉苗长出6～7片真叶时接虫。将寄主植物（棉花、花椒树）上有棉蚜的叶片摘下，用大头针固定在棉苗上，棉蚜可自行迁移到棉株上。也可以用毛笔小心地将棉蚜逐头接到棉株上繁殖。在合适条件下（15～22℃，相对湿度60%～80%）棉蚜繁殖很快，接虫14天后便有大量棉蚜可供试验。做杀虫剂毒力测定时应严格挑选龄期一致（通常多用成蚜）、颜色一致、个体大小基本一致的无翅蚜。

5.1.3.2　供试病原菌

供试病原菌要求在分类上有一定代表性，最好是重要的农业植物病害的病原菌，而且容易培养，多代繁殖不易产生变异。

常用的供试菌种：番茄灰霉病菌（*Botrytis cintrea*）、番茄早疫病菌（*Alternaria solani*）、辣椒炭疽病菌（*Colletotrichum capsici*）、苹果轮纹病菌（*Physalospora berengeriana*）、苹果炭疽病菌（*Glomerella cingulata*）、苹果腐烂病菌（*Valsa mali*）、葡萄黑痘病菌（*Elsinoe ampelina*）、葡萄白腐病菌（*Coniothyrium diplodiella*）、水稻稻瘟病菌（*Piricularia oryzae*）、小麦赤霉病菌（*Gibberella zeae*）、小麦全蚀病菌（*Gaeumannomyces graminis*）、玉米大斑病菌（*Exserohilum turcicum*）、玉米弯孢病菌（*Curvularia*、*lunata*）、棉花枯萎病菌（*Fusarium oxysporum*）、枯草杆菌（*Bacillus subtilis*）、白菜软腐病菌（*Erwinia carotovora*）、水稻白叶枯病菌（*Xanthomonas campestris* pv. *oryzae*）等。

常用的培养基及灭菌方法如下所述。

（1）真菌培养基　马铃薯葡萄糖琼脂培养基（PDA）。

① 配方　马铃薯（去皮切块）200g，葡萄糖20g，琼脂20g，蒸馏水1000mL。

② 制法　将马铃薯去皮切块，加1000mL蒸馏水，煮沸10～20min。用纱布过滤，补加蒸馏水至1000mL。加入葡萄糖和琼脂，加热融化，分装，高压蒸汽灭菌30min，备用。

（2）细菌培养基　牛肉膏蛋白胨培养基（NA）。

① 配方　牛肉膏3g，蛋白胨10g，氯化钠5g，琼脂15～20g，水1000mL。

② 制法　依次称取牛肉膏、蛋白胨、NaCl放入烧杯中。在烧杯中可先加入少于所需要的水量，用玻棒搅匀，待药品完全溶解后，补充水分到所需的总体积。用1mol/L NaOH或1mol/L HCl调节pH。注意pH值不要调过头，否则，将会影响培养基内各离子的浓度。分装后高压蒸汽灭菌，备用。

（3）放线菌培养基　高氏1号培养基。

① 配方　可溶性淀粉20g，NaCl 0.5g，KNO_3 1g，$K_2HPO_4 \cdot 3H_2O$ 0.5g，$MgSO_4 \cdot 7H_2O$ 0.5g，$FeSO_4 \cdot 7H_2O$ 0.01g，琼脂15～20g，水1000mL

② 制法　先称取可溶性淀粉，用少量冷水将淀粉调成糊状，再加到沸水中，继续加热，使其完全融化。再称取其他各成分。对微量成分$FeSO_4 \cdot 7H_2O$可先配成高浓度的储备液后再加入，方法是先在100mL水中加入1g的$FeSO_4 \cdot 7H_2O$配成0.01g/mL，再在1000mL培养基中加入1mL的0.01g/mL的储备液即可。待所有药品完全溶解后，补充水分到所需的总体积。调整pH值到7.2～7.4，分装后灭菌，备用。

（4）消毒灭菌方法　病原菌的分离培养、杀菌剂的活性测定都必须在无菌条件下进行，对培养基、实验过程中所用到的工具进行严格的消毒和灭菌尤其重要。消毒是应用消毒剂等方法杀灭物体表面和内部的病原菌营养体的方法。灭菌是指用物理和化学方法杀死物体表面和内部的所有微生物，使之呈无菌状态。

① 物理方法

A. 温度　利用温度进行灭菌、消毒或防腐，是最常用而又方便有效的方法。高温可使微生物细胞内的蛋白质和酶类发生变性而失活，从而起灭菌作用；低温通常起抑菌作用。

a. 干热灭菌法　灼烧灭菌法是利用火焰直接把微生物烧死。此法彻底可靠，灭菌迅速，但易焚毁物品，使用范围有限，只适合于接种针、环、试管口及不能用的污染物品的灭菌。干热空气灭菌法。实验室中常用的一种方法，即把待灭菌的物品均匀地放入烘箱中，升温至160℃，恒温 1h 即可。此法适用于玻璃皿、金属用具等的灭菌。

b. 湿热灭菌法　在同一温度下，湿热的杀菌效力比干热大，原因有三：一是湿热中细菌菌体吸收水分，蛋白质较易凝固，因蛋白质含水量增加，所需凝固温度降低；二是高温水蒸气相对干热对蛋白质有高度穿透力，从而加速蛋白质变性而使菌体迅速死亡；三是湿热的蒸汽有潜热存在，每 1g 水在 100℃ 时，由气态变为液态时可放出 2.26kJ 的热量，这种潜热，能迅速提高被灭菌物体的温度，从而增加灭菌效力。常用湿热灭菌法有巴氏消毒法、沸水消毒法、间歇灭菌法以及加压蒸汽灭菌法。但在发酵工业、医疗保健、食品检测和微生物学实验室中最常用的一种灭菌方法是加压蒸汽灭菌法，适用于各种耐热、体积大的培养基的灭菌，也适用于玻璃器皿、工作服等物品的灭菌。

加压蒸汽灭菌是把待灭菌的物品放在一个可密闭的加压蒸汽灭菌锅中进行的，以大量蒸汽使其中压力升高。在蒸气压达到 1.055kgf/cm² 时，加压蒸汽灭菌锅内的温度可达到 121℃。此种情况下微生物（包括芽孢）在 15～20min 便会被杀死，从而达到灭菌目的。如灭菌的对象是沙土、石蜡油等面积大、含菌多、传热差的物品，则应适当延长灭菌时间。

B. 辐射　利用辐射进行灭菌消毒，可以避免高温灭菌或化学药剂消毒的缺点，应用越来越广，如接种室、超净工作台等常应用紫外线杀菌。紫外线波长在 200～300nm 具有杀菌作用，其中 256～266nm 杀菌力最强。此波长的紫外线易被细胞中核酸吸收，造成细胞损伤而杀菌。因紫外线对眼结膜及视神经有损伤作用，对皮肤有刺激作用，故不能直视紫外灯光，更不能在紫外灯光下工作。

C. 过滤　采用机械方法，设计一种滤孔比细菌还小的筛子，做成各种过滤器。通过过滤，只让液体培养基从筛子中流下，而把各种微生物菌体留在筛子上面，从而达到除菌的目的。适用于一些对热不稳定的体积小的液体培养基的灭菌以及气体的灭菌，最大优点是不破坏培养基中各种物质的化学成分，应用最广泛的过滤器介绍如下。a. 蔡氏（Seitz）过滤器。根据孔径大小其滤板分为 3 种型号：K 型最大，作一般澄清用；EK 滤孔较小，用来除去一般细菌；EK-S 滤孔最小，可阻止大病毒通过。使用时可根据需要选用。b. 微孔滤膜过滤器，其滤膜是用醋酸纤维酯和硝酸纤维酯的混合物制成的薄膜。孔径分 0.025μm，0.05μm，0.10μm，0.20μm，0.22μm，0.30μm，0.45μm，0.60μm，0.65μm，0.80μm，1.00μm，2.00μm，3.00μm，5.00μm，7.00μm，8.00μm 和 10.00μm。实验室中用于除菌的微孔滤膜孔径一般为 0.22μm，但若要将病毒除掉，则需要小孔径的微孔滤膜。

② 化学方法　一般化学药剂无法杀死所有的微生物，只能杀死其中的病原微生物，起消毒剂的作用，而不是灭菌剂。能迅速杀灭病原微生物的药物称为消毒剂。能抑制或阻止微生物生长繁殖的药物，称为防腐剂。一种化学药物是杀菌还是抑菌，常不易严格区分。消毒防腐剂没有选择性，对一切活细胞都有毒性，不仅能杀死或抑制病原微生物，对人体组织细胞也有损伤作用，只能用于体表、器械、排泄物和周围环境的消毒。常用化学消毒剂有：石

炭酸、来苏水（甲醛溶液）、氯化汞、碘酒、酒精等。

5.1.3.3 供试杂草

除草剂生物活性靶标试材的选择原则为：在分类学上、经济上或地域上有一定代表性的栽培植物或杂草等；遗传稳定，对药剂敏感，且对药剂的反应与剂量有良好相关性，便于定性、定量测定；易于人工培养、繁育和保存，能为试验及时提供相对标准一致的试材。

除草剂生物活性测定试验的靶标植物可以选择栽培植物、杂草或其他指示植物以及藻类等，作物种子由于萌发率高、易得、种质纯正等优点，被广泛应用于除草剂的生物活性测定之中，比如：玉米根长法、高粱法、小麦去胚乳幼苗法等都以作物为靶标试材。重要常见杂草作为防除对象，能更直接地反映除草剂的生物活性和除草效果，也被普遍采用。常用除草剂生物活性测定的靶标植物有小麦、玉米、高粱、水稻、棉花、油菜、大豆、燕麦等作物，稗草、狗尾草、马唐、野燕麦、看麦娘、菵草、早熟禾等禾本科杂草，苘麻、牵牛、反枝苋、藜、鸭跖草、苍耳、龙葵、繁缕、猪殃殃、婆婆纳、大巢菜、稻槎菜、荠菜、拟南芥、鳢肠、蓼、鸭舌草、浮萍等阔叶杂草以及香附子、异型莎草、水莎草等莎草科杂草。

作物种子可以从专业种子公司购买，杂草种子大多需要试验人员在田间采集、净化、干燥、破除休眠后放置在0℃左右的冰箱内保存备用。大部分杂草种子都具有休眠习性，发芽率低且不整齐。一般杂草种子采集净化后室温下存储一年即可破除休眠，但随着放置时间的延长又会进入二次休眠，所以需要定期检测种子发芽率，在种子发芽率达到85％以上时最好立即包装，储存在0℃以下的冰箱内，以保持其发芽势。许多禾本科杂草种子秋季采收后，用透气性良好的网袋包装，埋在室外土壤中越冬，可以快速破除休眠。

5.1.4 农药生物测定方法简介

5.1.4.1 杀虫剂生物测定方法

针对不同作用方式的药剂采用不同的试验设计和方法。在明确药剂的作用方式之前，作用方式的测定是必要的第一步。杀虫剂的生物测定中，离体和活体条件下的反应差异均不大。

（1）杀虫剂触杀毒力测定　在测定触杀毒力时，应尽量避免药剂从口器或气门进入虫体。常用的方法有：点滴法、喷雾法、浸渍法、药膜法等。

① 微量点滴法　微量点滴法是测定触杀毒力最常用的方法，是一种局部施药法，其原理是将定量的一定浓度的药液点滴于试虫某一部位，多为幼虫的前胸背板上，溶剂迅速挥发，药剂在体壁形成药膜而侵入体内。点滴的药液容积通常在 $1.0\mu L$ 以内，甚至仅为 $0.02\mu L$，同一处理受试试虫实际接受的剂量相同。点滴法耗用供试样品少，每头试虫受药量已知，据此可求出 LD_{50}。

② 药膜法　该法是杀虫剂毒力测定的另一主要方法，还可用于测定药剂的残效性。该法基于将药液定量分布于一定接触面（如滤纸、玻璃器皿内壁、植物叶片等）而形成均匀药膜，使试虫在药膜上接触一定时间（通常1～2h）后转入正常环境中饲喂，24h或更长时间后检查死亡率。药膜法的优点是接近实际防治情况，且不需特殊设备，操作简单，适用范围广。但该法缺点在于无法知道试虫实际受药量，只能以接触表面单位面积上的药量表示剂量。此外，试虫个体间接触到的药剂相差悬殊，在一定范围内，试虫承载的药量和其活动性有关，爬行距离长、爬行频繁个体受药量大。

③ 喷雾法　原理是将药液雾化，直接对靶喷雾于试虫体表，通过表皮侵入昆虫体内致毒。为使试虫个体间受药量尽可能相同，除了昆虫本身因素外，主要取决于良好的喷雾装置，要求喷出的雾滴大小均匀，单位面积上的沉降量应基本一致。

④ 浸渍法　将试虫均匀浸入一定浓度的药剂水稀释液中，浸渍一定时间后取出晾干体表药液，正常饲喂，一定时间后检查死亡率。对水生昆虫直接在含供试药剂的水中饲养一定时间后直接检查死亡率。对陆生昆虫，一般浸渍 3～5s 取出试虫，以吸水纸吸去虫体多余药液，正常饲养 24h 后检查死亡率。蚜虫、螨类等体小的昆虫尤其适合浸渍法处理，生测时可连同寄主植物一并采下，用毛笔仔细剔除不符合要求的个体，将蚜、螨连同叶片一并浸入药液 3～5s。浸渍法不需要特殊设备，操作方便，但方法本身比较粗放，重复间误差大，主要用于蚊幼虫及蚜、螨的生物活性测定。

（2）杀虫剂胃毒毒力测定　胃毒活性测定是在尽量避免触杀、熏蒸作用的干扰下，使昆虫在取食的同时将药剂摄入体内而发挥作用。主要有夹毒叶片法、液滴饲喂法和口腔注射法三种，其中以夹毒叶片法最为常用。液滴饲喂法和口腔注射法由于方法本身的缺陷性目前已很少使用。

夹毒叶片法适于取食量较大的咀嚼式口器昆虫，如鳞翅目幼虫、蝗虫、蜚蠊、蟋蟀等。原理是在两片叶碟中间均匀涂布杀虫剂，就像"三明治"一样饲喂试虫，可避免药剂接触昆虫体壁而发生触杀作用，根据试虫取食的叶面积可推算取食的药剂剂量及半数致死量。该法操作麻烦，而且往往控制不好湿度而发生叶片干缩，更难准确测量取食叶面积，造成剂量的较大误差。对该法的改进是将原来的不定量取食改为定量给食，一般制成直径为 5mm 的小圆叶片夹毒叶碟用以饲喂单头饥饿 3～4h 并称重的试虫，喂食 2h 后，将食完夹毒叶碟的试虫移入带有新鲜植物叶片的大培养皿内，饲喂 24～48h 后检查死亡率。改进方法仅将取食完夹毒叶碟的试虫作为有效试虫，因此，每次测定时应适当增加试虫数量。可利用中间组法计算 LD_{50}。

（3）杀虫剂内吸毒力测定　分直接法和间接法两种。直接法包括茎或叶的局部涂药、根际施药及种子处理等。间接法是用处理后的植物，取其叶片研磨成为水悬剂，加在水中，测定对水生昆虫的毒力。

① 根部内吸法　将杀虫剂定量加入培养液中，使根部吸收，以测定在叶片上取食的昆虫的死亡率。可采用长期低浓度处理或短期高浓度处理，植物吸收药剂后再转插到培养液里。一定时间后统计死亡率并计算 LC_{50}。

② 叶部内吸法　叶部内吸法主要用于测定内吸杀虫剂在植物体内横向传导作用。①部分叶片的全面施药。用浸蘸法或喷洒法处理标记的部分植物叶片一定时间，采摘未施药部位的叶片喂食昆虫，或在药剂处理后向未用药处理部位接虫以观察药效。②将药液喷布或涂刷于叶片正面或反面，经一定时间后将叶片取下，平铺于培养皿内或瓷盘内，用湿棉球将叶柄保湿，在未涂药的一面接上蚜虫或红蜘蛛，经 24h 或 48h 检查死虫数，计算内吸毒力。此法适于测定药剂的内渗作用。③在叶柄上涂抹定量药剂，在叶片上接虫，或经吸收后摘取叶片，测定其对试虫的毒效。

③ 茎部内吸法　将药剂定量涂抹到茎部的一定部位，经一定时间后，在叶片上接虫或取叶饲喂试虫以测定毒效。

④ 种子内吸法　用药剂浸种法或拌种法处理种子，播入土中，药剂随种子萌动而吸收和传导。等幼苗长出真叶后，在其上接虫或采叶饲喂昆虫，测定毒效。

（4）杀虫剂熏蒸毒力测定　各种测定方法必须遵循一个原则：在密闭的容器中，试虫和药剂（固态或液态）不能直接接触。

① 二重皿法　取直径为 9cm 的培养皿，皿底放一定量的供试药剂，用双层纱布密盖皿底，其上放试虫（玉米象、杂拟谷盗等）20～30 头，每一药剂剂量重复 3 次，对照组不加药剂。置 25℃ 下，经 24h 或 48h 检查结果。用校正死亡率来判别药剂的熏蒸作用。

② 三角瓶法　以 500mL 三角瓶作容器，软木塞或弹性强的胶塞为瓶塞，以保持瓶内密闭。将试虫（玉米象或杂拟谷盗等）装入带盖的小铜丝或布袋中。用微量注射器吸取药液（丙酮稀释）5μL，点滴于 2cm×2cm 滤纸片上，并迅速抛入三角瓶中，立即吊入试虫管（袋），位于容器中部，封口。对照瓶的滤纸片只加 5μL 丙酮。在 25℃ 恒温室内经 24h 或 48h 检查结果。

③ 干燥器法　取大小一致的干燥器数个，打开盖子，用量筒装入清水至满，即可测得容积，同法可测出器盖的容积，两者之和为干燥器的容积，倒去水烘干或风干备用。用前将干燥器磨口边缘用凡士林涂抹，起密闭作用。将试虫分别装入数个（5～10 个）小指形管内，每管 10 头，管口用双层纱布及橡皮筋蒙住扎紧，置于干燥器内的有孔瓷板上。

将一定量的药剂投入干燥器底部立即加盖。或将药剂装于封口的安瓿中，加盖后振动干燥器使安瓿破碎，药剂挥发出。置 25℃ 恒温箱内，24h 或 48h 检查结果。

（5）保幼激素类似物的活性测定　常用的测定保幼激素类似物的方法有点滴法、注射法和蜡封法。

试虫采用大蜡螟或大菜粉蝶的蛹、美洲脊胸长蝽或长红猎蝽的若虫，黄粉虫的蛹是标准试虫。三种方法的原理是相同的，只是给药途径不同：点滴法是将药物局部点滴在蛹或若虫某一部位，以黄粉虫蛹作试虫时，常用微量点滴器于腹末三节腹面准确点滴 1.0μL 药液，药剂穿透表皮进入虫体内；注射法是将药物直接注入昆虫体内；蜡封法是将药物和低熔点石蜡混合后封在蛹的人造伤口上，让药物通过伤口进入虫体内。具有保幼激素活性，非正常发育的标志是：成虫保留着蛹腹部的阱、尾突或半蛹-半成虫中间型等。对结果进行分级检查并做毒力测定。

（6）抗蜕皮激素的活性测定　抗蜕皮激素的活性测定主要有以下两类。

① 离体测定　根据 ^{14}C 标记的 N-AGA（即 N-乙酰葡萄糖胺）掺入几丁质的量。一种方法是以蛹皮和标记的 N-AGA 及样品一起保育后测定几丁质骨架上结合的标记 N-AGA，并和未加样品的对照比较。另一种方法是以从蛹上分离的离体翅在待测化合物和已知量的 ^{14}C 标记的 N-AGA 存在下培养，然后用几丁质酶水解离体翅，测定溶液中 ^{14}C 标记的 N-AGA 量，并与不含待测化合物培养的溶液比较。离体测定周期短，适合大量样品的室内筛选，其最大的不足之处是脱离了抗蜕皮激素的应用实际。相比之下，活体测定更适合新药筛选。

② 活体测定　此类化合物的活体活性测定，可仿照一般杀虫剂胃毒毒力或触杀毒力测定方法进行，检查结果的时间应在供试幼虫蜕皮后进行。

（7）促咽侧体激素与抑咽侧体激素活性测定　促咽侧体激素（AT）与抑咽侧体激素（AST）是调控昆虫咽侧体分泌保幼激素（JH）的脑神经肽类物质，其活性测定可采用放射化学分析法（RCA）。以蓖麻蚕成虫脑 AT/AST 活性测定为例。先在蓖麻蚕生理盐水中解剖出咽侧体（CA），左右 CA 分别用作处理和对照。在预培养液中预培养 30min，然后置已加入 ^{3}H-Met 的培养液中，混匀，保持黑暗、30℃，轻摇培养 3h。异辛烷抽提，离心，取上清液适量，加入甲苯闪烁液，混匀，暗适应后测放射性活度（dpm，某一核素每分钟衰变次数）。

(8) 促前胸腺激素与抑前胸腺激素活性测定　促前胸腺激素（PTTH）和抑前胸腺激素（PTSH）是调控昆虫前胸腺分泌蜕皮激素（MH）的脑神经肽类物质，其活性测定可采用放射免疫分析法（RIA）。在编号的测定管中依次加入β-蜕皮激素标准工作液和稀释的样品，然后依次加等量β-蜕皮激素抗体，混匀。再依次加入等量标记抗原，并混匀，送γ-计数器计数，此时的cpm（指仪器每分钟记录的脉冲数）为放射性总量。放射性总量计数后，测定管置4℃过夜。再在各管中依次加入1％DCC液，立即混匀，4℃中静置10s，离心，弃上清液，含沉淀物的测定管送γ-计数器计数。根据放射性强度测定在PTTH或PTSH调控下前胸腺在组织培养液中分泌的β-蜕皮激素的量，从而得知PTTH或PTSH的活性。

(9) 性外激素活性测定　昆虫性外激素活性的测定方法分为两类：昆虫行为法及触角电位法。

① 昆虫行为法　行为法是在室内测定昆虫对性诱剂做出的行为反应。不同种类的昆虫对性诱剂的反应基本上都会有如下顺序：雄虫受性诱剂分子所刺激，从静止状态转为兴奋状态，表现为触角摇动，张翅振动，飞翔，找寻刺激源。到达刺激源后，伸出抱握器，做出交尾行为。因此，可将是否激起交配行为作为有无性诱活性的标志。

最简单而有效的测定性诱活性的方法是用一个带橡皮头的滴管插入待测样品溶液中，将吸入的样品溶液排挤出，然后将滴管对准未交配过的雄虫，手捏橡皮头，使产生的空气流吹向雄虫。有无性诱活性可观察雄虫有无下列反应：触角举起、双翅振动、伸出抱握器并企图和另一雄虫交配。

② 触角电位法　触角的主要功能是嗅觉，依靠其毛状感受器接受性外激素的分子。毛状感受器的外壁由表皮构成，壁上有毛孔，并通过小孔与毛腔相通。毛腔中充满感受器液，感受器细胞（嗅觉神经元）的树状突伸入毛腔悬浮于感受器液中。

如果将血淋巴间隙接地（0），感受器液与血淋巴相比，它是带正电荷（＋）的，而感受器细胞内是带负电荷（－）的。当性外激素分子通过小孔扩散到感受器中，并在树状突的细胞膜上与受体相结合时，膜上的钠离子通道呈开放状态，钠离子通透性增加，膜去极化，感受器液的正电性增加，从而改变了原来感受器液与血淋巴之间原有的电位，出现一个趋向电性方向的电位差。当许多性外激素分子和许多感受器接触时，就会在数十毫秒内同时发生一个明显的电位差变化，这种电位差变化的总和就是触角电位。触角电位法需要昂贵的仪器设备，而且测定受多种因素影响，测定结果重现性差，昆虫个体之间对同一刺激物质引起的触角电位相差很大，而且激起触角电位的物质，在田间不一定具有引诱效果，也不一定是性诱物质。因此在用触角电位法室内初筛后，还应经大田诱捕试验才能证实是否为真的性诱物质。

(10) 拒食活性测定　测定拒食活性的方法主要有叶碟法及改良叶碟法、体重法、排泄物法及电信号法等，其中以叶碟法和体重法最为常用。

① 叶碟法　如果以食量较大的食叶咀嚼式口器昆虫（如直翅目的若成虫及鳞翅目幼虫等）为试虫，可采用此法。

供试样品溶于丙酮，稀释至预定浓度。将试虫喜食的植物叶片用清水冲净，纱布擦干，用打孔器切下适当面积（视试虫食量而定）的圆叶片，将这些圆叶片在样品溶液中浸1～2s取出晾干，即成处理叶碟；将圆叶片浸入溶剂（丙酮）1～2s取出晾干，即成对照叶碟。亦可将整片叶子先浸入样品溶液，或用样品溶液喷雾，晾干后再用打孔器切下圆叶片。

如测定选择拒食活性，则将 2 张处理叶碟和 2 张对照叶碟交错放入一个 9cm 的培养皿中；如测定非选择拒食活性，则应将处理叶碟放在一个培养皿内，而将对照叶碟放在另一培养皿内。在培养皿中央放进一头饥饿 4～12h 的试虫。要求试虫龄期一致、个体大小近似。不宜用即将蜕皮的或刚蜕过皮的试虫，如用黏虫，最好用 4 龄或 5 龄蜕皮第 2 天的幼虫。应防止叶碟干缩，可在培养皿上盖上湿纱布。

试虫取食一定时间后（一般 12～24h），将残存叶片取出，用方格纸或面积测定仪测量对照和处理取食面积，计算拒食率。

选择性和非选择性拒食活性的测定方法各有优点。选择性往往比非选择性拒食敏感，试虫对同一样品，选择性拒食测得的拒食率往往比非选择性拒食率高，因而常用于大量样品的筛选；非选择性测定更加接近实际，其结果在实际应用中更具参考价值。

② 体重法　对于能用人工饲料或半人工饲料饲养的昆虫，或不宜用叶碟法测定的钻蛀性昆虫（如玉米螟、二化螟等），则可用体重法测定拒食活性。体重法的基本原理是将待测样品和饲料混合，接虫饲养一定时间，以昆虫体重的增加来间接地评价拒食活性。为尽可能使试虫个体体重和生理状态差异相对小些，最好选用来自同一卵块的初孵幼虫（孵化后 2h 以内），在含样品的饲料上饲养 7 天，取出称重。体重法不能真实反映试虫取食量的大小。一般只适合用于大量样品的活性筛选。这是因为昆虫体重的增加除主要和取食量有关外，还和食物的消化、吸收有关，而体重法并未考虑消化、吸收这两个因素的影响。

（11）忌避或诱集活性测定　忌避活性和诱集活性的测定方法主要是选择着落法。其基本原理是以供试样品处理试虫的栖息场所或取食场所，在一定时间内检查处理场所和不处理的对照场所着落的试虫数量，从而评判其忌避或诱集活性。选择着落法简单、有效。

（12）MTT 法　用于杀虫剂对离体昆虫细胞的活性测定方法，是由 Mosmann 于 1983 年首创的一种测定细胞密度的比色方法。其原理为 MTT（溴化噻唑蓝四氮唑，又名噻唑蓝，为淡黄色粉末）可被活细胞内的琥珀酸脱氢酶还原，形成不溶于水的蓝紫色甲䐶（formazan）颗粒，其形成的量与活细胞数成正比，死细胞和红细胞则不能转化。因此，可以通过比色结果计算出活细胞密度。

在进行离体快速筛选时，离体培养细胞生物测定筛选出的主要是毒杀作用较强的化合物，如呼吸抑制剂、触杀剂和胃毒剂等，而植物性杀虫剂主要表现为拒食活性和忌避作用等，则很难直接利用离体细胞测定。此外，由于离体培养细胞浸在培养液中，细胞的整体都接触到药剂。当对离体细胞毒性高的化合物应用到活体昆虫时，由于作用方式不同，毒杀活性不一定相同。离体培养的细胞中没有神经轴突，故也不适用于菊酯类等作用于神经的杀虫剂的生物测定。

5.1.4.2　杀菌剂生物测定方法

杀菌剂的室内生物测定一定要同活体试验相结合。如乙膦铝是在活体试验时筛选出的优秀杀菌剂，在离体条件下则无生物活性。

杀菌剂生物活性测定方法可归纳为两大类基本类型。

一类是测定系统仅包括病原菌和药剂，不包括寄主植物。药剂的毒力主要是依据病原菌与药剂接触后的反应（如孢子是否萌发，菌丝生长是否受到抑制，以及由此引起的不正常的生理及形态上的变异均可作为衡量毒力的标准）来判定的。孢子萌发法、生长速率法及水平扩散法等属于这种类型。这种类型的方法中所用的菌种，一般多采用在人工培养基上培养的标准菌种，不使用寄主植物，因此测得的反应（结果）只与药剂及供试菌种有关。这类方法的优点是测定条件易于控制，操作简便迅速，精确度高，很适合于杀菌剂某些特性及机理研究，也常常为防治某种植物病害筛选合适的杀菌剂。这些方法过去也常用于大量化合物的活性初筛，但由于有些化合物用这类方法不表现杀菌活性而在寄主植物上却有良好的防治效果，如采用这类方法初筛，将使一些本来颇具潜力的化合物漏筛。

另一类型的方法包括病原菌、药剂和寄主植物。杀菌剂毒力以寄主植物的发病情况（普遍程度、严重程度）来评判。叶碟法、室内盆栽毒力测定属于这种类型。室内盆栽毒力测定有如下优点：和大田药效试验相比，供试菌的培养不受自然条件限制，可较快得出结果，可用作大量化合物的活性筛选；各种条件易于控制，测定结果比较稳定可靠；接近大田实际情况，其结果对生产实践有较大的参考价值。不足之处是由于有寄主植物参与，测定工作比较麻烦，而且测定周期比较长。

近年来杀菌剂组织筛选法备受重视。组织筛选法是利用植物部分组织、器官或替代物作为实验材料评价化合物杀菌活性的方法，是一种介于活体和离体的方法。它既具有离体的快速、简便和微量等优点，又具有与活体植株效果相关性高的特点。目前比较成熟的组织筛选法有：适用于水稻纹枯病、蔬菜菌核病的蚕豆叶片法；适用于稻瘟病的叶鞘内侧接种法；适用于玉米弯孢霉叶斑病的玉米叶段法；用来观察药剂对真菌各生长阶段作用的洋葱鳞片法；针对黄瓜灰霉病新药剂筛选的子叶筛选法；适用于霜霉病的叶片漂浮法；适用于稻白叶枯病的喷菌法；针对细菌性白菜软腐病的萝卜块根法；适用于柑橘树脂病的离体叶片法；适用于抗病毒剂筛选的局部病斑法及叶片漂浮法，等等。这些方法的特点是简便、迅速，而且与田间效果相关性较高。

不管是离体法、活体法还是组织筛选法都有各自的优缺点，要针对病菌的侵染特点加以选择，必要时还要结合使用，综合各种方法的优势。如日本三共农药研究所在采用活体法筛选出有效的化合物后，往往又采用离体的方法来寻找毒力更强的化合物，这是一种活体-离体-活体的筛选模式。

目前，杀菌剂生物测定还向生化水平和标准化、简易化、微型化方向发展。对于抑制病原菌呼吸代谢的杀菌剂，如代森锰锌、福美双、克菌丹、氟啶胺、氟酰胺和甲氧基丙烯酸酯类杀菌剂，可利用测定药剂处理后病原菌呼吸强度的变化来测定药剂对不同菌的生物活性。那些作用于植物防御系统的化合物，激发植物系统性获得抗病性（SAR）的对菌无毒杀菌剂，可通过测定经过药剂处理后的植物体内的一些关键酶的变化来判定药剂的效果，如检测水稻体内的苯丙氨酸酶（PAL）、过氧化酶（PO）等酶的活性变化来筛选抗病诱导剂。其他诸如类固醇合成抑制剂测定法、类脂生物合成抑制剂测定法、RNA 与 DNA 生物合成抑制剂测定法、脱氢酶活性抑制剂测定法等，都是在阐明作用机理的基础上，采用分子和生化技术进行活性检测。与传统的生物测定方法相比，分子和生化技术方法快捷、简便、准确，还可实现高通量筛选。将植物细胞培养技术与杀菌剂生物测定相结合，用在植物细胞水平上建立的病原菌/植物悬浮细胞体系筛选体系来代替病原菌/寄主体系。相比较而言，植物细胞培养可以不受气候、自然条件等因子的影响。通过植物细胞培养技术将细胞进行工厂化培养，满足对实验材料的标准化及大规模的要求，可以方便采用分光光度法和比浊法进行生物测定。

随着植物病理学、分子生物学、计算机科学、仪器分析技术等相关学科的发展和人们对杀菌剂生物测定的重视，相信能够不断地创新、优化生物测定技术，建立更加快速准确的生物测定方法。

（1）孢子萌发法　孢子萌发法是历史最悠久而广泛被采用的最简单的生测方法，可以测定杀菌剂对病菌孢子的直接杀死（抑制）作用，尤适于在人工培养基上容易产生大量孢子，而且孢子容易萌发，形状较大又容易着色，便于显微镜检查的病原菌。该法基本原理是将供试药剂附着在载玻片上或其他平面上，然后将供试病菌孢子悬浮液滴在上面（或将孢子悬浮液和药液混合后滴在玻片上），在保温、保湿条件下培养一定时间后镜检，以孢子萌发率判断杀菌剂毒力。在观察试验结果时，除要观察孢子萌发与不萌发这两种截然不同的形态外，更要注意萌发芽管的形态变化，即芽管是否有膨大现象，是否有附着器形成，附着器颜色的深浅，发芽管长度以及侵入菌体形成情况等。孢子萌发法的突出优点是快速，试验当天即可获得结果，尤其适合于保护剂的筛选。

（2）抑菌圈法　该法最大优点是精确度高，而且操作简单，能较快得出结果。尤其适于在培养基中易于扩散的药剂，是国际上抗生素标准的效价测定方法。该法不适于扩散速率不同的不同药剂间的定量比较测定。在进行抑菌圈法测定结果观察评价时，不能仅从抑菌圈大小来评价活性，而要详细记述抑菌圈透明程度及周边菌落形态和色素的变化，从而可以了解药物的作用特点。如透明，一般为抑制孢子萌发或较强抑制菌体生长；如有点模糊，则在显微镜下观察肯定孢子已萌发，但对菌丝体生长有一定抑制作用；有的孢子虽有萌发，但可见发芽管或菌丝体膨大等变态；周边菌落有的呈凹陷状，有的呈凸状；有抑制黑色素合成的药物，则周边菌落色素变淡，有的呈红褐色等。要用所有这些不同形态特征来评价药物的活性作用。因此，同样是抑菌圈法，如能仔细观察不同形态特征，也可从中发现新作用特性的化合物。

（3）生长速率法　生长速率法也是杀菌剂毒力测定中最常用的方法，其原理是用带毒培养基培育病菌，以病菌的生长速率的快慢来判定药剂的毒力大小。尤适于在人工固体培养基上能沿水平方向有一定生长速率且周缘生长较整齐的病原真菌。病菌的生长速率可用两种方法表示：菌落达到一个给定的大小所需时间；一定时间内菌落直径的大小。常以第二种方法表示生长速率。在用生长速率法评价药物抗菌活性结果的试验中，一定要同时用不加药物或只加药物配制时的溶剂和助剂的空白对照，以抵消在计算抑菌结果时溶剂和助剂对结果的影响；另一点要注意的是在固体平板上量取菌落生长直径时，应注意原始菌饼大小对结果的影响而采用菌落的纯生长量计算。生长速率法的优点是操作比较简单，对杀菌剂的主要剂型都很适合，重现性好。缺点是对供试菌要求较严格，病菌应易于培养，菌丝生长较迅速、整齐，产生孢子缓慢，而且是重要的农业病害的病原菌。

（4）最低抑制浓度法　在比较粗放地进行几种杀菌剂的毒力比较时，可以采用最低抑制浓度法。其基本原理是药剂按等比或等差稀释成系列浓度和培养基混合后接入供试菌，恒温培养一定时间后，找出"终点"（明显地抑制供试菌生长发育的最高稀释倍数，即最低浓度）的那个浓度，即为最低抑制浓度。通过比较几种不同药剂的最低抑制浓度即可比较其毒力。显然，最低抑制浓度最小的，其毒力最大。

（5）叶碟法　叶碟法的基本原理是将容易感染供试菌的植物叶片经不同浓度的药剂处理后接种供试菌，经保湿培养一定时间，检查其病斑面积，并以此衡量供试药剂的毒力。该法属活体组织试验法，即是从植物体切取某部分组织器官，然后再用于药物处理和接种病原菌来考察药物对病原菌的抑制效果。是一种不需要大规模设施条件，能人工控制，快速筛选的测定方法。如蚕豆叶片法、油菜叶片法、用于细菌病害的萝卜块法。凡满足不了盆栽试验大型设施要求的病害，如霜霉病、疫病、果树病害等均可采用叶碟等活体组织实验法，该法可以像离体的试验那样控制最佳条件，快速筛选测定以发现新型先导化合物。

（6）杀菌剂盆栽药效测定　在利用盆、钵培育的幼嫩植物上接种病原菌，喷洒药剂，然后考察防治效果的活性测定，是研究杀菌剂的有效方法之一，该法克服了在离体条件下对病菌无效而在活体条件下有效的化合物的漏筛，更接近大田实际情况，且材料易得，条件易于控制。因此世界农药研究部门都设有供盆栽研究用的温室等，有些公司甚至在进行活性筛选时只用盆栽试验法，而淘汰了离体试验法。

（7）比色法　通过测定还原辅酶Ⅰ（NADH）的变化，筛选线粒体呼吸作用中电子传递链上复合体Ⅰ和复合体Ⅱ的抑制剂。将菌体悬浮液、中心线粒体及待测化合物加入微量滴定板孔中，混匀，控制条件下反应一定时间后，在340nm下测定光密度值，计算NADH的含量。如果NADH含量降低，说明待测物抑制了电子传递过程，化合物有活性。

（8）以病原菌为筛选靶标的高通量直接筛选法　以各种真菌以及细菌为筛选靶标。将一定浓度样品、菌丝体或孢子悬浮液接种到微孔板内，混匀后用分光光度计测定混合液的初始光密度值Ⅰ，然后置于适宜条件下振荡培养一定时间，再测定光密度值Ⅱ。通过混合液反应前后的光密度值差异评价药剂活性。如果二者相等或反应后的光密度值降低，说明菌体不能生长，化合物有活性，否则无活性。

（9）以藻类为模式生物筛选化合物的杀菌活性　一定条件下，将藻类与待测化合物相互作用，一定时间后观察化合物对藻类植物生长抑制情况，表现为藻液的光密度值、细胞浓度、叶绿素含量、细胞生长速率等，计算化合物对藻类毒性EC_{50}值来判断其活性大小。藻类对农药敏感、个体小、繁殖快，短时间内可获得结果，是一种很好的测试生物，具有一些真菌和细菌的生理特性，用来作为高通量筛选杀菌剂有一定的理论基础。

5.1.4.3　除草剂生物测定方法

常规生物测定一般是利用生物活体作靶标，通过观察除草剂对靶标生物的生长发育、形态特征、生理生化等方面的反应来判断除草剂的生物活性。除草剂生物测定可在整株水平、组织或器官水平、细胞或细胞器水平、酶水平上进行测定。如以高等植物为试材时，常是以植物地上部的鲜重、干重、芽鞘及茎、叶和幼根的长度、种子的萌发率以及植物的形态变化作为评判指标。若用低等植物作试材，一般以个体生长速率作为评判除草活性的指标。除草剂对植物的影响常是多方面的，各种器官都可以作为某一除草剂的活性评定指标。

（1）种子萌发鉴定　就是将指示生物的种子，置于药沙中（也称带药载体）让其萌发。不单看其萌发率，而是在萌发以后的48～96h的范围内，以根、茎的生长长度为指标。在一定的范围内，根和茎生长的抑制率和剂量成正相关。故可作为定量测定，且灵敏度高。一般激素型除草剂、氨基甲酸酯类和二硝基苯类的除草剂采用这个方法。如皿内法测定2,4-滴丁酯对小麦种苗的活性。

①黄瓜幼苗形态法　是以黄瓜为试验靶标，利用黄瓜幼苗形态对激素型除草剂浓度之间的特异性反应，测定除草剂浓度和活性的经典方法，主要适用于2,4-D与2甲4氯等苯氧羧酸类、杂环类等激素型除草剂的活性研究。

②小杯法　选择小烧杯或其他杯状容器，配制定量含药溶液，培养试验靶标植物，测定药剂对植物生长的抑制效果，评价除草活性。该法可测定二苯醚类、酰胺类、氨基甲酸酯类、氯代脂肪酸类等大部分除草剂的活性，但抑制植物光合作用的除草剂则几乎不能采用。该法具有操作简便，测定周期短、范围较广的优点。

③高粱法　以敏感指示植物高粱为试材，通过测试除草剂对高粱胚根伸长的抑制作用大小评价其活性的高低。本法是Parker于1966年首先报道的，后经上海植物生理所改进，适宜测定非光合作用抑制剂。具体操作为：用直径9cm的培养皿，装满干燥黄沙并刮平，

每皿加入 30mL 药液，正好使全皿黄沙浸透，然后用有十个齿的齿板在皿的适当位置压孔（或用细玻棒均匀压 10 个孔），以便每皿能排 10 粒根长 1～2mm（根尖尚未长出根鞘）的萌发高粱种子（一般于试验前的一天在 25℃温箱内催芽）。为了缩短测试时间，在排种培养的前一天，将上述准备好的培养皿置于 34℃恒温箱中过夜，以提高沙温（室温低时尤为重要），排种工作在恒温室内进行，然后放在 34℃恒温箱内培养，隔 8h 左右，就可画道标记每一株根尖位置起点，过 14～16h，对照根长 30mm 左右，即可测量，求出抑制生长 50％的除草剂浓度。

④ 稗草中胚轴法　此为快速测定生长抑制型除草剂生物活性的方法，测定原理是利用稗草中胚轴（从种子到芽鞘节处的长度）在黑暗中伸长的特点，以药剂抑制中胚轴的长度来测定药剂的活性。类似的方法如燕麦芽鞘法。本方法适用于酰胺类除草剂的活性研究，如甲草胺、乙草胺等。具体方法是将稗草种子在 28℃培养箱中浸种催芽露白。取 50mL 的烧杯，每杯加 6mL 各浓度待测液，选取刚露白的稗草种子放入烧杯内，每杯 10 粒，并在种子周围撒上石英砂使种子固定，编号标记后，将烧杯放入温度 28℃、相对湿度 80％～90％的植物生长箱中暗培养。处理后 4 天左右，取出稗草幼苗，用滤纸吸干表面水分后，测量各处理每株稗草的中胚轴长度。计算各处理对稗草中胚轴的生长抑制率，评价除草剂的生物活性。

(2) 植物生长量的测定　将供试生物在被药剂处理的土壤中或混药的溶液中培养到一定时间以后，测量植株的生长量。对单子叶的禾本科作物，可测定叶片长度，阔叶植物（双子叶）可以用叶面积表示。比较常用的方法是测定地上部分的质量，以质量作为评判指标。这一般常用于抑制光合作用的除草剂，如均三氮苯类、有机杂环类、取代脲类等。

① 去胚乳小麦幼苗法　该法适用于测定光合作用抑制剂，如均三氮苯类及取代脲类等除草剂。选择饱满度一致的小麦种子，浸种催芽后，培养 3～4 天至小麦幼叶刚露出叶鞘见绿时，用镊子及剪刀小心将小麦胚乳摘除，不要伤及根和芽，以断其营养来源，促使幼苗通过光合作用合成营养，供其进一步的生长发育。在蒸馏水中漂洗后，胚根朝下垂直插入加好药液的烧杯中，每杯 10 株。然后将烧杯放入人工气候箱中培养［培养条件为：20℃，光照 5000lx，光周期 16h/8h（d/n）、相对湿度 70％～80％］。每天早晚 2 次定时补充烧杯中蒸发掉的水分。培养 6～7 天，取出烧杯中的小麦幼苗，放在滤纸上吸去表面的水分，测量幼苗长度（从芽鞘到最长叶尖端的距离），计算抑制率及 EC_{50} 或 EC_{90}，评价化合物的除草活性。

② 萝卜子叶法　以萝卜为试验靶标，利用子叶的扩张生长特性测定生长抑制或刺激生长作用的除草剂或植物生长调节剂的活性。取不锈钢盘或瓷盘，铺 2 张滤纸，用蒸馏水湿透，挑选饱满一致露白种子放在滤纸上，然后薄膜封口，在 28℃人工气候箱中培养至 2 片子叶展开，剪取子叶放入蒸馏水中备用。取 9cm 培养皿，底铺 2 张滤纸，放入 20 片大小一致的萝卜子叶，加各测试浓度的药液 10mL，使每片子叶均匀着药，加盖后置于人工气候箱中，在 28℃、3000lx、光周期 16h/8h（d/n）、相对湿度 70％～80％的条件下培养 4 天。取出测定萝卜子叶鲜重，并计算抑制率、EC_{50} 或 EC_{90}，评价除草剂生物活性。

③ 番茄水培法　其原理是利用番茄幼苗的再生能力，测定生长抑制型除草剂的生物活性。首先用盆栽法培养番茄苗，待两片真叶时，作水培试材用。挑选生长健壮，大小、高度一致的番茄苗，将主根及子叶剪掉，留带有叶片的幼苗地上部用于试验，每 4 株 1 组插入装有 15mL 系列浓度的待测药液的 30mL 试管中，标记此时药液水平位置，然后置人工气候箱中培养，在 28℃、5000lx、光周期 16h/8h（d/n）、相对湿度 70％～80％的条件下培养，培

养期间定期向试管内补充水分，使药液到达标记位置。处理后96h，反应症状明显时，取出各处理番茄幼苗，观察番茄幼苗下胚轴不定根的再生情况，或称量幼苗鲜重，计算各处理对番茄幼苗的生长抑制率，评价除草剂的生物活性。本法适用于取代脲类、三氮苯类、酰胺类、磺酰脲类等除草剂活性测定。

（3）生理指标的测定　把指示生物用药剂处理一段时间后，测定叶片或整株植物的光合性，可用CO_2的交换量作为指标。如褪绿作用，可以通过比色法测定叶绿素的含量作为评判指标。

① 小球藻法　小球藻属于绿藻类，其细胞中只有一个叶绿体，它与高等植物叶绿体相同，也能进行光合作用。经培养的小球藻其个体间非常均一，因而是测定除草剂活性的适宜材料。以小球藻如蛋白核小球藻（*Chlorella pyrenoidosa*）为试验靶标，可以快速测定除草剂的生物活性，尤其适合于测定叶绿素合成抑制剂、光合作用抑制剂的生物活性，多用于除草剂定向筛选、作用机理筛选、活性或残留量测定等研究。选用合适培养基，在无菌条件下振荡培养（在25℃、5000lx、持续光照和100r/min旋转振荡）至藻细胞达到对数生长期后，定量接种到15mL含有测试化合物的培养基的50mL锥形瓶中，使藻细胞初始浓度为$8×10^5$个细胞/mL。振荡培养4天后，比色测定各处理藻细胞的相对生长量，评价除草活性大小。

② 浮萍法　以浮萍为试验靶标，可以快速评价化合物是否具有除草剂活性以及除草活性的大小。选取整齐一致的浮萍植株，在含有除草剂的营养液中培养，观察萍体的反应与生长发育情况。该法材料易得，操作简单，适合于评价酰胺类、磺酰脲类、三氮苯类、二苯醚类、二硝基苯胺类除草剂的生物活性。

试验方法是将浮萍植株在2%次氯酸钠水溶液中清洗2～5min，再在无菌水中清洗3次，放在培养液中培养备用。试验时在培养皿中加入20mL用培养液配制的各浓度待测液，空白对照加20mL培养液。然后向每个培养皿中移入已消毒的浮萍2～5株，加皿盖后置于人工气候箱或植物生长箱中培养［28℃、3000lx、光照周期16h/8h（d/n）、相对湿度70%～80%］。培养5～10天左右，测定萍体失绿情况、生长量或叶绿素含量等指标，评价除草剂生物活性。萍体失绿评价参考分级标准为：0级，与对照相同；1级，失去光泽的萍体占50%以下；2级，失去光泽的萍体在50%～100%之间；3级，100%失去光泽，但仍带有暗绿色；4级，全部失去光泽，部分失绿；5级，全部失绿或死亡。

③ 黄瓜叶碟漂浮法　测定原理是植物在进行光合作用时，叶片组织内产生较高浓度的氧气，使叶片容易漂浮，而若光合作用受抑制，不能产生氧气，则叶片就难以漂浮。该法是测定光合作用抑制剂快速、灵敏、精确的测定方法。摘取水培生长6周的黄瓜幼叶或生长3周的蚕豆幼叶（其他植物敏感度低，不易采用），用打孔器打取9mm直径的圆叶片（切取的圆叶片应立即转入溶液中，不能在空气中时间太长）。在250mL的三角瓶中，加入50mL用0.01mol/L磷酸钾缓冲溶液（pH=7.5）配制的不同浓度的除草剂或其他待测样品，并加入适量的碳酸氢钠（提供光合作用需要的CO_2），然后每只三角瓶中加入20片圆叶片，再抽真空，使全部叶片沉底。将三角瓶内的溶液连同叶片一起转入1只100mL的烧杯中，在黑暗下保持5min，然后在250W荧光灯下曝光，并开始计时，记录全部叶片漂浮所需要的时间，再计算阻碍指数（RI），阻碍指数越大，抑制光合作用越强，药剂生物活性越高。

（4）温室条件下除草剂生物活性测定　此方法是最普遍、最具代表性、最直接、最便利确定化合物除草活性的有无、大小以及除草剂在田间的应用前景和应用技术等研究的重要手段，也是除草剂生物活性筛选研究最普遍和最成功的研究方法，被大部分从事除草剂创制研究的公司和除草剂应用技术研究部门广泛采用。

温室生物测定的方法通常采用盆栽试验法，选择易于培养、遗传稳定的代表性敏感植物、作物或杂草进行试验。试验基质多采用无药剂污染的田间土壤（沙壤土或壤土）或用蛭石、腐殖质、泥炭、沙子、陶土等复配制成的标准土壤，一般要求土壤有机质含量≤2%、pH值中性、通透性良好、质地均一、吸水保水性能好，为试材植物提供良好的生长条件。根据试验目的或除草剂的作用方式不同，常分为土壤处理和茎叶处理两种方式进行药剂处理。

① 土壤处理　杀死种子、抑制种子萌发或通过植物幼苗的根茎吸收的化合物可以通过土壤处理来发现除草活性。常用的方式是通过喷雾、混土或浇灌方式将化合物或测试除草剂施于土表。如化合物或除草剂挥发性强，则需做混土处理，再播入供试植物种子，这种土壤处理方式称播前混土处理。多数情况下是在作物或杂草播种后，土壤保持湿润状态，将除草剂施于土表，作物或杂草种子在萌发出土过程中接触药土层吸收药剂，由此来测试药剂生物活性，这称为播后苗前处理或苗前处理。

② 茎叶处理　通过植物茎叶吸收后发挥生物活性的除草剂，通常在试验作物或杂草出苗后一定叶期进行除草剂处理，测定其生物活性。这种处理方法叫茎叶处理或苗后处理。通常采用喷雾方式在植株1～2片真叶期施药，但也可在子叶期或3叶期以后施药。作物和杂草的形态对除草剂的吸收有很大的影响，并且是其选择性的一个影响因子。大多数植物有不同的萌发和发育模式，所以，有时必须在不同的条件或时间播种以便施药时植物处在适宜的生育时期。

（5）新除草化合物的高通量筛选　高通量筛选（high throughput screening，简称HTS）技术在传统筛选技术的基础上，应用生物化学、分子生物学、细胞生物学、计算机、自动化控制等高新技术，使筛选样品微量（样品用量在几微升到几百微升或者微克至毫克级之间），样品加样、活性检测乃至数据处理高度自动化。采用高通量筛选方法来发现新农药的主要方法如下所述。

① 高效活体筛选　进行除草剂初筛时，在多孔板的每个微孔中注入琼脂糖培养基（含单一剂量待测化合物），将杂草种子放入微孔中。测试板封好放入生长培养箱，在合适的条件下培养7天，然后对植物的化学损伤和症状进行评价。

② 离体细胞悬浮培养法　用小麦、玉米和油菜的自由细胞进行异养悬浮培养，用微电极测培养基的电导率，电导率的减少与细胞生长量的增加成反比，结果以相对于对照组的生长抑制率表示。

③ 离体酶筛选　大多数除草剂都是与生物体内某种特定的酶或受体结合发生生物化学反应而表现活性的，因此可以以杂草的某种酶为靶标，直接筛选靶标酶的抑制剂。

④ 免疫筛选测试法　该方法是将选择性抗体与结合了酶的磁性固体微粒相结合，形成一个酶反应系统，用以测试、筛选农药。

5.1.5　农药室内生物测定的统计分析

5.1.5.1　药剂毒力的常用表示方法

（1）半数致死量（median lethal dose）　杀死供试昆虫群体内50%的个体所需要的剂量，单位是μg（药剂）/g（昆虫体重），记作LD_{50}。

（2）半数致死浓度（median lethal concentration，LC_{50}）　药剂杀死某种生物群体

50%所需的浓度（LC_{50}）。

（3）有效中量（median effective dose，ED_{50}）或有效中浓度（median effective concentration，EC_{50}）：多用于杀菌剂室内离体毒力测定，有效中量或浓度是指抑制 50%病菌孢子萌发所需的剂量或有效浓度。同时，在毒力比较中还常常使用 LD_{95} 或 LC_{95}，即杀死昆虫种群 95%个体所需的药剂剂量或浓度。

无论求 LD_{50} 或 LC_{50}，基本方法或数据处理都是相似的。以下将以杀虫剂为例说明药剂的毒力测定统计分析方法。

5.1.5.2 毒力测定的统计分析

生物对药剂的敏感性分布是一个偏常态分布，即药剂对生物的效应增加不是和剂量的增加成比例，而是与剂量增加的比例成比例。一个生物群体的累积死亡率和药剂浓度的关系是一条不对称的"S"形曲线。为了计算方便，通常把浓度换算成对数值，使偏常态分布变成正态分布，使不对称的"S"形曲线变成对称的"S"形曲线。同时，在测定时一般仅用 5～6 个浓度。用几个浓度作一条"S"形曲线很难求得准确的 LD_{50} 值，所以这就需要用统计学原理与方法对测试结果做统计分析。在农药毒力测定中常采用概率值分析法。

5.1.6 农药混用联合毒力的测定与计算方法

药效、毒性、药害为农药混用中的主要研究内容，首要的是药效，只有达到增效、最低限为平效，才有必要研究其他方面的问题。

农药混用毒力测定仍然是本书介绍的杀虫剂、杀菌剂、除草剂等的毒力测定方法，如喷雾法、点滴法、浸蘸法、药膜法，等等。农药混用毒力的实验设计和对测定结果的计算方法有如下几种。

（1）Sakai 公式法　假若有 A、B 两种药剂，单用时会形成 P_a 及 P_b 的死亡率，那么在混用时所形成的死亡率并不是 $P_a + P_b$；因为 P_a 中也是 P_b 中的一部分，即 A 药能杀死的一部分中也有 B 药所杀死的，或说 B 药杀死的部分也有 A 药所杀死的。因此这两种药剂合用时的理论死亡率 P_m 应当为：

$$P_m = P_a + P_b (1 - P_a) \text{ 或 } P_m = 1 - (1 - P_a)(1 - P_b)$$

若多种药剂混用，则为：

$$P_m = 1 - (1 - P_a)(1 - P_b) \cdots (1 - P_n)$$

以两个单剂混用为例，测定和计算联合毒力步骤如下。

① 分别测出两个单剂各自的毒力回归线，从其直线上分别选择两个单剂各自 5%～10% 死亡率对应的剂量。在应用这公式时，认为若取用 Sakai 所提出的 5%～10%死亡率剂量显得太小，即使不存在试虫自然死亡，其试验结果的波动性也很大，重演性差，因此将之改为 20%死亡率剂量。

② 测定这两个剂量混合后的死亡率，为实际死亡率（P_c），同时测得两种单剂在单用时的实际死亡率（P_a、P_b），代入以上公式可求得混用后的理论死亡率（P_m）。其结果不外乎如下三种情况，即：$P_c = P_m$，相加作用；$P_c > P_m$，增效作用；$P_m > P_c$，拮抗作用。

此为原则性表达，未从具体数据上界定增效作用与拮抗作用。姚湘江建议，可采用 Mansour 等提出的协同毒力指数来判断混合后毒力属于何种性质，即：

$$协同毒力指数（\%）= \frac{实际死亡率 - 理论死亡率}{理论死亡率} \times 100\%$$

当协同毒力指数＞20％，为增效作用；＜－20％，为拮抗作用，属于二值之间为相加作用。而我们却又习惯用实际死亡率直接减去理论死亡率，以此值代替协同毒力指数，仍按上述标准以表达增效作用、拮抗作用和相加作用。

【例1】 山东农业大学用点滴法测出辛硫磷、溴氰菊酯两单剂对菜青虫毒力回归线后，求得：

辛硫磷 $LD_{20}=0.464\mu g/g$，溴氰菊酯 $LD_{20}=0.0212\mu g/g$。

将此剂量药剂再分别点滴到菜青虫上，同时将辛硫磷与溴氰菊酯二单剂量（辛硫磷 $0.464\mu g$＋溴氰菊酯 $0.0212\mu g$）混合后点滴到菜青虫上。以丙酮为溶剂。每处理用菜青虫60头，同时进行处理。将结果填入表5-1。

用 Sakai 公式对表5-1测定结果做出计算并按姚湘江建议的方法表达：

理论死亡率(％)＝[1－(1－0.183)×(1－0.233)]×100＝37.3％

实际死亡率－理论死亡率＝60.0％－37.3％＝22.7％

由于 22.7％＞20％，认为是增效作用。

按姚湘江建议的表达方法：

$$协同毒力指数（％）＝\frac{60.0-37.3}{37.3}×100＝60.9％$$

表 5-1 两种杀虫剂单剂及其混用毒力测定结果

药名	剂量/(μg/g)	死亡率/%
辛硫磷	0.464	18.3
溴氰菊酯	0.0212	23.3
辛硫磷＋溴氰菊酯	0.464＋0.0212	60
对照(点滴丙酮)	—	—

由于 60.9％＞20％，认为是增效作用。

按我们常用的表达方法：

实际死亡率－理论死亡率＝60.0％－37.3％＝22.7％

由于 22.7％＞20％，认为是增效作用。

由于 Sakai 对其所提公式的换算结果仅做原则性的比较，所以这样的比较只能是对有无增效作用的一个简单的检验。

（2）Finney 公式法 Finney 提出了以 LD_{50} 值为基础来评价混剂联合毒力。先用下式计算混剂预期的 LD_{50} 值。

$$\frac{1}{混剂理论的 LD_{50}值}＝\frac{A 药的百分含量}{A 药的 LD_{50}值}＋\frac{B 药的百分含量}{B 药的 LD_{50}值}$$

将计算出的混剂预期 LD_{50} 值与实测的 LD_{50} 值进行比较：如果两值相等，表明属相加作用（平效）；前者小于后者，属于拮抗作用；前者大于后者属增效作用。由于试验误差和供试生物等未被觉察到的不一致性，一般认为，预期 LD_{50}/实测 LD_{50} 的毒力比值在 0.5～2.6 之间属相加作用，大于 2.6 时属增效作用，小于 0.5 时属拮抗作用。

【例2】 齐兆生等（1983）将氰戊菊酯和杀虫脒有效成分按 1:10 混合，采用浸叶接虫法测得该混合物对棉铃虫幼虫的 LD_{50} 值为 $26.7\mu g/mL$，单用氰戊菊酯的 LD_{50} 值为 $9.9\mu g/mL$，单用杀虫脒的 LD_{50} 值为 $833.0\mu g/mL$。计算方法如下：

1/理论毒力＝(1/11)/9.9＋(10/11)/833.0＝0.0103

则：   理论毒力＝ $97.09\mu g/mL$

毒力比值＝97.09/26.7＝3.64，此值大于 2.6，故为增效作用。

【例3】 毒性试验，乐果 LD_{50} 值为 232.4mg/kg，异稻瘟净 LD_{50} 值为 685.8mg/kg，将乐果与异稻瘟净以有效成分计按 1∶1 混合，其 LD_{50} 值为 142.5mg/kg。计算方法如下：

$$1/理论毒力 = (1/2)/232.4 + (1/2)/685.8 = 0.00288$$

则：

$$理论毒力 = 347.22mg/kg$$

毒力比值=347.22/142.5=2.437，此值在 0.5～2.6 之间，故为相加作用。

(3) 孙云沛公式法 1950 年，孙云沛提出用毒力指数 TI（toxicity index）比较供试药剂与标准药剂之间的相对毒力，其公式表示如下：

$$毒力指数 = \frac{标准杀虫剂\ LD_{50}}{供试杀虫剂\ LD_{50}} \times 100 \tag{5-1}$$

以标准杀虫剂的毒力指数为 100，若供试药剂比标准药剂 LD_{50} 值为小，毒力指数就大于 100，若供试药剂比标准药剂 LD_{50} 值大，毒力指数就小于 100。试验证明，用毒力指数能较好地表示药剂之间的相对毒力关系。

由于以一种药剂为标准所得毒力指数对同一种试虫有共同的毒力单位，于是孙云沛与约翰逊（E. R. Johnson）认为在计算混剂的毒力时各组分的毒力指数彼此也能相互加减，并以此为基础，于 1960 年提出了通过毒力指数计算混剂联合毒力方法，得出共毒系数，以比较联合毒力。做法是先以常规方法测出混剂 LD_{50} 值及组成该混剂的各单剂的 LD_{50} 值，再以其中一种单剂为标准（即毒力指数为 100）计算各单剂的毒力指数、混剂的实际毒力指数 ATI（actual toxicity index）和理论毒力指数 TTI（theoretical toxicity index），最后计算出混剂共毒系数 CTC（CO-toxicity coefficient）。

设混合药剂为 M，组成 M 的各单剂为 A、B、C……。毒力指数为 TI，有效成分百分含量为 P，则：

$$M\ 的\ ATI = \frac{A\ 的\ LD_{50}}{M\ 的\ LD_{50}} \times 100 \tag{5-2}$$

$$M\ 的\ TTI = A\ 的\ TI \times P_A + B\ 的\ TI \times P_B + C\ 的\ TI \times P_C \tag{5-3}$$

$$M\ 的\ CTC = \frac{M\ 的\ ATI}{M\ 的\ TTI} \times 100 \tag{5-4}$$

孙云沛认为，共毒系数接近 100 表示相加作用，明显大于 100 表示增效作用，显著小于 100 表示拮抗作用。当前国内研究工作者多数认为混剂的共毒系数≥200 可认为是增效作用，≤50 可认为是拮抗作用；共毒系数在上述的二者之间乃为相加作用。

【例4】 山东农业大学测定，氰戊菊酯、氧乐果及 1∶8 氰戊菊酯-氧乐果混剂，作用于对拟除虫菊酯类药剂已产生抗性的棉蚜的毒力分别为 2.2385μg/头、0.9426μg/头、0.4634μg/头。以氧乐果为标准药剂代入式（5-1），则氰戊菊酯及氧乐果的毒力指数（TI）分别为 42.11 及 100。

$$M\ 的\ ATI = \frac{0.9426}{0.4634} \times 100 = 203.41$$

$$M\ 的\ TTI = 42.11 \times \frac{1}{9} + 100 \times \frac{8}{9} = 93.57$$

$$M\ 的\ CTC = \frac{203.41}{93.57} \times 100 = 217.39$$

该混剂的共毒系数为 217.39，明显大于 100，表现出了增效作用。

由于增效剂或拮抗剂单用毒力甚低，其与农药混用的共毒系数在计算时可忽略不计。例如山东农业大学以选育出来的氰戊菊酯抗性品系玉米螟为试虫，氰戊菊酯的 LD_{50} 值为

1055.40μg/g，而氰戊菊酯十增效剂 SV1（1∶1）中的氰戊菊酯的 LD$_{50}$ 值为 121.44μg/g。其共毒系数（CTC）＝（1055.40/121.44）×100＝869.07。表明 SV1 对氰戊菊酯抗性玉米螟的增效作用极明显。

笔者认为 Sakai、Finney 及孙云沛三个公式用于统计分析混剂联合毒力时均有较强适用性，也可用于杀菌剂和除草剂联合毒力的测定。Sakai 公式法可免测混剂的毒力回归线，节约工作量，但该法不能确切表达混剂毒力增效倍数。而 Finney 公式法及孙云沛公式法则有这种优点。孙云沛公式中共毒系数为 100，可以看成是 Finney 公式中毒力比值为 1；Finney 公式中毒力比值为 0.5～2.6，也可看成是孙云沛公式中共毒系数为 50～260。这可将 Finney 公式中的上述实例用孙云沛公式计算，或将孙云沛公式中的上述实例用 Finney 公式计算而得到验证。

（4）三角坐标法　分别将两个单剂按等毒剂量标注在坐标的 x 轴和 y 轴的两点，连接这两个点与 x 轴、y 轴形成一个三角形，两个直角边分别代表两个单剂的等毒剂量，斜边则为两种药剂混用量相加作用的等效线。若混剂等毒剂量正好落在该线上，表示药剂混用为相加作用，在等效线以下为增效作用，在等效线以上为拮抗作用，离等效线越远，增效或拮抗越明显。

图 5-1　三角坐标法对烟碱、吡虫啉混用的联合作用评价

【例 5】李水清等（2003）在室内采用浸渍叶片法测定了烟碱、吡虫啉单剂及烟碱与吡虫啉质量比 6∶1 混用对菜蚜的毒力作用。烟碱、吡虫啉单剂杀虫活性测定结果为：烟碱的毒力回归式为 $y = 4.1098 + 0.9210x$，$r = 0.9870$，LC$_{50}$ 值为 9.26mg/L；吡虫啉的毒力回归式为 $y = 4.7968 + 0.5562x$，$r = 0.9684$，LC$_{50}$ 值为 2.32mg/L。烟碱与吡虫啉质量比 6∶1 混用后毒力回归式为 $y = 4.5509 + 1.3763x$，$r = 0.9765$，LC$_{50}$ 值为 2.12mg/L。试用三角坐标法判断是否增效？

根据三角坐标法的原理，混剂的 LC$_{50}$ 是由 1.817mg/L 的烟碱和 0.303mg/L 吡虫啉配合而成的，混剂中烟碱构成剂量 LC$_{50}$ 单位的等毒剂量为 0.196（1.817/9.26），吡虫啉的等毒剂量为 0.131（0.303/2.32）。在 x 轴的 0.196 处（烟碱）、y 轴的 0.131 处（吡虫啉）引垂线相交于点 C 即为实验值（如图 5-1 所示，C 点）。y 轴的 1.0 与 x 轴的 1.0 连接的直线是相加作用的轨迹。原点和坐标轴上的 $y = 1.0$、$x = 1.0$ 三点连接后得一三角形。C 点在等效线以下且偏离较远，故判定烟碱、吡虫啉按 6∶1 混用后对菜蚜表现增效作用。

5.2　农药田间药效试验

5.2.1　田间药效试验的内容和程序

田间药效试验是在室内毒力测定的基础上，在田间自然条件下检验某种农药防治有害生物的实际效果，评价其是否具有推广应用价值的主要环节。试验可分两大类：一类是以药剂

为主体的系统田间试验，大致包括田间药效筛选、田间药效评价、特定因子试验等；另一类是以某种防治目标为主体的田间药效试验，如对某种新的防治对象筛选出最有效的农药，确定最佳剂量、最佳施药次数、施药时期及最佳施药方法等。田间药效试验按小区试验、大区试验和大面积示范程序进行。

5.2.2 田间药效试验的基本要求

5.2.2.1 试验地的选择

试验地点应选择在防治对象经常发生的地方。如果发生很轻微（远未达到防治指标），试验结果不尽可靠，人工接种条件下防治效果往往偏高。

选定试验地点后，选择试验地块的具体位置也十分重要。一般杀虫剂田间试验最好在大片作物田中去规划（如防治棉花害虫就应在大片棉田中去规划），这样才能比较符合害虫的自然分布。避免试验田过分靠近虫源田（如棉虫防治试验，试验田不宜靠近绿肥留种田或玉米地），否则将使试验田的部分区域受害过重，而另一些区域受害轻微而造成试验误差。试验地块要求地势平坦，土质一致，农作物长势均衡，其他非试验对象发生较轻。对交通、水源及周围环境（如鱼塘、菜田、桑园等）也要适当考虑，同时也要避免试验受到不必要的干扰（如试验标志丢失，家禽、家畜侵入试验田等）。

5.2.2.2 试验地规划和管理

(1) 小区面积和形状　土地条件差异较大的地块，小区面积宜大些。植株高大、株距较大的作物（如棉花、玉米）单位面积株数较少，小区面积可大些；反之，小麦、水稻等作物，小区面积可小些。新农药品种比较试验，提供的农药试样数量有限，小区面积也只能小些。活动性强的害虫（如稻蝗）小区面积宜大些；活动性差的害虫（如蚜、螨）小区面积可小些。总之，小区面积大小应根据土地条件、作物种类、栽培方法、供试农药数量、试验目的而定。在大多数情况下，小区面积在 $15\sim50m^2$。果树除苗木外，成年树的树形较大，一般以株数为单位，每小区 $2\sim10$ 株。小区形状以长方形为好，长宽比例应根据地形、作物栽培方式、株行距大小而定，一般长宽比可为 $(2\sim8):1$。

(2) 设置对照区、隔离区和保护行　田间药效试验必须设对照区。对照分不施药空白对照和标准药剂对照。所谓标准药剂对照，就是用一种当时当地常用的农药品种，在推荐剂量下参加试验。

一般应在试验地四周设保护区，小区与小区之间设保护行，其目的是使试验区少受外界种种因素的影响，避免小区各处理间的相互影响，提高试验的标准性。水稻田试验，尤其是施用除草剂，小区之间应做小田埂隔离。

5.2.3 田间药效试验设计的原则和方法

5.2.3.1 试验设计的基本原则

(1) 试验必须设重复　田间试验中，每个处理必须设置适当的重复次数，主要作用是估计试验误差。从统计学的观点考虑，变量分析时误差自由度应大于 10，处理数目不同时所要求的重复次数为：

处理数：2、3、4、5、6、7、8、9、10、11；

重复数：11、6、5、4、3、3、3、3、3、2。

在有些情况下甚至不设重复，如在一个果园中用性诱剂防治苹果食心虫。

(2) 运用局部控制　将试验地人为地划成大区（重复），每个大区都包含不同处理，即控制每种处理只在每个大区中出现一次，这就是局部控制。运用这种局部控制的办法，可使处理小区之间病虫草害的差异减小。在重复之间，虽然距离较远，病虫草害的差异可能较大，因每种处理在各个重复内都有，每种处理在不同环境中的机会是均等的，因此运用局部控制能减少重复之间的差异。

（3）采用随机排列　由于偶然因素的作用（试验误差），重复间的差异总是存在的。为了获得无偏的试验误差估计值，要求试验中每一处理都有同等的机会设置在任何一个试验小区。必须采用随机排列。

5.2.3.2　常用的试验设计方法

（1）对比法设计　对比法设计的特点是每隔两个试验处理设一对照区，每个对照区与其两旁的处理区（共3个小区）构成一组，安排小区时一般采用顺序排列，见图5-2。

对比法设计的优点是每个试验处理小区都能与它相邻的对照区直接比较，能充分反映出处理效应，示范作用强，当处理数目较少、土壤条件差异大时，这种设计的试验结果较准确。缺点是对照区较多（占全部试验区面积的1/3），土地利用率低；在统计分析中，t 检验只能比较各处理与其邻近对照之间的差异显著性，各处理间不能做直接比较，只有当土壤差异较小时才能用变量分析法做处理间的比较。

处理1	标准区（对照）	处理2	处理3	标准区（对照）	处理4	处理1	标准区（对照）	处理2	处理3	标准区（对照）	处理4	重复3～4次

图 5-2　对比法田间排列示意图

（2）随机区组设计　随机区组设计是药效试验中应用最为广泛的方法，特点是每个重复（即区组）中只有一个对照区，对照区和处理一起进行随机排列，各重复中的处理数目相同，各处理和对照在同一重复中只能出现一次。6个处理4次重复的随机区组设计见图5-3。

图 5-3　随机区组设计田间排列示意图

此法设计的优点是同一重复（区组）内各小区之间的水肥、病虫害发生及田间管理等引起的差异可因随机排列而减小，试验结果便于统计分析，将各处理在各重复中的结果相加即可看出处理效应的差异，而将各重复所有结果的总和进行比较，即可看出重复间土壤条件等的差异情况。随机区组设计的缺点是处理数目过多时，重复内小区间差异较大，局部控制有困难，而且田间布置、管理等容易出错乱。

（3）拉丁方设计　拉丁方设计有下述特点：处理数（包括对照在内）与重复数相同，每一重复中只有一个对照，每一重复占一条地，排成方形，每一横行或直行中，任何一处理均只出现一次，每一直行或横行均包括试验的所有处理。拉丁方设计由于从横行和直行两个方向实行局部控制，因而比随机区组设计具有更高的精确度，但其适应范围较小，当处理数目太少或太多时均不宜采用。从统计分析时误差自由度的要求来衡量，处理数目一般不能少于5个，但处理数目若多于8个，则区组延伸太长，土壤条件等差异不易控制。此外，这种设计对试验地的地形要求严格，在小区排列上缺乏伸缩性。

在进行田间小区安排时可依处理数目按图 5-4 选一个标准方。标准方的第一直行和第一横行均为顺序排列，在此基础上将所有横行、直行及处理进行随机排列。关于田间排列的具体方法请参考有关专著。

（4）裂区设计　裂区设计是复因子试验的一种设计形式，这里仅述及比较常用的两个因子试验的裂区设计。在两因子试验中，如两个因子具有同等重要性，则采用随机区组设计，只有当两个因子的重要性有主次之分时才采用裂区设计。

裂区设计首先按次要因子的水平数将试验区划分成 n 个主区，随机排列次要因子的各水平（称为主处理），然后按主要因子的水平数将主区划分成几个裂区，随机排列主要因子的各水平（称为副处理）。裂区设计的特点是主处理分设在主区，副处理分设在主区的裂区，因此，在统计分析时，就可以分析出两个因子的交互作用。

图 5-4　拉丁方设计田间排列示意图

裂区设计时，如主处理数为 2～3 个，重复数应不少于 5 次，如主处理在 4 个以上，则 4 次重复即可。A 因子为 3 个水平（主区）、B 因子为 4 个水平（副区）的裂区设计如图 5-5 所示。

图 5-5　裂区设计示意图

5.2.4　小区施药作业

田间药效试验中除专门以不同剂型、不同施药方法比较为目的以外，每个试验的所有处理都应使用同一施药工具并按同一操作规程施药，而且通常条件下都采用手动喷雾器针对性喷雾。

（1）田间作业程序

① 在每个试验小区设置醒目的处理项目标志，并规定小区施药的先后顺序。

② 检查喷洒机具，使之处于完好状态。用清水在非试验区试喷，主要的目的是取得经验，尽可能一次将预定的药液均匀喷完。试喷过程中先练习每分钟压杆次数，应趋于一致，如每分钟20次左右，然后再调整行进速度，达到一次均匀喷完的目的。

③ 用量具准确取药，采用二次稀释法稀释药液（即先用少量水将乳油或可湿性粉剂等稀释搅匀，再将其余水量加入稀释），按试喷取得的经验作业。

（2）作业中应注意问题

① 整个施药作业由1人完成。如果小区较多，面积较大，需几人施药，则必须使用同一型号的喷雾器并在压杆频率、行进速度方面尽量接近一致。

② 如果用同一喷雾器喷洒不同药剂，换喷前应用清水洗喷雾器至少1次。

③ 避免将药液喷向邻近小区。为此，作业最好在不大于1级风的条件下进行。

5.2.5 药效调查与评判

田间药效试验结果的调查通常采用随机取样法。根据病虫害的分布特点可以采用对角线法、五点法、棋盘法、平行线法、分行法及Z字法等。

病虫害的分布型一般有三种，即随机型、核心型和嵌纹型。此外有些病虫害的分布是由这三种基本型组成的混合型，如随机核心混合型、核心嵌纹混合型和随机嵌纹混合型。

随机分布型是均匀分布、通常比较稀疏。调查取样时以五点法、棋盘法、对角线法较好。如三化螟成虫在水稻秧田的分布、玉米螟卵块在玉米间的分布都是随机分布型。

核心分布型属于不均衡分布。昆虫在田间分布呈多数小集团，形成大小和形状不相同的核心，并自核心向外呈放射性蔓延，核心之间是随机分布的，调查取样以平行线法最好。如三化螟幼虫在水稻田的分布就是核心分布。

嵌纹分布型也是不均衡分布。取样时要考虑取样点的形状、大小、个数、位置等，兼顾疏密，采用Z型取样法较好。棉蚜在棉田初期的分布就是嵌纹分布。

5.2.5.1 杀虫剂药效表示方法

（1）死亡率　检查时能知道昆虫数和活虫数时使用以下公式：

$$死亡率（\%）=\frac{死虫数}{调查总虫数（活虫＋死虫）}\times100\%$$

（2）虫口减退率　检查时只能找到活虫，找不到死虫时采用以下公式：

$$虫口减退率（\%）=\frac{防前活虫－防后活虫数}{防前活虫数}\times100\%$$

（3）校正虫口减退率　A处理区因施药虫口下降，对照区虫口增加时用以下公式：

$$校正虫口减退率（\%）=\frac{处理区虫口减退率－对照区虫口减退率}{100＋对照区虫口增加率}\times100\%$$

B处理区和对照区虫口均减退时用以下公式：

$$校正虫口减退率（\%）=\frac{处理区虫口减退率－对照区虫口减退率}{100－对照区虫口减退率}\times100\%$$

C处理区和对照区虫口均增加时用以下公式：

$$校正虫口减退率（\%）=\frac{处理区防后虫口数\times对照区防前虫口数}{处理区防前虫口数\times对照区防后虫口数}\times100\%$$

（4）被害率　找不到害虫（转移危害的）或不能数清时使用以下公式：

$$被害率（\%）=\frac{被害（叶、片、株等）数}{调查数}\times100\%$$

（5）保产效果 考查经济效益时用以下公式：

$$保产效果（\%）=\frac{处理区产量-对照区产量}{对照区产量}\times100\%$$

（6）相对防效 用危害指数评价防效时采用以下公式：

$$相对防效（\%）=\frac{对照区危害指数-处理区危害指数}{对照区危害指数}\times100\%$$

5.2.5.2 杀菌剂药效表示方法

$$病情指数（\%）=\frac{\sum（病级叶数\times该病级值）}{检查总叶数\times最高级值}\times100\%$$

$$相对防效效果（\%）=\frac{对照区病情指数-处理区病情指数}{对照区病情指数}\times100\%$$

$$绝对防治效果（\%）=\frac{对照区病情指数增长值-处理区病情指数增长值}{对照区病情指数增长值}\times100\%$$

5.2.5.3 除草剂药效表示方法

调查除草剂效果或调查除草剂增产情况都要坚持随机取样，随机取样的方法有五点法、对角线法、棋盘式取样法等。

生育期施用除草剂，应在施药前1～3天先调查一次杂草基数，作物播前或播后苗前施用除草剂则不进行用药前的杂草基数调查。施药后调查除草效果应根据除草剂的作用快慢决定调查时间，还要根据除草剂持效长短做第二次甚至第三次调查，每两次调查之间相隔7～15天。

调查点的数量应由小区面积决定，小区试验一般每小区取3～5点调查，示范性试验每区调查点应在5个以上。多次调查时，可以采用定点调查法或不定点调查法。应注意，如果第一次调查时将杂草剪下或拔除，第二次调查就应错开这个调查点。调查点的面积应为$1/16m^2$或$1/4m^2$。

调查结果可以用单位面积杂草株数表示，也可以用单位面积的杂草鲜重（g/m^2）表示。鲜重一般指地上部分鲜重。

（1）除草效果

① 以下公式仅适用于生育期施药，较少使用。

$$除草效果（\%）=\frac{施药前杂草数量-施药后杂草数量}{施药前杂草数量}\times100\%$$

② 以下公式适用于各种施药方法，应用较多。

$$除草效果（\%）=\frac{对照区杂草数量或鲜重-施药区杂草数量或鲜重}{对照区杂草数量或鲜重}\times100\%$$

（2）增产效果 产量测定时，小区可全部收获测产，大区可随机取3～5点测产，计算公式：

$$增产（\%）=\frac{处理区产量-对照区产量}{对照区产量}\times100\%$$

5.2.6 田间药效试验的统计分析

在大田药效试验中广泛采用的统计分析方法是变量分析法，即方差分析：把构成试验结果的总变异分解为各个变异来源的相应变异，以方差作为测量各变异量的尺度，做出其数量上的估计。

5.2.6.1 方差分析中的数据转换

杀虫剂田间药效试验中，试验数据可分为两类：一类是计量数据，是一种连续性资料，如以作物产量作为药效评判指标，作物产量就是计量数据；另一类是计数数据，是非连续性资料，如以单株蚜量、百株虫口为药效评判指标，单株蚜量或百株虫口就是计数数据。计量数据可直接进行方差分析，而计数数据必须经过数据转换才可进行方差分析。常用的数据转换方法如下。

（1）平方根转换　随机分布型资料，如玉米螟卵块数要做平方根转换。设原数为 X，转换后为 X'，则：当 X 大多数＞10 时，可用 $X'=\sqrt{X}$。当 X 大多数＜10，并有 0 出现时，可用 $X'=\sqrt{X+1}$。

（2）对数转换　核心分布型或嵌纹分布型资料，如水稻田中三化螟幼虫、甘蓝上菜青虫等调查资料要做对数转换。设原数据为 X，转换后为 X'，则：如资料中没有 0 出现、且大多数值＞10 时，可用 $X'=\lg X$；如资料中多数值＜10，且有 0 出现时，可用 $X'=\lg(X+1)$。

（3）反正弦转换　百分数资料，如死亡率、虫口减退率、被害率等，特别是当这类资料中有＜30%或＞70%时，应做反正弦转换，即将百分数的平方根值取反正弦值。设 P 为百分数，θ 为角度，则有 $\theta=\sin^{-1}\sqrt{P}$。

5.2.6.2 田间药效试验结果统计实例

进行某种杀虫剂不同浓度防治某种害虫试验。设 A、B 和 C 三种浓度处理，以不施药为对照。重复 4 次，随机区组设计。小区面积 0.05 亩[1]，按每亩 50kg 液量用工农-16 型背负式喷雾器喷雾。

表 5-2　某药剂防治某种害虫试验结果

处理	虫口数量/头							
	重复 1		重复 2		重复 3		重复 4	
	防前	防后 7 天	防前	防后 7 天	防前	防后 7 天	防前	防后 7 天
A	26	2	30	22	50	15	43	9
B	70	30	38	24	55	15	43	35
C	16	9	45	35	35	20	59	20
CK	22	20	40	37	55	46	39	35

施药前统计虫口基数，并挂牌标记。药后 1 天、3 天、7 天、10 天用同样的方法调查每一处理的活虫数，并计算虫口减退率、校正防效。最后利用方差分析法对药后第 7 天的校正防效进行显著性分析。计算公式如下：

$$虫口减退率（\%）=\frac{防前活虫数-防后活虫数}{防前活虫数}\times100\%$$

$$校正防效（\%）=\frac{处理区虫口减退率-对照区虫口减退率}{1-对照区虫口减退率}\times100\%$$

根据原始记录（见表 5-2）列出处理、重复两项计算表（见表 5-3）。该资料为随机分

---

[1]　1 亩=666.67m²。

布，因为虫口减退率是百分数，因此用 $X' = \sin^{-1}\sqrt{X}$ 将原始资料 X 进行反正弦转换。然后将转换的数据值填入表中相应各栏，统计各处理的总和。各重复总和组成表 5-3。

表 5-3　虫口减退率及 $\sin^{-1}\sqrt{X}$ 转换

处理	原资料（X）				$\sin^{-1}\sqrt{X}$				
	重复 1	重复 2	重复 3	重复 4	重复 1	重复 2	重复 3	重复 4	ΣX
A	92.31	26.67	70.00	79.07	73.89	31.09	56.79	62.77	224.54
B	57.14	36.84	72.73	18.60	49.10	37.37	58.52	25.55	170.54
C	43.75	22.22	42.86	66.10	41.41	28.12	40.90	54.39	164.82
CK	9.09	7.50	16.36	10.26	17.55	15.89	23.86	18.68	75.98
总和					181.95	112.47	180.07	161.39	635.88

$$C(\text{矫正数}) = \frac{\left(\sum X\right)^2}{nK} = \frac{635.88^2}{4 \times 4} = 25271.46$$

式中　　K——处理数；

　　　　n——重复数。

$$\text{总平方和} = \sum X^2 - C = 30091.56 - 25271.46 = 4820.1$$

$$\text{处理平方和} = \frac{\sum T_x^2}{n} - C = \frac{224.54^2 + 170.54^2 + 164.82^2 + 75.98^2}{4} - C$$

$$= 2838.71$$

$$\text{重复间平方和} = \frac{\sum T_2^2}{K} - C = \frac{181.95^2 + 112.47^2 + 180.07^2 + 161.39^2}{4} - C$$

$$= 785.35$$

$$\text{误差平方和} = \text{总平方和} - \text{处理平方和} - \text{重复平方和}$$

$$= 4820.1 - 2838.71 - 785.35$$

$$= 1196.04$$

列出方差分析表，将上述计算结果填入方差分析表（表 5-4），然后计算各变异因素的变量（MS），再计算区组间、处理间的 F 值。

$$\text{处理间的 MS} = \frac{\text{处理平方和}}{\text{处理自由度}} = \frac{2838.71}{3} = 946.24$$

$$\text{重复间的 MS} = \frac{\text{重复间平方和}}{\text{重复自由度}} = \frac{785.35}{3} = 261.78$$

$$\text{误差的 MS} = \frac{\text{误差平方和}}{\text{误差自由度}} = \frac{1196.04}{9} = 132.89$$

$$\text{处理间的 } F \text{ 值} = \frac{\text{处理间的 MS}}{\text{误差的 MS}} = \frac{946.24}{132.89} = 7.12$$

$$\text{重复间的 } F \text{ 值} = \frac{\text{重复间的 MS}}{\text{误差的 MS}} = \frac{261.78}{132.89} = 1.96$$

表 5-4 方差分析表

变异因素	自由度(df)	平方和(SS)	变量(MS)	F	$F_{0.05}$	$F_{0.01}$
处理间	3	2838.71	946.24	7.12	3.86	6.99
重复间	3	785.35	261.78	1.96	3.86	6.99
误差	9	1196.04	132.89			
总变异	15	4820.1				

从 F 表中查出：$F_{0.05}$ (3.9) =3.86；$F_{0.01}$ (3.9) =6.99。

方差分析结果说明，在 0.05 和 0.01 水平上，各重复之间差异不显著，但各处理之间差异显著。

5.3 农药生物测定实验

实验1 杀虫剂胃毒作用测定
(NY/T 1154.2—2006)

一、 实验目的

学习并掌握杀虫剂胃毒作用的测定方法之一——夹毒叶片法。

二、 实验原理

将一定质量的药剂，均匀分布在两张叶片之间后喂养试虫，然后根据取食面积大小计算取食药量，并计算 LD_{50} 或 LC_{50}。

三、 实验用具

电子天平（感量 0.1mg）、打孔器、微量注射器（或毛细管点滴器）、吸水纸、镊子、培养皿、玻璃棒、烧杯等。

四、 实验材料

(1) 供试农药 采用原药，并注明通用名、商品名或代号、含量、生产厂家。

(2) 对照药剂 根据需要选择对照药剂，采用已登记注册且生产上常用药剂的原药。

(3) 试虫 试验靶标应选择龄期一致、敏感的鳞翅目幼虫，包括黏虫（*Leucania separate*）、小菜蛾（*Plutella xylostella*）、菜青虫（*Pieris rapae*）、茶尺蠖（*Ectropis obliiqu*）、棉铃虫（*Helicoverpa armigera*）、斜纹夜蛾（*Prodenia litura*）、甘蓝夜蛾（*Mamestra brassicae*）、甜菜夜蛾（*Laphygma exigua*）等。

其他实验材料：丙酮、淀粉浆糊、试虫喜食的植物新鲜叶片。

五、 实验步骤

1. 药剂配制

水溶性药剂用蒸馏水溶解后稀释，其他药剂选用合适的有机溶剂（如丙酮、二甲基亚砜、乙醇等）溶解并稀释。根据预备试验，按照等比或等差的方法设置 5～7 个系列浓度。

2. 试虫准备

挑选龄期一致的试虫，饥饿 4～8h，选取 50 头幼虫，用电子天平称量，计算每头平均体重。

3. 夹毒叶片制备

用直径 1cm 的打孔器打取叶碟，放入培养皿中，并注意保湿。用毛细管点滴器从低浓度开始，每叶碟点滴 1～2μL 药液，待溶剂挥发后和另一片涂有淀粉糊（或面粉糊）的叶碟对合制成夹毒叶碟，制作完毕后放于培养皿内，每皿一个叶碟。每处理 4 次重复，每重复不少于 12 个夹毒叶碟，并设不含药剂的相应的有机溶剂的处理作为对照。

4. 药剂处理

每个培养皿内接 1 头试虫，置于正常条件下培养。接虫 2～4h 后，待试虫取食完含药叶碟后，在培养皿内加入清洁饲料继续饲养至调查完毕，淘汰未食完一张完整叶碟的试虫。

六、 结果调查与统计分析

处理后 24h 调查试虫死亡情况，记录总虫数和死虫数。根据试验要求和药剂特点，可缩短或延长调查时间。

根据调查数据，计算各处理的试虫吞食药量（$\mu g/g$）和校正死亡率，计算各药剂的 LD_{50}、LC_{50}，标准误及其 95% 置信限，评价供试药剂对靶标昆虫的胃毒活性。

七、 作业及思考题

① 描述昆虫对药剂的中毒过程及症状。

② 根据实验数据计算 LD_{50}。

③ 理想的胃毒剂应具备什么条件？

④ 该试验成功的关键在哪儿？

实验2　杀虫剂触杀作用测定
(NY/T 1154.1—2006)

一、 实验目的

学习并掌握杀虫剂触杀毒力测定方法之一——微量点滴器点滴法。

二、 实验原理

用微量点滴器将不同浓度的药液点滴到试虫的前胸背板，让药液通过体壁渗透进入体内起毒杀作用。

三、 实验仪器设备

电子天平（感量 0.1mg）、微量点滴器、毛细管、滤纸、毛笔、直径为 9cm 的培养皿、烧杯、移液管或移液器、镊子等。

四、 实验材料

（1）供试农药　采用原药，并注明通用名、商品名或代号、含量、生产厂家。

（2）对照药剂　根据需要采用已登记注册且生产上常用药剂的原药。

（3）试虫　试验靶标选择龄期一致、敏感鳞翅目幼虫，如黏虫（*Leucania separate*）、棉铃虫（*Helicoverpa armigera*）、二化螟（*Chilo suppressalis*）等，同翅目昆虫如蚜虫类、叶蝉类、飞虱类等。

五、 实验步骤

1. 药剂配制

水溶性药剂用蒸馏水溶解后稀释，其他药剂选用合适的有机溶剂（如丙酮、二甲基亚砜、乙醇等）溶解并稀释。根据预备试验，按照等比或等差的方法设置 5～7 个系列浓度。

2. 微量点滴器或毛细管点滴器准备

将微量点滴器或毛细管用溶剂清洗。根据试虫的种类及大小确定点滴量或选择毛细管点滴器。

3. 药剂处理

用毛笔选取龄期整齐一致的试虫（根据需要可采用 CO_2 或乙醚麻醉）置于培养皿中备用。将培养皿内试虫逐头进行点滴处理，鳞翅目幼虫点滴于虫体前胸背板上，每头点滴药剂 $0.5 \sim 1.0 \mu L$；蚜虫、叶蝉等点滴于虫体腹部，每头点滴药剂 $0.02 \sim 0.1 \mu L$。将点滴后的试虫分别转移至正常条件下饲养。每处理 4 次重复，每重复不少于 10 头试虫，并设不含药剂的相应有机溶剂的处理作为对照。

六、 结果调查与统计分析

处理后 24h 调查试虫死亡情况，记录总虫数和死虫数。根据试验要求和药剂特点，可缩短或延长调查时间。

根据调查数据，计算各处理的校正死亡率，计算各药剂的 LC_{50}、LC_{90}、标准误及其 95% 置信限，评价供试药剂对靶标昆虫的触杀活性。

七、 作业及思考题

① 用 2 种方法来计算 LD_{50}，分析试验结果；并比较 2 种计算方法的优缺点。

② LD_{50} 值在农药研究和生产上有什么指导作用？

实验3 杀虫剂熏蒸作用测定
(NY/T 1154.3−2006)

一、 实验目的
学习并掌握杀虫剂熏蒸作用毒力测定的方法——锥形瓶法。

二、 实验原理

那些蒸气压较高，具有一定挥发作用的杀虫剂会挥发进入空气中，并通过昆虫的呼吸道进入体内，从而起到杀虫的作用。

三、 实验仪器设备

电子天平（感量 0.1mg）、滤纸、毛笔、直径为 9cm 的培养皿、移液管或移液器、锥形瓶、试虫笼、CO2 钢瓶、镊子等。

四、 实验材料

（1）供试农药 采用原药，并注明通用名、商品名或代号、含量、生产厂家。

（2）对照药剂 根据需要采用已登记注册且生产上常用药剂的原药。

（3）试虫 试验靶标应选择龄期一致、敏感的鳞翅目幼虫，如黏虫（*Leucania separate*）、小菜蛾（*Plutella xylostella*）、二化螟（*Chilo suppressalis*）等，同翅目昆虫如蚜虫类、叶蝉类、飞虱类等，鞘翅目成虫如玉米象（*Sitophilus zeamais*）、赤拟谷盗（*Tribolium castaneum*）等。

五、 实验步骤

1. 药剂配制

熏蒸剂宜直接使用原药，以毫克每升（mg/L）计。根据药剂活性，等比设置 5～7 个系列浓度。

2. 药剂处理

准备 500mL 的锥形瓶，将试虫笼悬挂于瓶的中部，按预定的剂量加入供试药剂于瓶底，熏蒸处理 1h 后将试虫转移到正常条件下饲养。每处理 4 次重复，每重复不少于 50 头试虫，设不含药剂的处理作为对照。

六、 结果调查与统计分析

处理后 24h 调查试虫死亡情况，记录总虫数和死虫数。根据试验要求和药剂特点，可缩短或延长调查时间。

根据调查数据，计算各处理的校正死亡率，计算各药剂的 LC_{50}、LC_{90}、标准误及其 95% 置信限，评价供试药剂对靶标昆虫的熏蒸活性。

七、 思考题

① 杀虫剂熏蒸实验设计的原则是什么？
② 理想熏蒸剂应具有什么条件？
③ 熏蒸剂的使用范围及其应用？

实验4　杀虫剂内吸活性试验
(NY/T 1154.4—2006)

一、 实验目的

学习并掌握内吸杀虫剂的作用方式及内吸活性测定方法——连续浸液法。

二、 实验原理

具有内吸传导作用的农药被植株的根茎叶等部位吸收后，将在植物体内传导，试虫在取食的同时将药剂摄入消化道并引起中毒。

三、 实验仪器设备

电子天平（感量 0.1mg）、滤纸、毛笔、直径为 9cm 的培养皿、量筒、水培瓶、烧杯、移液管或移液器、镊子、记号笔、台灯、大试管、CO_2 钢瓶等。

四、 实验材料

(1) 供试农药　采用原药，并注明通用名、商品名或代号、含量、生产厂家。

(2) 对照药剂　根据需要采用已登记注册且生产上常用药剂的原药。

(3) 试虫　试验靶标选择龄期一致、敏感鳞翅目幼虫，如黏虫（*Leucania separate*）、二化螟（*Chilo suppressalis*）、小菜蛾（*Plutella xylostella*）等，同翅目昆虫如蚜虫类、叶蝉类、飞虱类等，缨翅目昆虫如蓟马等。

五、 实验步骤

1. 药剂配制

水溶性药剂直接用水溶解后稀释，其他药剂选用合适的有机溶剂（如丙酮、乙醇等）溶解后用水稀释。根据预备试验，按照等比或等差的方法设置 5~7 个系列质量浓度，每质量浓度的药液量不少于 50　mL。

2. 寄主植物处理

选择带根的健壮植株，将根部小心洗净、晾干；将植株根部插入装有药液的烧杯中，给予光照及正常条件，保证植株根系正常生长。

3. 药剂处理

将持续处理 24h 后的植株从药液中取出，剪下植株茎部未接触药剂的部分置于培养皿中，保湿备用。每处理 4 次重复，每重复接试虫 10~20 头。并设不含药剂的处理作空白对照。

六、 结果调查与统计分析

处理后 24h 调查试虫死亡情况，记录总虫数和死虫数。根据试验要求和药剂特点，可缩短或延长调查时间。

根据调查数据，计算各处理的校正死亡率，计算各药剂的 LC_{50}、LC_{90}、标准误及其 95％置信限，评价供试药剂对靶标昆虫的内吸毒杀活性。

七、 作业及思考题

① 如何认识内吸杀虫剂的作用方式？

② 具有内吸活性的杀虫剂在实际害虫防治上有何意义？

实验5 杀虫剂杀卵活性试验
(NY/T 1154.5—2006)

一、 实验目的

学习并掌握杀虫剂杀卵活性测定的基本要求和方法——浸渍法。

二、 实验原理

将靶标昆虫卵直接浸入到药液中，药液通过渗透而发挥杀卵作用。

三、 实验仪器设备

电子天平（感量 0.1mg）、显微镜、滤纸、毛笔、直径为 9cm 的培养皿、容量瓶、量筒、烧杯、移液管或移液器、镊子、秒表等。

四、 实验材料

（1）供试农药 采用原药，并注明通用名、商品名或代号、含量、生产厂家。

（2）对照药剂 根据需要采用已登记注册且生产上常用药剂的原药。

（3）试验靶标 选择室内饲养、敏感试虫成虫的初产卵。选择生育期一致的鳞翅目昆虫卵，如黏虫（*Leucania separate*）、二化螟（*Chilo suppressalis*）、小菜蛾（*Plutella xylostella*）、菜青虫（*Pieris rapae*）、茶尺蠖（*Ectropis obliiqu*）、亚洲玉米螟（*Ostrinia furnacalis*）、棉铃虫（*Heliothis armigera*）、斜纹夜蛾（*Prodenia litura*）、甘蓝夜蛾（*Mamestra brasicae*）、甜菜夜蛾（*Spodoptera exigua*）等昆虫卵，叶螨如二斑叶螨（*Tetranychus urticae*）等卵。

五、 实验步骤

1. 药剂配制

水溶性药剂直接用水溶解、稀释，其他药剂选用合适的有机溶剂（如丙酮、氯仿、乙醇等）溶解，再用含有适量表面活性剂如 0.1％吐温 80（或 0.1％ TritonX-100）的水溶液稀释，根据农药活性，按照等比或等差的方法设置 5～7 个系列质量浓度。每浓度药液量不少于 50mL。

2. 卵卡制作

取 30mm×20mm 白色硬板，以双面胶粘贴初产卵，制成卵卡，每卡卵量不低于 30 粒。

对于一些不适于制作卵卡的试虫，可以直接剪取适宜大小的卵块或者浸染有靶标卵的基质直接进行处理。

3. 药剂处理

将卵卡浸入药液 5～10s 后，转移至正常条件下培养。每处理 4 次重复，并设不含药剂的相应的有机溶剂的处理作为对照。

六、 结果调查与统计分析

根据试验方案在空白对照孵化完成时进行调查，分别记载各处理的孵化卵数及未孵化卵数。

根据调查数据，计算各处理的卵孵化校正抑制率，计算各药剂的 LC_{50}、LC_{90}、标准误及其 95％置信限，评价供试药剂对靶标昆虫的杀卵活性。

七、 作业及思考题

① 卵卡浸药处理应注意什么？

② 具有杀卵活性的杀虫剂在实际防治中有何意义？

实验6　杀虫剂混配的联合作用测定试验
(NY/T 1154.7—2006)

一、 实验目的

学习并掌握杀虫剂混配联合作用测定方法和混配的生物学效应评价方法。

二、 实验原理

利用不同杀虫剂对靶标昆虫的作用特点，优势互补，发挥对靶标昆虫的综合效应。

三、 实验仪器设备

电子天平（感量 0.1mg）、滤纸、微量点滴器、组织培养板、Potter 喷雾塔、三角瓶、毛笔、培养皿、烧杯、移液管或移液器等。

四、 实验材料

（1）供试农药　采用原药，并注明通用名、商品名或代号、含量、生产厂家。

（2）试验靶标　选择室内饲养、龄期一致的敏感试虫。若从田间采集虫源，应在室内饲养 1～2 代后进行试验。虫体较大时（如棉铃虫、菜青虫等），每个剂量处理试虫数不少于 40 头；虫体较小时（如蚜虫、红蜘蛛等），每个剂量处理试虫数不少于 120 头。

五、 实验步骤

1. 药剂配制

水溶性药剂直接用水溶解、稀释，其他药剂选用合适的有机溶剂（如丙酮、氯仿、乙醇等）溶解，再用含有适量表面活性剂如 0.1％吐温 80（或 0.1％ TritonX-100）的水溶液稀释。分别配制单剂母液，并根据混配目的、药剂活性设 5 组以上配比，各单剂及每组配比混剂均按照等比或等差的方法设置 5～7 个系列质量浓度。

2. 药剂处理

根据昆虫种类、药剂作用特性、作用方式及试验本身的具体要求选用相应的试验方法，如药膜法、点滴法、喷雾法、叶片夹毒法、浸渍法等。每处理 4 次重复，并设不含药剂的相应的有机溶剂的处理作为对照。

六、 结果调查与统计分析

处理后 24h 调查试虫死亡情况，记录总虫数和死虫数。根据试验要求和药剂特点，可缩短或延长调查时间。

根据调查数据，计算各处理的校正死亡率，计算各药剂的 LC_{50}、LC_{90}、标准误及其 95％置信限，并根据孙云沛法计算混剂的共毒系数（CTC 值）。

复配剂的共毒系数（CTC）≥120 表现为增效作用；CTC≤80 表现为拮抗作用；80＜ CTC＜120 表现为相加作用。

① 如何进行杀虫剂混配的研究？
② 杀虫剂混配的生物效应如何评价？

实验7 喷雾法测定杀虫剂毒力
(NY/T 1154.9—2008)

一、 实验目的
学习并掌握喷雾法测定杀虫剂触杀毒力的试验方法。

二、 实验原理
通过喷雾将不同浓度的药液喷洒到靶标昆虫体壁，药液通过体壁渗透进入体内起毒杀作用。

三、 实验仪器设备
Potter 喷雾塔、恒温培养箱或恒温养虫室。

四、 实验材料
（1）供试农药　采用原药，并注明通用名、商品名或代号、含量、生产厂家。

（2）对照药剂　根据需要采用已登记注册且生产上常用药剂的原药。

（3）试虫　选择室内连续饲养、生理状态一致的标准试虫，如东方黏虫（*Mythimna separata* Walker）、小菜蛾（*Plutella xylostella*）、烟粉虱（*Bemisia tabaci*）等昆虫。

五、 实验步骤
1. 药剂配制

水溶性药剂用蒸馏水溶解后稀释，其他药剂选用合适的有机溶剂（如丙酮、二甲基亚砜、甲醇等）配制成母液，再用 0.05%～0.1% Triton X-100 （或 0.1% 的吐温 80）水溶液按照等比或等差的方法配制 5～7 个系列质量浓度。

2. Potter 喷雾塔准备

将 Potter 喷雾塔的喷雾压力稳定在 1.47×10^5 Pa，喷雾头先用丙酮清洗 2 次，再用蒸馏水清洗 2 次。

3. 药剂处理

先用毛笔选取龄期生理状态整齐一致的试虫不少于 10 头放入培养皿中，再将培养皿置于 Potter 喷雾塔底盘进行定量喷雾，喷液量为 1mL，药液沉降 1min 后取出试虫，进行饲养。每处理不少于 4 次重复，并设不含药剂（含所有溶剂和乳化剂）的处理作为空白对照。

4. 饲养与观察

处理后的试虫置于温度为（25±1）℃、相对湿度为 60%～80%、光照光周期为 L：D = 16h：8h 条件下饲养和观察。特殊情况可以适当调整试验环境条件。

六、 结果调查与统计分析
处理后 48h 调查试虫死亡情况，分别记录总虫数和死虫数。根据试验要求和药剂特点，可缩短或延长调查时间。

根据调查数据，计算各处理的校正死亡率，计算各药剂的 LC_{50}、LC_{90}、标准误及其 95% 置信限，评价供试药剂对靶标昆虫的活性。

喷雾法处理靶标昆虫时要注意什么?

实验8　人工饲料混药法测定杀虫剂生物活性
(NY/T 1154.10—2008)

一、 实验目的

学习并掌握采用人工饲料混药法测定杀虫剂生物活性的试验方法。

二、 实验原理

利用靶标昆虫取食混毒饲料而发挥毒杀作用。

三、 实验仪器设备

高压灭菌器、恒温水浴锅、12孔组织培养板、恒温培养箱或恒温养虫室。

四、 实验材料

（1）供试农药　采用原药，并注明通用名、商品名或代号、含量、生产厂家。

（2）对照药剂　根据需要采用已登记注册且生产上常用药剂的原药。

（3）试虫　选择室内连续饲养、生理状态一致的标准试虫，如东方黏虫（*Mythimna separata* Walker）、二化螟（*Chilo suppressalis*）、棉铃虫（*Heliothis armigera*）、甜菜夜蛾（*Spodoptera exigua*）等鳞翅目昆虫。

五、 实验步骤

1. 药剂配制

水溶性药剂用蒸馏水溶解后稀释，其他药剂选用合适的有机溶剂（如丙酮、二甲基亚砜、甲醇等）配制成母液，再用水或丙酮等有机溶剂按照等比或等差的方法配制5～7个系列质量浓度。

2. 人工饲料准备

根据被测试试虫的人工饲料配方配制人工饲料。

3. 混药

将适量稀释好的药液均匀混入制作好的人工饲料中（有机溶剂在饲料中的含量不超过1%），趁热分别倒入12孔板冷却备用，或凝固后切成小块转入指形管中备用。

4. 接虫

每孔接入1头试虫，每处理重复3次，每重复20头，并设不含药剂（含有机溶剂）的处理作空白对照。

5. 饲养与观察

处理后的试虫置于温度为（25±1）℃、相对湿度为60%～80%、光照光周期为L∶D=16h∶8h条件下饲养和观察。特殊情况可以适当调整试验环境条件。

六、 结果调查与统计分析

处理后48h调查试虫死亡情况，分别记录总虫数和死虫数。根据试验要求和药剂特点，可缩短或延长调查时间。

根据调查数据，计算各处理的校正死亡率，计算各药剂的 LC_{50}、LC_{90}、标准误及其95%置信限，评价供试药剂对靶标昆虫的胃毒活性。

七、 作业及思考题

如何评价人工饲料混药法测定杀虫剂毒力?

实验9　蛇床子素毒力测定(设计性实验)

一、实验目的

通过设计植物源杀虫剂蛇床子素对棉铃虫（*Helicoverpa armigera* Hubner）毒力的测定，明确杀虫活性及作用方式。

二、相关知识

蛇床子素；7-甲氧基-8-异戊烯基香豆素

蛇床子素来源于伞形科植物蛇床（*Cnidium monnieri*）的果实，化学名称为：7-甲氧基-8-异戊烯基香豆素，对多种害虫如茶尺蠖、棉铃虫、甜菜夜蛾以及各种蚜虫有较好的触杀作用。大鼠急性经口＞3687mg/kg，急性经皮＞2000mg/kg；属低毒农药。加工制剂有0.4%蛇床子素EC等。

三、实验要求

① 写出实验方法。

② 列出实验材料，包括仪器、试剂等实验用品。

③ 列出实验详细步骤，包括药剂配制、实验方法和死亡率的计算公式等。

④ 说明实验中注意事项。

四、实验报告

① 写出0.4%蛇床子素EC对3龄棉铃虫的毒力测定步骤和方案。

② 写出实验报告并分析。评价蛇床子素对3龄棉铃虫的毒力大小。

实验10　抑制病原真菌孢子萌发实验——凹玻片法
(NY/T 1156.1—2006)

一、实验目的

学习并掌握杀菌剂的生物测定方法之一——孢子萌发法。

二、实验原理

将孢子培育在含有一定药剂的介质中，根据杀菌剂对病原真菌孢子萌发抑制作用来测定药剂的生物活性。

三、实验仪器与设备

离心机、电子天平（感量0.1mg）、显微镜、培养箱、培养皿、计数器、载玻片、凹玻片、移液管或移液器等。

四、实验材料

（1）供试农药　采用原药，并注明通用名、商品名或代号、含量、生产厂家。

（2）对照药剂　根据需要采用已登记注册且生产上常用的抑制孢子萌发的杀菌剂原药。

（3）供试病菌　将供试病原真菌在适宜的培养基上培养，或将病组织保湿培养，待产生孢子后备用。

五、 实验步骤

1. 药剂配制

水溶性药剂直接用无菌水溶解稀释。其他药剂选用合适的溶剂（如丙酮、二甲基亚砜、乙醇等）溶解，用 0.1％的吐温 80 无菌水溶液稀释。根据预备试验，设置 5～7 个系列浓度，有机溶剂最终含量不超过 2％。

2. 孢子悬浮液配制

将培养好的病原真菌孢子用去离子水从培养基或病组织上洗脱、过滤，离心（1000r/min）5min，倒去上清液，加入去离子水，再离心。最后用去离子水将孢子重悬浮至每毫升 $1×10^5～1×10^7$ 个孢子，并加入 0.5％葡萄糖溶液。

3. 药剂处理

用移液管或移液器从低浓度到高浓度，依次吸取药液 0.5mL 分别加入小试管中，然后吸取制备好的孢子悬浮液 0.5mL，使药液与孢子悬浮液等量混合均匀。用微量加样器吸取上述混合液滴到凹玻片上，然后架放于带有浅层水的培养皿中，加盖保湿培养于适宜温度的培养箱中。每处理不少于 3 次重复，并设不含药剂的处理作空白对照。

六、 结果调查与统计分析

当空白对照孢子萌发率达到 90％以上时，检查各处理孢子萌发情况。每处理各重复随机观察 3 个以上视野，调查孢子总数不少于 200 个，分别记录萌发数和孢子总数。孢子芽管长度大于孢子的短半径视为萌发。同时还应观察记录芽管生长异常情况、附着胞形成数等。

根据调查数据，计算各处理的孢子萌发相对抑制率，采用浓度对数-概率值法计算各药剂的 EC_{50}、EC_{90}、标准误及其 95％置信限，评价供试药剂对靶标菌孢子萌发的抑制活性。

七、 思考题

① 为什么要观察孢子的异常现象？有何意义？

② 孢子萌发法适用哪些菌种的毒力测定？

实验11　抑制病原真菌菌丝生长实验——生长速率法
(NY/T 1156.2—2006)

一、 实验目的

学习并掌握杀菌剂的生物测定方法之一——生长速率法。

二、 实验原理

生长速率法又叫含毒介质法，它是将供试药剂与培养基混合，以培养基上菌落的生长速率来衡量化合物的毒力大小。一般多用于那些不产孢子或孢子量少而菌丝较密的真菌。

三、 实验仪器与设备

电子天平（感量 0.1mg）、生物培养箱、培养皿、移液管或移液器、接种器、卡尺、高压灭菌锅、超净工作台、酒精灯、纱布、打孔器等。

四、 实验材料

（1）供试农药　采用原药，并注明通用名、商品名或代号、含量、生产厂家。

（2）对照药剂　根据需要采用已登记注册且生产上常用的原药。

（3）供试病菌　试验靶标应选择在人工固体培养基上菌丝能沿水平方向、有一定生长速率且周缘生长较整齐的真菌，如番茄灰霉病菌（*Botrytis cinerea*）、水稻纹枯病菌（*Rhizoctonia solani*）、小麦赤霉病菌（*Fusarium graminearum*）、辣椒疫病菌（*Phytophthora capsici*）、辣椒炭疽病菌（*Colletotrichum capsici*）和番茄早疫病菌（*Alternaria solani*）等。

记录菌种来源。

（4）其他实验材料　PDA 培养基。

五、　实验步骤

1. 药剂配制

水溶性药剂直接用无菌水溶解稀释。其他药剂选用合适的溶剂（如丙酮、二甲基亚砜、乙醇等）溶解，用 0.1％的吐温 80 无菌水溶液稀释。根据预备试验，设置 5～7 个系列质量浓度，有机溶剂最终含量不超过 2％。

2. 药剂处理

在无菌操作条件下，根据试验处理将预先融化的灭菌培养基定量加入无菌锥形瓶中，从低浓度到高浓度依次定量吸取药液，分别加入上述锥形瓶中，充分摇匀。然后等量倒入 3 个以上直径为 9cm 的培养皿中，制成相应浓度的含药平板。

实验设不含药剂的处理作空白对照，每处理不少于 3 个重复。

3. 接种

将培养好的病原菌，在无菌条件下用直径为 4mm 的灭菌打孔器，自菌落边缘切取菌饼，用接种针将菌饼接种于含药平板中央，盖上皿盖，皿盖朝下，将培养皿置于适宜温度的培养箱中。

六、　结果调查与统计分析

根据空白对照培养皿中菌的生长情况调查病原菌菌丝生长情况。用卡尺测量菌落直径，单位为毫米（mm）。每个菌落用十字交叉法垂直测量直径各一次，取其平均值。根据测得的结果计算菌丝生长抑制率，采用浓度对数-概率值法计算各药剂的 EC_{50}、EC_{90}、标准误及其 95％置信限，评价供试药剂对靶标菌生长的抑制活性。

七、　思考题

① 用生长速率法测定杀菌剂的毒力有何优点？

② 生长速率法适用于哪些菌种的毒力测定？

实验12　杀菌剂的生物测定——抑菌圈法

一、　实验目的

学习并掌握杀菌剂的生物测定方法之一——抑菌圈法的基本原理及操作技术。

二、　实验原理

抑菌圈法最先用于研究抗生素对细菌的作用，对研究杀细菌剂具有特殊意义。后来也常用于测定其他杀菌剂对只长孢子不长菌丝或长极少菌丝的病原菌的毒力。主要是通过抑菌圈的大小来判断化合物的毒力。本试验采用其中的药膜纸碟法。

三、　实验仪器与设备

高压灭菌锅、超净工作台、酒精灯、接种针、灭菌培养皿、无菌移液管、镊子、灭菌小烧杯。

四、　实验材料

（1）供试农药　采用原药，并注明通用名、商品名或代号、含量、生产厂家。

（2）对照药剂　根据需要采用已登记注册且生产上常用的原药。

（3）供试病菌　葡萄白腐病菌（*Coniothyrium diplodiella*）。

（4）其他实验材料　PDA 培养基。

五、 实验步骤

① 供试水溶性药剂直接用无菌水溶解稀释。其他药剂选用合适的溶剂（如丙酮、二甲基亚砜、乙醇等）溶解，用 0.1% 的吐温 80 无菌水溶液稀释。根据预备试验，设置 5～7 个系列浓度，有机溶剂最终含量不超过 2%。

② 于每支菌种管中注入适量无菌水，用接种环把斜面上孢子刮下，制成孢子悬浮液。

③ 将三角瓶中培养基融化冷却到 45℃ 左右，加入孢子悬浮液，摇匀后立刻倒入四个直径为 9cm 的培养皿中，每皿约 15mL 培养基。

④ 用灭菌小烧杯，分别盛不同浓度的药液，用灭菌镊子取消毒的直径为 4mm 的圆滤纸片，投入药液中，注意纸片应完整无缺，不可重叠在一起。然后把沾药的纸片晾干，按不同浓度放入凝固了的培养基上，每个处理重复 2 次，每皿四片。沾无菌水的纸片作对照。

⑤ 培养皿上做好标记，置于 28℃ 恒温箱中培养，于处理后一定时间测量抑菌圈的直径大小，测量时要交叉测两次，取平均值，将结果填入表 5-5。

表 5-5　实验结果记录

药剂	浓度	浓度对数	抑制圈直径/cm					抑制圈直径平方
			重复 1	重复 2	重复 3	重复 4	平均	

六、 实验数据及其处理

以抑制圈直径的平方为纵坐标，以浓度对数为横坐标，绘出毒力曲线，根据毒力曲线的中等浓度来比较不同药剂的相对毒力。

七、 思考题

① 用抑菌圈法测定杀菌剂毒力时要注意什么？

② 抑菌法适用于哪些菌种的毒力测定？

实验13　测定杀菌剂抑制黄瓜霜霉病菌试验——平皿叶片法
(NY/T 1156.3—2006)

一、 实验目的

学习并掌握平皿叶片法测定杀菌剂对黄瓜霜霉病菌生物活性的基本要求和方法。

二、 实验原理

利用黄瓜霜霉病病菌在易感黄瓜叶片上发病，依据在活体植物组织上对药剂的反应来测定药剂的毒力，克服了在离体条件下对病菌无效而在活体条件下有效的化合物的漏筛，测定结果反映了药剂、病菌与植物组织的相互作用和影响，更接近实际情况，且材料易得，条件易于控制。

三、 实验仪器与设备

电子天平（感量 0.1mg）、喷雾设备、人工气候箱或光照保湿箱、生物培养箱、培养皿、移液管或移液器等。

四、 实验材料

(1) 供试农药　采用原药，并注明通用名、商品名或代号、含量、生产厂家。

(2) 对照药剂　根据需要采用已登记注册且生产上常用的原药。

(3) 供试病菌　黄瓜霜霉病菌（*Pseudoperonospora cubensis*）。记录菌种来源。

(4) 供试黄瓜叶片　选用易感病黄瓜品种盆栽，自上而下 4 叶位～6 叶位，剪取相同部位、长势一致、带有 1～2cm 叶柄的叶片，用湿棉球包裹叶柄放置在培养皿中，保湿备用。

五、 实验步骤

1. 孢子囊悬浮液的准备

选择病源叶片，用 4℃ 蒸馏水洗下叶片背面霜霉病菌孢子囊，配成悬浮液（浓度为 $1 \times 10^5 \sim 1 \times 10^7$ 个孢子囊/mL），4℃ 下存放备用。

2. 药剂配制

水溶性药剂直接用水溶解稀释。其他药剂选用合适的溶剂（如甲醇、丙酮、二甲基甲酰胺或二甲基亚砜等）溶解，用 0.05% 的吐温 80 水溶液稀释。根据药剂活性，设置 5～7 个系列质量浓度，有机溶剂最终含量不超过 1%。

3. 药剂处理

将药液均匀喷施于叶片背面，待药液自然风干后，将各处理叶片叶背向上，按处理标记后排放在保湿盒中。试验设不含药剂的处理作空白对照。

4. 接种与培养

将准备好的新鲜孢子囊悬浮液点滴 $10\mu L$ 接种于叶片背面。每叶片接种 4 滴，每处理不少于 5 片叶。保护性试验在药剂处理后 24h 接种，治疗性试验在药剂处理前 24h 接种。接种后盖上皿盖，置于人工气候箱或有光照的保湿箱，在每天连续光照/黑暗 12h 交替、温度 17～22℃、相对湿度 90% 以上的条件下培养。

六、 结果调查与统计分析

根据空白对照发病情况，用卡尺测量记录每个接种点病斑长度和宽度，以长、宽平均值表示病斑直径（单位 mm）。防治效果按下式计算：

$$P = \frac{D_0 - D_1}{D_0} \times 100\%$$

式中　　P——防治效果；

　　　　D_0——空白对照病斑直径；

　　　　D_1——药剂处理病斑直径。

根据各药剂浓度对数值与对应的防效概率值作回归分析，计算各药剂的 EC_{50}、EC_{90}、标准误及其 95% 置信限，评价供试药剂对黄瓜霜霉病的保护或治疗效果。

七、 思考题

如何进行黄瓜霜霉病菌的接种？

实验14　测定杀菌剂抑制水稻纹枯病菌实验——蚕豆叶片法
(NY/T 1156.5—2006)

一、 实验目的

学习并掌握蚕豆叶片法测定杀菌剂生物活性方法及基本技术。

二、 实验原理

利用病菌在活体植物组织上对药剂的反应来测定药剂的毒力，克服了在离体条件下对病菌无效而在活体条件下有效的化合物的漏筛，测定结果反映了药剂、病菌与植物组织的相互作用和影响，更接近实际情况，且材料易得，条件易于控制。

三、 实验仪器与设备

电子天平（感量 0.1mg）、喷雾器械、人工气候箱或光照保湿箱、生物培养箱、培养皿、接种器、移液管或移液器等。

四、实验材料

（1）供试农药 采用原药，并注明通用名、商品名或代号、含量、生产厂家。

（2）对照药剂 根据需要采用已登记注册且生产上常用的原药。

（3）供试病菌 水稻纹枯病菌（*Rhizoctonia solani*）。记录菌种来源。

（4）供试叶片 选用蚕豆感病品种盆栽，剪取相同部位、长势一致、带有叶柄的叶片，置培养皿中，保湿备用。

五、实验步骤

1. 药剂配制

水溶性药剂直接用水溶解稀释。其他药剂选用合适的溶剂（如丙酮、二甲基亚砜、乙醇等）溶解，用 0.05％的吐温 80 水溶液稀释。根据药剂活性，设置 5～7 个系列浓度，有机溶剂最终含量不超过 0.5％。

2. 药剂处理

将叶片在预先配制好的药液中充分浸润 5s，沥去多余药液，自然风干后，按处理标记后保湿培养。试验设不含药剂的处理作空白对照。

3. 接种与培养

用接种器将直径 5mm 菌饼有菌丝的一面接种于处理叶片中央。每处理接种 30 片叶。保护性试验在药剂处理后 24h 接种，治疗性试验在药剂处理前 24h 接种。接种后置于人工气候箱或恒温室有光照的保湿箱内，在 26～28℃、相对湿度 80％～90％的条件下培养。

六、结果调查与统计分析

根据空白对照发病情况，用卡尺测量记录每个接种点病斑长度和宽度，以长、宽平均值表示病斑直径（单位 mm）。防治效果按下式计算：

$$P = \frac{D_0 - D_1}{D_0} \times 100\%$$

式中 P——防治效果；

　　D_0——空白对照病斑直径；

　　D_1——药剂处理病斑直径。

根据各药剂浓度对数值与对应的防效概率值作回归分析，计算各药剂的 EC_{50}、EC_{90}、标准误及其 95％置信限，评价供试药剂对水稻纹枯病的保护或治疗效果。

七、思考题

① 用叶碟法测定杀菌剂的生物活性时，应注意什么？

② 叶碟法有哪些优点？及其适用范围？

实验15 测定杀菌剂防治小麦白粉病试验——盆栽法
(NY/T 1156.4—2006)

一、实验目的

学习并掌握杀菌剂的盆栽法生物活性测定的操作方法。

二、实验原理

盆栽试验法是在利用盆、钵培育的幼嫩植物上接种病原菌，喷洒药剂，然后考察防治效果的活性测定方法，是研究杀菌剂的有效方法之一，克服了在离体条件下对病菌无效而在活体条件下有效的化合物的漏筛，更接近大田实际情况，且材料易得，条件易于控制。

三、 实验仪器与设备

电子天平（感量 0.1mg）、喷雾器械、显微镜、锥形瓶、移液管或移液器、量筒、血球计数板、计数器等。

四、 实验材料

（1）供试农药 采用原药，并注明通用名、商品名或代号、含量、生产厂家。

（2）对照药剂 根据需要采用已登记注册且生产上常用的原药。

（3）供试病菌 小麦白粉病菌（*Erysiphe graminis*）。记录菌种来源。

（4）供试小麦 选用易感病小麦品种盆栽，待幼苗长至 2～3 叶期备用。

五、 实验步骤

1. 药剂配制

水溶性药剂直接用水溶解稀释。其他药剂选用合适溶剂（如丙酮、二甲基亚砜、乙醇等）溶解，用 0.1％吐温 80 水溶液稀释。根据药剂活性，设置 5～7 个系列浓度，有机溶剂最终含量不超过 1％。

2. 药剂处理

用喷雾法将药剂均匀喷洒于备用的小麦苗上，自然晾干。试验设不含药剂的处理作空白对照。

3. 接种与培养

将发病小麦叶片上 24h 内产生的白粉病菌新鲜孢子均匀抖落接种于处理的 2～3 叶期盆栽小麦苗上。每处理不少于 3 盆，每盆 10 株。保护性试验在药剂处理后 24h 接种，治疗性试验在药剂处理前 24h 接种，然后置于适宜条件下培养。

六、 结果调查与统计分析

根据空白对照发病情况分级调查。采用如下分级方法：

0 级：无病；

1 级：病斑面积占整片叶面积的 5％以下；

3 级：病斑面积占整片叶面积的 6％～15％；

5 级：病斑面积占整片叶面积的 16％～25％；

7 级：病斑面积占整片叶面积的 26％～50％；

9 级：病斑面积占整片叶面积的 50％以上。

根据调查数据，计算各处理的病情指数和防治效果，采用浓度对数-概率值法计算各药剂的 EC_{50}、EC_{90}、标准误及其 95％置信限，评价供试药剂对小麦白粉病的保护或治疗效果。

七、 思考题

① 杀菌剂盆栽药效试验成功的关键是什么？

② 小麦白粉病接种时应注意什么？

实验16 测定杀菌剂防治黄瓜霜霉病试验——盆栽法
(NY/T 1156.7—2006)

一、 实验目的

学习并掌握盆栽法测定杀菌剂对黄瓜霜霉病菌的生物活性。

二、 实验原理

盆栽试验法是在利用盆、钵培育的幼嫩植物上接种病原菌，喷洒药剂，然后考察防治效果的活性测定方法，是研究杀菌剂的有效方法之一，克服了在离体条件下对病菌无效而在活体条件下有效的化合物的漏筛，更接近大田实际情况，且材料易得，条件易于控制。

三、 实验仪器与设备

电子天平（感量 0.1mg）、喷雾设备、人工气候箱或光照保湿箱、生物培养箱、培养皿、移液管或移液器等。

四、 实验材料

（1）供试农药　采用原药，并注明通用名、商品名或代号、含量、生产厂家。

（2）对照药剂　根据需要采用已登记注册且生产上常用的原药。

（3）供试病菌　黄瓜霜霉病菌（*Pseudoperonospora cubensis*）。记录菌种来源。

（4）供试黄瓜　选用易感病黄瓜品种盆栽，待幼苗长至 4～6 片真叶期备用。

五、 实验步骤

1. 孢子囊悬浮液的准备

选择病源叶片，用 4℃蒸馏水洗下叶片背面霜霉病菌孢子囊，配成悬浮液（浓度为 10^5～10^7 个孢子囊/mL），4℃下存放备用。

2. 药剂配制

水溶性药剂直接用水溶解稀释。其他药剂选用合适的溶剂（如丙酮、二甲基亚砜、乙醇等）溶解，用 0.05％的吐温 80 水溶液稀释。根据药剂活性，设置 5～7 个系列浓度，有机溶剂最终含量不超过 1％。

3. 药剂处理

用喷雾法将药液均匀喷施于叶片两面至全部润湿，待药液自然风干后备用。试验设不含药剂的处理作空白对照。

4. 接种与培养

将新鲜孢子囊悬浮液喷雾接种于叶片背面。每处理不少于 5 盆，每盆 2 株。保护性试验在药剂处理后 24h 接种；治疗性试验在药剂处理前 24h 接种。接种后在光周期 12h/8h（d/n）、17～22℃、相对湿度 90％以上的条件下培养。

六、 结果调查与统计分析

根据空白对照发病情况分级调查。采用如下分级方法：

0 级：无病；

1 级：病斑面积占整片叶面积的 5％以下；

3 级：病斑面积占整片叶面积的 6％～10％；

5 级：病斑面积占整片叶面积的 11％～25％；

7 级：病斑面积占整片叶面积的 26％～50％；

9 级：病斑面积占整片叶面积的 50％以上。

根据调查数据，计算各处理的病情指数和防治效果，采用浓度对数-概率值法计算各药剂的 EC_{50}、EC_{90}、标准误及其 95％置信限，评价供试药剂对黄瓜霜霉病的保护或治疗效果。

七、 思考题

1. 用盆栽法测定杀菌剂防治黄瓜霜霉病的药效时，应注意什么问题？

2. 怎样配制黄瓜霜霉病菌的孢子囊悬浮液？

实验17　仿生安毒力测定(设计性实验)

一、 实验目的

通过植物源仿生杀菌剂仿生安对小麦纹枯病菌的生物活性测定，明确其杀菌活性及应用价值。

二、 相关知识

$$1-\text{邻羟基苯基丁酮}$$

仿生安是我国拥有自主知识产权的仿生杀菌剂，是以从银杏中分离提纯出的生物活性物质白果酚为先导化合物（模板）进行仿生合成而得的，对小麦纹枯病菌、玉米大斑病菌、葡萄白腐病菌、柑橘疮痂病菌等都有良好的生物活性。

三、 实验要求

① 写出实验方法及原理。

② 列出实验材料，包括仪器、试剂等实验用品。

③ 列出实验详细步骤，包括药剂配制、实验方法和抑制率的计算公式等。

④ 说明实验中注意事项。

四、 实验报告

① 写出 20％仿生安微乳剂对小麦纹枯病菌的毒力测定的步骤和方案。

② 写出实验报告并分析。评价仿生安对小麦纹枯病菌的生物活性。

实验18　除草剂生物活性测定实验——平皿法
(NY/T 1155.1—2006)

一、 实验目的

学习并掌握除草剂的生物测定方法之一——平皿法。

二、 实验原理

将已发芽供试植物种子置于除草剂溶液中时，如果该药剂对这种种苗具有抑制作用，那么种苗的生长一定会受到影响。所以可以通过测定种苗的茎和根的长度来判断除草剂的毒力。

三、 实验仪器与设备

光照培养箱或可控日光温室（光照、温度、湿度等），电子天平（感量 0.1mg），烧杯，培养皿，移液管或移液器等。

四、 实验材料

（1）供试农药　采用原药，并注明通用名、商品名或代号、含量、生产厂家。

（2）对照药剂　根据需要采用已登记注册且生产上常用的原药。

（3）供试植物材料　将均匀一致的指示植物种子在适宜温度条件下浸泡、催芽至露白备用。

五、 实验步骤

1. 药剂配制

水溶性药剂直接用无菌水溶解稀释。其他药剂选用合适的溶剂（如丙酮、二甲基亚砜、乙醇等）溶解，用 0.1％的吐温 80 水溶液稀释。根据预备试验，设置 5～7 个系列浓度，有机溶剂最终含量不超过 2％（离体试验）或 1％（活体试验）。

2. 药剂处理

选 20 粒发芽一致的指示植物种子摆放于垫有 2 张滤纸的培养皿（直径 9cm）内，种子的胚根与胚芽的方向要保持一致。向培养皿内加入 9mL 系列浓度的药液，并将种子充分浸着药液。以不含药剂的蒸馏水为空白对照。将处理后的培养皿置于人工气候箱或植物培养箱内，在温度为（25±1）℃、相对湿度80%～90%的黑暗条件下培养。每处理不少于4次重复，并设不含药剂的处理作空白对照。

六、 结果调查与统计分析

培养5天后用直尺测量各处理的根长，并记录试材中毒症状。

根据调查数据，按下式计算各处理的根长或芽长的生长抑制率：

$$R = \frac{L_0 - L_1}{L_0} \times 100\%$$

式中　R——生长抑制率；

　　　L_0——对照根长（或芽长）；

　　　L_1——处理根长（或芽长）。

根据药剂浓度的对数与根长或芽长的抑制率的概率值作回归分析，计算 EC_{50} 或 EC_{90} 值及95%置信限，评价供试药剂对靶标植物的抑制活性。

七、 思考题

① 用平皿法测定农药的除草活性时应注意什么？

② 平皿法有哪些优点？及其适用范围？

实验19　除草剂生物活性测定实验——玉米根长法
(NY/T 1155.2—2006)

一、 实验目的

学习并掌握玉米根长法测定除草剂生物活性试验的基本要求和方法。

二、 实验原理

药剂浓度与玉米的主根根长呈显著的相关性。

三、 实验仪器与设备

光照培养箱或可控日光温室（光照、温度、湿度等），电子天平（感量0.1mg），烧杯，培养皿，移液管或移液器等。

四、 实验材料

（1）供试农药　采用原药，并注明通用名、商品名或代号、含量、生产厂家。

（2）对照药剂　根据需要采用已登记注册且生产上常用的原药。

（3）供试植物材料　将均匀一致的玉米种子在（25±1）℃条件下浸泡12h，在（28±1）℃条件下催芽至露白，胚根长度达到0.8cm时备用。

五、 实验步骤

1. 药剂配制

水溶性药剂直接用无菌水溶解稀释。其他药剂选用合适的溶剂（丙酮、二甲基甲酰胺或二甲基亚砜等）溶解，用0.1%的吐温80水溶液稀释。根据预备试验，设置5～7个系列质量浓度。

2. 药剂处理

选10粒发芽一致的玉米种子摆放于烧杯（100mL）底部，加入3cm石英砂将种子充分覆盖。用定量系列浓度的药液将种子充分浸着，用保鲜膜封口置于培养箱内，在温度为（25±1）℃、相对湿度80%～90%的黑暗条件下培养。每处理不少于4次重复，并设不含药剂的处理作空白对照。

六、 结果调查与统计分析

培养 5 天后用直尺测量各处理的根长，并记录试材中毒症状。

根据调查数据，按下式计算各处理的根长或芽长的生长抑制率：

$$R = \frac{L_0 - L_1}{L_0} \times 100\%$$

式中　R——生长抑制率；

　　　L_0——对照根长（或芽长）；

　　　L_1——处理根长（或芽长）。

根据药剂浓度的对数与根长或芽长的抑制率的概率值作回归分析，计算 EC_{50} 或 EC_{90} 值及 95% 置信限，评价供试药剂对靶标植物的抑制活性。

七、 思考题

① 玉米根长法适合测定哪些类别除草剂？

② 你可否对玉米根长法试验做简单设计？

实验20　除草剂生物活性测定实验——土壤喷雾法
(NY/T 1155.3—2006)

一、 实验目的

学习并掌握土壤喷雾法测定除草剂活性试验的基本要求和方法。

二、 实验原理

利用某些除草剂在出土过程中可以通过幼根幼芽被吸收而发挥除草活性。

三、 实验仪器与设备

光照培养箱或可控日光温室（光照、温度、湿度等），可控定量喷雾设备，电子天平（感量 0.1mg），盆钵，烧杯，移液管或移液器等。

四、 实验材料

（1）供试农药　采用原药，并注明通用名、商品名或代号、含量、生产厂家。

（2）对照药剂　根据需要采用已登记注册且生产上常用的原药。

（3）供试植物材料　选择易于培养、生育期一致的代表性敏感杂草，其种子发芽率应在 80% 以上。试验土壤定量装至盆钵的 4/5 处。采用盆钵底部渗灌方式，使土壤完全湿润。将预处理的供试杂草种子均匀撒播于土壤表面，然后根据种子大小覆土 0.5～2cm。播种 24h 后进行土壤喷雾处理。

五、 实验步骤

1. 药剂配制

水溶性药剂直接用水溶解稀释。其他药剂选用合适的溶剂（丙酮、二甲基甲酰胺或二甲基亚砜等）溶解，用 0.1% 的吐温 80 水溶液稀释。根据药剂活性，设置 5～7 个系列质量浓度。

2. 药剂处理

标定喷雾设备参数（喷雾压力和喷头类型），校正喷液量，按试验设计从低剂量到高剂量顺序进行喷雾处理。每处理不少于 4 次重复，并设不含药剂的处理作空白对照。

处理后移入温室常规培养，以盆钵底部渗灌方式补水。用温湿度数字记录仪，记录试验期间温室内的温湿度动态数据。

六、 结果调查与统计分析

处理后定期目测观察记载杂草出苗情况及出苗后的生长状态。处理后 14 天或 21 天，目测法和绝对值（数测）调查法调查记录除草活性，同时描述矮化、畸形、白化等受害症状。

1. 目测法

根据测试靶标杂草受害症状和严重程度，评价药剂的除草活性。可以采用下列统一级别进行调查：

1 级：无草；

2 级：相当于空白对照区杂草的 0～2.5%；

3 级：相当于空白对照区杂草的 2.6%～5%；

4 级：相当于空白对照区杂草的 5.1%～10%；

5 级：相当于空白对照区杂草的 11%～15%；

6 级：相当于空白对照区杂草的 15.1%～25%；

7 级：相当于空白对照区杂草的 25.1%～35%；

8 级：相当于空白对照区杂草的 35.1%～67.5%；

9 级：相当于空白对照区杂草的 67.60%～100%。

2. 绝对值（数测）调查法

根据调查数据，按下式计算各处理的鲜重防效或株防效：

$$E = \frac{C-T}{C} \times 100\%$$

式中　E——鲜重防效（或株防效）；

　　　C——对照杂草地上部分鲜重（或杂草株数）；

　　　T——处理杂草地上部分鲜重（或杂草株数）。

根据药剂浓度的对数与防效的概率值进行回归分析，计算 ED_{50} 或 ED_{90} 值及 95% 置信限，评价供试药剂对靶标植物的抑制活性。

七、 思考题

① 土壤喷雾法测定除草活性应该注意什么？

② 适合用土壤喷雾法测定除草活性的除草剂有哪些？

实验21　除草剂生物活性测定实验——茎叶喷雾法
(NY/T 1155.4—2006)

一、 实验目的

学习并掌握茎叶喷雾法测定除草剂活性试验的基本要求和方法。

二、 实验原理

利用茎叶对除草剂的吸收而发挥除草活性。

三、 实验仪器与设备

光照培养箱或可控日光温室（光照、温度、湿度等），可控定量喷雾设备，电子天平（感量 0.1mg），盆钵，烧杯，移液管或移液器等。

四、 实验材料

(1) 供试农药　采用原药，并注明通用名、商品名或代号、含量、生产厂家。

(2) 对照药剂　根据需要采用已登记注册且生产上常用的原药。

(3) 供试植物材料　选择易于培养、生育期一致的代表性敏感杂草，其种子发芽率应在

80％以上。试验土壤定量装至盆钵的 4/5 处。采用盆钵底部渗灌方式，使土壤完全湿润。将预处理的供试杂草种子均匀撒播于土壤表面，然后根据种子大小覆土 0.5～2cm，播种后移入温室常规培养。旱田杂草以盆钵底部渗灌方式补水，水田杂草以盆钵顶部灌溉方式补水至饱和状态。杂草出苗后进行间苗定株，保证杂草的密度一致（总密度在每平方米 120～150 株）。根据药剂除草特点，选择适宜叶龄试材进行喷雾处理。

五、实验步骤

1. 药剂配制

水溶性药剂直接用水溶解、稀释。其他药剂选用合适的溶剂（丙酮、二甲基甲酰胺或二甲基亚砜等）溶解，用 0.1％的吐温 80 水溶液稀释。根据药剂活性，设置 5～7 个系列质量浓度。

2. 药剂处理

标定喷雾设备参数（喷雾压力和喷头类型），校正喷液量，按试验设计从低剂量到高剂量顺序进行茎叶喷雾处理。每处理不少于 4 次重复，并设不含药剂的处理作空白对照。

处理后待试材表面药液自然风干，移入温室常规培养。旱田杂草以盆钵底部渗灌方式补水，水田杂草以盆钵顶部灌溉方式补水至饱和状态。用温湿度数字记录仪，记录试验期间温室内的温湿度动态数据。

六、结果调查与统计分析

处理后定期目测观察记载杂草的生长状态。处理后 14 天或 21 天，目测法和绝对值（数测）调查法调查记录除草活性，存活杂草株数，同时描述受害症状。主要症状有：

——颜色变化（黄化、白化等）；

——形态变化（新叶畸形、扭曲等）；

——生长变化（脱水、枯萎、矮化、簇生等）等。

1. 目测法

根据测试靶标杂草受害症状和严重程度，评价药剂的除草活性。可以采用下列统一分级方法进行调查：

1 级：全部死亡；

2 级：相当于空白对照区杂草的 0～2.5％；

3 级：相当于空白对照区杂草的 2.6％～5％；

4 级：相当于空白对照区杂草的 5.1％～10％；

5 级：相当于空白对照区杂草的 10.1％～15％；

6 级：相当于空白对照区杂草的 15.1％～25％；

7 级：相当于空白对照区杂草的 25.1％～35％；

8 级：相当于空白对照区杂草的 35.1％～67.5％；

9 级：相当于空白对照区杂草的 67.60％～100％。

2. 绝对值（数测）调查法

根据调查数据，按下式计算各处理的鲜重防效或株防效：

$$E = \frac{C-T}{C} \times 100\%$$

式中　E——鲜重防效（或株防效）；

　　　C——对照杂草地上部分鲜重（或杂草株数）；

　　　T——处理杂草地上部分鲜重（或杂草株数）。

根据药剂浓度的对数与防效的概率值进行回归分析,计算 ED_{50} 或 ED_{90} 值及 95% 置信限,评价供试药剂对靶标植物的抑制活性。

七、思考题
① 用茎叶喷雾法测定除草活性时应注意什么?

② 如何进行除草活性的调查?

实验22 光合抑制型除草剂活性测定试验——小球藻法
(NY/T 1155.10—2011)

一、实验目的
学习并掌握取代脲类、联吡啶类、三氮苯类等光合抑制型除草剂活性测定方法——小球藻法的基本要求和方法。

二、实验原理
小球藻(*chlorella*)为绿藻门小球藻属普生性单细胞绿藻,细胞内含有丰富的叶绿素,是一种高效的光合植物,以光合自养生长繁殖。特别适合用于测定光合抑制型除草剂的活性。

三、实验仪器与设备
人工气候箱(光照强度为 0~30000lx,温度为 10~50℃,湿度为 50%~95%)或可控日光温室(光照、温度、湿度等达到以上要求),电子天平(感量 0.1mg),分光光度计,离心机,摇床,移液器,移液管,50mL 烧杯和 50mL 三角瓶等。

四、实验材料
(1)供试农药 采用原药,并注明通用名、商品名或代号、含量、生产厂家。

(2)对照药剂 根据需要采用已登记注册且生产上常用的原药。

(3)供试生物 小球藻(*Chlorella vulgaris*)。

五、实验步骤
1. 药剂配制
水溶性原药直接用蒸馏水溶解;其他原药选用合适的溶剂(如丙酮、二甲基亚砜、乙醇等)溶解,用 0.1% 的吐温 80 水溶液稀释;制剂直接兑水稀释。试验药剂和对照药剂各设了 5~7 个系列浓度。

2. 药剂处理
每处理不少于 4 次重复,并设不含药剂的处理作空白对照。记录试验期间人工气候箱内的温、湿度动态数据。

3. 小球藻培养
将小球藻接种到 50mL 水生 4 号培养基的 250mL 三角瓶中,用封口膜封口,在温度 25℃、光照强度 5000lx(持续光照)和 100r/min 旋转振荡的条件下预培养 7 天,使藻细胞快速生长和繁殖,得到预培养藻液。

4. 测定方法
将预培养藻液接种到含有 15mL 水生 4 号培养基的 50mL 三角瓶中,使藻细胞初始浓度达到 8×10^5 个/mL。在上述体系中加入待测样品,使其形成 5~7 个浓度梯度,另设不加药剂的空白对照,然后在温度 25℃、光照强度 5000lx(持续光照)和 100r/min 旋转振荡的条件下培养 4 天。以水生 4 号培养基作为参比液,用血球计数板在显微镜下计数并测定培养藻液在 680mn 波长处的吸光值,建立藻细胞浓度和吸光值的线性回归方程,进一步求出不同除草剂剂量下藻细胞浓度生长抑制率。

六、 结果调查与统计分析

根据调查数据，按下式计算各处理的小球藻生长抑制率：

$$E = (X_0 - X_1)/X_0 \times 100\%$$

式中　E——藻细胞浓度抑制率；

　　　X_0——对照吸光度；

　　　X_1——处理吸光度。

根据药剂浓度的对数与抑制率的概率值作回归分析，计算小球藻 ED_{50} 或 ED_{90} 值及 95% 置信限，评价供试药剂的活性。

七、 思考题

小球藻为什么可作为光合抑制型除草剂活性测定的靶标生物？说明其优势。

实验23　除草剂混配的联合作用测定
(NY/T 1155.7—2006)

一、 实验目的
学习并掌握除草剂混配联合作用测定试验的基本要求和方法，以及联合除草毒力评价。

二、 实验原理
通过混配，可以利用不同除草剂对靶标生物的作用特点，优势互补，发挥对靶标的综合效应。

三、 实验仪器与设备
光照培养箱或可控日光温室（光照、温度、湿度等），喷雾器械，电子天平（感量 0.1mg），移液器等。

四、 实验材料
（1）供试农药　采用原药，并注明通用名、商品名或代号、含量、生产厂家。

（2）供试靶标　采用土壤处理法或茎叶处理法时，根据单剂杀草谱选择有代表性的敏感杂草。杀草谱相近型的除草剂混配，应选择 2 种以上敏感杂草；杀草谱互补型的除草剂混配，应选择禾本科和阔叶杂草各 2 种以上。采用其他生物测定方法时，选择相应的指示植物为试验靶标。

五、 实验步骤
1. 药剂配制

水溶性药剂直接用水溶解、稀释。其他药剂选用合适的溶剂（丙酮、二甲基甲酰胺或二甲基亚砜等）溶解，用 0.1% 的吐温 80 水溶液稀释。分别配制单剂母液，根据混配目的、药剂活性设计 5 组以上配比，各单剂及每组配比混剂均设 5～7 个系列质量浓度或剂量。

2. 药剂处理

根据药剂特性和混用目的，采用相应的试验方法，如土壤喷雾法、茎叶喷雾法、土壤浇灌法等。每处理不少于 4 次重复，并设不含药剂的处理作空白对照。

六、 结果调查与统计分析
根据不同试验内容和方法，选择相应的调查方法。

数据统计与分析按以下方法进行。

1. Gowing 法

Gowing 法适合于评价 2 种杀草谱互补型除草剂的联合作用类型和配比的合理性。

以 A 和 B 两药剂混用为例，按上述比例混用后的实际防效按式（5-5）计算：

$$E = X + \frac{Y(100-X)}{100}$$ (5-5)

式中　X——除草剂 A 用量为 P 时的杂草防效；

　　　Y——除草剂 B 用量为 Q 时的杂草防效；

　　　E——除草剂 A 与除草剂 B 按上述比例混用后的实际防效。

$E-E_0$ 除草剂 A 用量为 P 时的理论防效＋除草剂 B 用量为 Q 时的理论防效＞10％为增效作用；$E-E_0 < -10$％为拮抗作用；$E-E_0$ 值介于±10％为相加作用。

2. Colby 法

Colby 法适合于评价 2 种以上杀草谱互补除草剂的联合作用类型和配比的合理性。混用除草剂的理论防效按式（5-6）计算：

$$E_0 = \frac{ABC \cdots N}{100(N-1)}$$ (5-6)

式中　A——除草剂 1 的杂草重量为对照杂草重量的百分数；

　　　B——除草剂 2 的杂草重量为对照杂草重量的百分数；

　　　C——除草剂 3 的杂草重量为对照杂草重量的百分数；

　　　E_0——混用除草剂理论上的杂草重量为对照杂草重量的百分数；

　　　N——除草剂品种数量。

E 混用后的实测杂草重量为对照杂草重量的百分数明显小于 E_0，为增效作用；E 明显大于 E_0，为拮抗作用；E 与 E_0 接近，为相加作用。

3. 等效线法

等效线法适合于评价 2 种杀草谱相近型除草剂混剂的联合作用类型，并能确定最佳配比。

分别进行除草剂 A、B 单剂的系列剂量试验，求出两个单剂的 ED_{50}（或 ED_{90}）；以横轴和纵轴分别代表除草剂 A、B 的剂量，在两轴上标出相应药剂 ED_{50}（或 ED_{90}）的位点并连线，即为两种除草剂混用的理论等效线（图 5-6）。

图 5-6　具有双边效应的凸形线

求出各不同混用组合的 ED_{50}（或 ED_{90}），并在坐标图中标出。

若混用组合的 ED_{50}（或 ED_{90}）各位点均在理论等效线下，则为增效作用，在理论等效线之上则为拮抗作用，接近于等效线则为相加作用。

根据统计结果写出分析评价。

七、思考题

① 如何进行除草剂的混配筛选？

② Gowing 法、Colby 法、等效线法各有何特点？

实验24　除草剂的生物测定——萌发试验

一、实验目的

学习并掌握除草剂的室内生物测定方法之一——种子萌发法。

二、实验原理

根据除草剂处理后植物种子萌发的程度来检验药剂对种子萌发阶段的影响。

三、实验仪器与设备

电子天平（感量 0.1mg），光照培养箱或可控日光温室（光照、温度、湿度等），培养皿，烧杯，小药瓶，滤纸，移液管，镊子，直尺等。

四、实验材料

（1）供试农药　采用原药，并注明通用名、商品名或代号、含量、生产厂家。

（2）对照药剂　根据需要采用已登记注册且生产上常用的原药。

（3）供试植物种子　将均匀一致的指示植物种子在适宜温度条件下做吸水处理。

五、实验步骤

1. 药剂配制

水溶性药剂直接用水溶解稀释。其他药剂选用合适的溶剂（如丙酮、二甲基亚砜、乙醇等）溶解，用 0.1％的吐温 80 水溶液稀释。根据预备试验，设置 5～7 个系列浓度，有机溶剂最终含量不超过 2％（离体试验）或 1％（活体试验）。

2. 药剂处理

在培养皿底部铺两层滤纸后，用移液管取一定量的药液滴于滤纸上，然后摆放已经做过吸水处理的种子若干，置于一定温度的恒温箱中培养。于处理后一定时间观察种子萌发情况。

六、实验数据及其处理

计算种子萌发率。根据药剂浓度的对数与种子萌发率的抑制率的概率值作回归分析，计算 EC_{50} 或 EC_{90} 值及 95％置信限，评价供试药剂对靶标植物种子萌发的抑制活性。

七、思考题

① 用种子萌发法测定农药的除草活性时应注意什么？

② 供试植物种子的生物学特性对试验结果有什么影响？

实验25　除草剂的生物测定——茎叶吸收法

一、实验目的

学习并掌握除草剂的室内生物测定方法之一——茎叶吸收法。

二、实验原理

通过将植物的叶片浸入除草剂溶液的方式使除草剂吸收进入植物体内。

三、实验仪器与设备

电子天平（感量 0.1mg）、烧杯、量筒、吸水纸、薄海绵、天平等。

四、实验材料

（1）供试农药　采用原药，并注明通用名、商品名或代号、含量、生产厂家。

（2）对照药剂　根据需要采用已登记注册且生产上常用的原药。

（3）供试植物　株高、长势、生理状态均匀一致的指示植物幼苗。

五、实验步骤

配制除草剂溶液后分别注入烧杯内，取大小一致的植物幼苗用吸水纸保湿根部后将茎叶部浸入药液中 2h，然后将植株移入营养液中培养。处理后定时观察植株生长情况、症状，并测定鲜重等。

六、实验数据及其处理

将所获得的结果进行计算和比较。计算 EC_{50} 或 EC_{90} 值及 95％置信限，评价供试药剂对靶标植物通过幼苗茎叶吸收的抑制活性。

七、思考题

① 用茎叶吸收法测定农药对靶标植物的抑制作用时应注意什么？

② 怎样克服该试验中的误差？

实验26　除草剂的盆栽实验

一、实验目的
学习并掌握除草剂盆栽实验的方法。

二、实验原理
利用小喷雾器将除草剂喷洒到盆栽的植物苗上来观察对植物生长的影响。

三、实验仪器与设备

电子天平（感量 0.1mg），光照培养箱或可控日光温室（光照、温度、湿度等），烧杯，量筒，小喷雾器，小花盆，栽培土等。

四、实验材料

（1）供试农药　采用原药，并注明通用名、商品名或代号、含量、生产厂家。

（2）对照药剂　已登记注册且生产上常用的原药。

（3）供试植物　株高、长势、生理状态均匀一致的指示植物幼苗。

五、实验步骤

1. 药剂配制

水溶性药剂直接用水溶解稀释。其他药剂选用合适的溶剂（如丙酮、二甲基亚砜、乙醇等）溶解，用 0.05％的吐温 80 水溶液稀释。根据药剂活性，设置 5～7 个系列浓度，有机溶剂最终含量不超过 1％。

2. 药剂处理

利用植物生长箱培养植物幼苗至 2～4 叶期（不同的植物有变化），然后将配好的除草剂溶液用小喷雾器喷洒到幼苗上，于处理后定期观察幼苗生长情况，最后调查鲜重等。

六、实验数据及其处理

计算 EC_{50} 或 EC_{90} 值及 95％置信限，评价供试药剂对靶标植物的抑制活性，分析结果并比较。

七、思考题

① 除草剂的盆栽实验应注意什么？

② 供试植物的生长势对试验有什么影响？

实验27　烟嘧磺隆毒力测定(设计性实验)

一、实验目的

通过设计烟嘧磺隆对反枝苋的抑制作用试验，明确其对反枝苋作用大小，熟悉除草剂生物活性测定的一般研究方法，锻炼进行除草剂活性测定的能力。

二、相关知识

2-(4,6-二甲氧基-2-嘧啶基氨基甲酰氨基磺酰基) -*N*, *N*-二甲基烟酰胺

烟嘧磺隆是玉米田专用除草剂，对其敏感的玉米品种很少，于玉米田芽后施用，可防除一年生、多年生禾本科杂草和某些阔叶杂草，杀草谱广，对多种杂草有防除作用。施用烟嘧磺隆后，敏感杂草的生长很快受抑制，3～5 天后叶片失绿，继而生长点枯死，但杂草完全死亡需要一到三周。烟嘧磺隆是内吸性茎叶处理剂，其选择性是以耐受作物和敏感杂草之间降解速度差异为基础的。

三、实验要求

① 写出实验方法及原理。

② 列出实验材料，包括仪器、试剂等实验用品。

③ 列出实验详细步骤，包括药剂配制、实验方法和抑制率的计算公式等。

④ 说明实验中注意事项。

四、实验报告

① 写出 4％烟嘧磺隆油悬浮剂对反枝苋的毒力测定步骤和方案。

② 写出实验报告并分析。评价供试药剂对反枝苋的生物活性。

实验28　阿维菌素防治美洲斑潜蝇田间药效试验(设计性实验)

一、试验目的

通过设计北京方圆生化有限公司提供的 2.0％阿维菌素乳油对美洲斑潜蝇的田间药效试验，明确其防治效果，熟悉杀虫剂田间药效试验方法，增强实践能力。

二、相关知识

阿维菌素是迄今为止药效最高、用量最低的杀虫剂之一，干扰昆虫体内神经末梢的信息传递，即激发神经末梢放出神经传递抑制剂 γ-氨基丁酸（GABA），促使 GABA 门控的氯离子通道延长开放，大量氯离子涌入造成神经膜电位超极化，致使神经膜处于抑制状态，从而阻断神经末梢与肌肉的联系，使昆虫麻痹、拒食、死亡。

对照药剂使用 1.8% 爱福丁乳油（北京中农大生物技术股份有限公司奇克农药厂）。

三、 实验要求

① 写出试验方法及条件。

② 列出试验材料，包括仪器、试剂等实验用品。

③ 列出实验详细步骤，包括药剂配制、调查方法和防治效果的计算公式等。

④ 说明试验中注意事项。

四、 实验报告

① 写出 2.0% 阿维菌素乳油防治美洲斑潜蝇的田间药效试验步骤和方案。

② 写出实验报告并分析。评价阿维菌素对美洲斑潜蝇的防治效果，为其推广使用提供试验依据。

附录1　杀虫剂防治苹果桃小食心虫药效试验准则
(GB/T 17980.65—2004)

1　试验目的

探索防治苹果桃小食心虫的最佳田间使用剂量或浓度，初步估测试验药剂对试验作物及非靶标有益生物的影响，为农药登记的药效评价和安全、合理使用技术提供依据。

2　试验条件

2.1　试验对象和作物、品种的选择

试验对象为苹果桃小食心虫的卵和初孵幼虫。因食心虫对不同品种的苹果为害有一定差异，应注意选择当地主栽的敏感品种做试验，记录品种名称。

2.2　环境条件

试验应选择有代表性的、上年食心虫发生较为严重的果园进行。所有试验小区的栽培条件（如土壤类型、肥力、耕作）应均一，且符合当地科学的农业实践（GAP）。

3　试验设计和安排

3.1　药剂

3.1.1　试验药剂

注明药剂的商品名或代号、通用名、中文名、剂型含量和生产厂家。试验处理不少于三个剂量或依据协议规定的用药剂量。

3.1.2　对照药剂

对照药剂应是已登记注册的并在实践中证明有较好药效的产品。一般情况下，对照药剂

的类型和作用方式应与试验药剂相近，并使用当地常用剂量，特殊情况可视试验目的而定。

3.2 小区安排

3.2.1 小区排列

试验药剂、对照药剂和空白对照的小区处理采用随机区组排列，特殊情况应加以说明。

3.2.2 小区面积和重复

小区面积：3～5 棵结果树（可调查果实在 500 个以上），并设保护行。

重复次数：最少 4 次重复。

3.3 施药方法

3.3.1 使用方法

按照标签上已注明的方法或按协议要求进行，通常为喷雾使用。

3.3.2 使用器械

选用常用的器械，最好用机动喷雾器，保证药量准确、分布均匀。用药量如有 10% 以上的偏差应予记录。给出使用器械类型和操作条件（如操作压力、喷孔口径等）的全部资料。

3.3.3 施药时间和次数

施药时间和次数依照标签说明或按协议要求进行。一般在田间成虫发生期，试验区内平均果实着卵率（卵果率）达到 1% 以上时施药。施药应与科学的农业栽培管理措施相一致。记录每次施药数量和日期。

3.3.4 使用剂量和容量

按协议要求及标签注明的剂量施用。通常药剂中有效成分含量表示为 mg/kg 或 mg/L。用于喷雾时，同时要记录用药倍数和每公顷的药液用量（L/hm²）。

3.3.5 防治其他病虫害的农药资料要求

如使用其他药剂，应选择对试验药剂和试验对象无影响的药剂，并对所有的小区进行均一处理，而且与试验药剂和对照药剂分开使用，使这些药剂的干扰控制在最小程度。记录施用这类药剂的准确数据。

4 调查、记录和测量方法

4.1 气象和土壤资料

4.1.1 气象资料

在试验期间，应从最近的气象台站或最好在试验地获得降雨量（降雨类型和日降雨量，以 mm 表示）和温度，特别是施药当日的温度（日平均温度、最高和最低温度，以℃表示）资料。

在整个试验期间影响试验结果的恶劣气候因子，如严重或长期干旱、暴雨、冰雹等均应记录。

4.1.2 土壤资料

记录土壤类型、地形，土壤肥力、灌溉条件和杂草等土壤覆盖物等资料。

4.2 调查的方法、时间和次数

4.2.1 调查方法

每小区调查 2～4 棵树，在每个调查树的树冠四周及内膛的中上部随机检查 50～100 个果实，共计 200 个果实。记录其中卵果数和虫果数。

4.2.2 调查时间和次数

药前调查基数，药后第一代蛀果孔易查时，可按喷药后 5 天、10 天、15 天调查蛀果率确定防效；后期蛀果孔不易发现，可按喷药后 35 天调查脱果数确定防效。当虫量大时，应间隔 15 天喷第二次药。

4.2.3 药效计算方法

药效按式（5-7）、式（5-8）计算：

$$新增虫果数＝药后虫果数－药前虫果数 \qquad (5\text{-}7)$$

$$防治效果（\%）＝\frac{对照区新增虫果数－处理区新增虫果数}{对照区新增虫果数}\times100 \qquad (5\text{-}8)$$

4.3 对作物的直接影响

观察药剂对作物有无药害，记录药害的类型和危害程度。此外，还要记录对作物有益的影响（如加速成熟、增加活力等）。

用以下方式记录药害：

① 如果药害能计数或测量，要用绝对数值表示，如株高。

② 在其他情况下，可按下列两种方法估计药害的程度和频率：

a. 按照药害分级方法，记录每小区药害情况，以－、＋、＋＋、＋＋＋、＋＋＋＋表示。

药害分级方法：

－：无药害；

＋：轻度药害，不影响作物正常生长；

＋＋：明显药害，可复原，不会造成作物减产；

＋＋＋：高度药害，影响作物正常生长，对作物产量和质量造成一定程度的损失，一般要求补偿部分经济损失；

＋＋＋＋：严重药害，作物生长受阻，作物产量和质量损失严重，应补偿经济损失。

b. 将药剂处理区与空白对照区比较，评价其药害百分率。

同时，要准确描述作物的药害症状（矮化、褪绿、畸形等）。

4.4 对其他生物的影响

4.4.1 对其他病虫害的影响

对其他病虫害的任何一种影响均应记录，包括有益和无益的影响。

4.4.2 对其他非靶标生物的影响

记录药剂对野生生物和有益昆虫的任何影响。

4.5 产品的质量和产量

一般不需要记录。

5 结果

用邓肯氏新复极差（DMRT）法对试验数据进行分析，特殊情况用相应的生物统计学方法。写出正式试验报告，并对试验结果加以分析、评价。药效试验报告应列出原始数据。

附录2 杀菌剂防治草莓白粉病田间药效试验准则
(GB/T 17980.119—2004)

1 试验目的

探索防治草莓白粉病（*Sphaerotheca macularis*）的最佳田间使用剂量或浓度，初步估测试验药剂对试验作物及非靶标有益生物的影响，为农药登记的药效评价和安全、合理使用技术提供依据。

2 试验条件

2.1 作物品种和试验对象的选择

试验对象为白粉病。

试验作物为草莓。选用感病品种，记录品种名称。

2.2 环境条件

田间试验应选择在草莓大面积种植区并历年白粉病发生严重的地块。所有试验小区的栽培条件（如土壤类型、施肥、品种、种植密度等）应一致，且符合当地科学的农业实践（GAP）。

如果在温室进行熏蒸剂、烟雾剂的试验，每个处理应使用单个温室或隔离室。

3 试验设计和安排

3.1 药剂

3.1.1 试验药剂

注明药剂商品名或代号、通用名、中文名、剂型含量和生产厂家。试验药剂处理应不少于三个剂量或依据协议（试验委托方与试验承担方签订的试验协议）规定的用药剂量。

3.1.2 对照药剂

对照药剂应是已登记注册的并在实践中证明是有较好药效的产品。对照药剂的类型和作用方式应同试验药剂相近并使用当地常用剂量，特殊情况可视试验目的而定。

3.2 小区安排

3.2.1 小区排列

试验药剂、对照药剂和空白对照的小区处理采用随机排列。特殊情况应加以说明。

3.2.2 小区的面积和重复

小区面积：$15\sim50m^2$，棚室不少于$8m^2$。

重复次数：不少于4次重复。

3.3 施药方式

3.3.1 使用方式

按协议要求及标签说明进行，施药应与当地科学的农业实践相适应。

3.3.2 使用器械的类型

选用生产中常用器械，记录所用器械的类型和操作条件（如工作压力、喷孔口径）的全部资料。施药应保证药量准确、分布均匀，用药量偏差超过$\pm10\%$的要记录。

3.3.3 施药的时间和次数

按协议要求及标签说明进行。通常是在发病初期或草莓植株叶背上发生暗色污斑及高温高湿交替出现时进行第一次施药，再次施药可依据病害发展情况及药剂的持效期而定。

3.3.4 使用剂量和容量

按协议要求及标签注明的剂量使用，通常有效成分含量表示为g/hm^2，用于喷雾时同时记录用药倍数和每公顷的药液用量（L/hm^2）。

3.3.5 防治其他病虫害的药剂资料要求

如果要使用其他药剂，应选择对试验药剂和试验对象无影响的药剂，并对所有试验小区进行均一处理，而且要与试验药剂和对照药剂分开使用，使这些药剂的干扰控制在最小程度，记录这些药剂施用的准确数据。

4 调查、记录和测量方法

4.1 气象和土坡资料

4.1.1 气象资料

试验期间应从试验地或最近的气象站获得降雨（降雨类型和日降雨量，以 mm 表示）和温度（日平均温度、最高和最低温度，以℃表示）的资料。

整个试验期间影响试验结果的恶劣气候因素，如严重或长期干旱、暴雨、冰雹等均应记录。

4.1.2 土壤资料

记录土壤类型、土壤肥力、水分（干、湿或涝）、土壤覆盖物（如作物残茬、塑料薄膜覆盖、杂草）等资料。

4.2 调查方法、时间和次数

4.2.1 调查方法

每小区对角线五点取样，每点调查 3 株。每株调查全部叶片。

分级方法：

0 级：无病斑；

1 级：病斑面积占整个叶面积的 5%以下；

3 级：病斑面积占整个叶面积的 6%～15%；

5 级：病斑面积占整个叶面积的 16%～25%；

7 级：病斑面积占整个叶面积的 26%～50%；

9 级：病斑面积占整个叶面积的 51%以上。

4.2.2 调查时间和次数

按协议要求进行。通常施药前调查病情基数，下次药前和最后一次施药后 7～10 天调查防治效果。

4.2.3 药效计算方法

$$病情指数 = \frac{\sum（发病级别 \times 各级病叶数）}{调查总叶数 \times 9} \times 100$$

$$防治效果（\%）= \left(1 - \frac{空白对照区药前病情指数 \times 处理区药后病情指数}{空白对照区药后病情指数 \times 处理区药前病情指数}\right) \times 100$$

$$或：防治效果（施药无基数，\%）= \frac{空白对照区病情指数 - 处理区病情指数}{空白对照区病情指数} \times 100$$

4.3 对作物的其他影响

观察作物是否有药害产生，如有药害要记录药害的发生症状和程度。此外，还应记录对作物的有益影响（如促进成熟、刺激生长等）。

用下列方法记录药害：

① 如果药害能被测量或计算，要用绝对数值表示。

② 其他情况下，可按下列两种方法估计药害的程度和频率。

a. 按照药害分级方法记录每小区的药害情况，以 -、+、++、+++、++++ 表示。

药害分级方法：

-：无药害；

+：轻度药害，不影响作物正常生长；

++：明显药害，可复原，不会造成作物减产；

+++：高度药害，影响作物正常生长，对作物产量和品质都造成一定损失，一般要求补偿部分经济损失；

++++：药害严重，作物生长受阻，产量和质量损失严重，必须补偿经济损失。

b. 每一试验小区与空白对照相比，评价其药害的百分率。

同时，应准确描述作物药害症状（矮化、褪绿、畸形），并提供实物照片、录像等。

4.4 对其他生物的影响

4.4.1 对其他病虫害的影响

对其他病虫害任何有迹象的影响都应记录。

4.4.2 对其他非靶标生物的影响

记录药剂对试验区内野生生物、有益昆虫的影响。

4.5 产品的产量和质量

要记录每个小区的产量，用 kg/hm^2 表示。

5 结果

试验所获得的结果应用生物统计方法进行分析（采用 DMRT 法），用正规格式写出结论报告，并对试验结果加以分析，原始资料应保存备考察验证。

附录3 除草剂防治花生田杂草田间药效准则
(GB/T 17980.126—2004)

1 试验目的

了解除草剂防治花生田杂草田间药效小区试验的方法和基本要求。

2 试验条件

2.1 作物和栽培品种选择

记录花生种类和栽培类型，选择广泛种植的常规品种，记录品种名称。

2.2 试验对象杂草的选择

试验小区的杂草种群分布要均匀一致，主要杂草密度应符合试验要求，并有代表性。杂草种群与试验除草剂的杀草谱要基本一致（如单子叶和/或双子叶、一年生和/或多年生杂草）。例如，某种除草剂特性是防除单子叶杂草，则选择试验田应以单子叶为主的地块，少量阔叶杂草可用人工拔除。记录各种杂草的中文名及拉丁学名。

2.3 栽培条件

试验田所有小区的栽培条件，如土壤类型、肥力、耕作方式应均匀一致，符合当地生产实际。尤其花生作物是以一次性使用底肥为主的作物。具体操作时，各小区应做到定量均匀撒施，尽量减少误差。应选择没有使用过长残效除草剂的地块做小区试验。应记录前茬作物种类，前后曾用过何种除草剂，供试作物施肥种类、数量、施肥次数及灌溉情况等。

3 试验设计和安排

3.1 药剂

3.1.1 试验药剂

注明试验药剂的商品名/代号、中文名、通用名、剂型、含量和生产厂家。试验药剂处理设高、中、低及中量的倍量四个剂量（设倍量是为了评价试验药剂对花生的安全性）或依据协议（试验委托方与试验承担方签订的试验协议）规定的用药剂量。

3.1.2 对照药剂

对照药剂须是已登记注册的，并在实践中有较好安全性和效果的产品。对照药剂的类型和作用方式应同试验药剂相近，并使用当地常用剂量和使用方法，特殊情况可视试验目的而定。设人工除草和空白对照处理。试验药剂为混剂时，还应设混剂中的各单剂作对照。

3.2 小区安排

3.2.1 小区排列

试验不同处理小区采用随机排列。特殊情况，如防除多年生杂草的试验，为了避免多年生杂草分布不均匀的干扰，小区可根据实际情况采用不规则排列，并加以说明。

3.2.2 小区面积和重复

小区面积：小区面积 20～30m²，小区应为长方形。每小区内种 4～6 行花生。小区收获测产中间 2～3 行（二分之一小区面积）。

重复次数：最少 4 次重复。

3.3 施药方法

3.3.1 使用方法

施药应同当地农业实践常规施药方法。一般常用喷雾法施药，颗粒剂可直接撒施。可根据标签说明或合同要求进行。

3.3.2 使用器械

用压力一定并带有扇形喷头的喷雾器施药。应使药液均匀分布到整个小区或指定位置上。影响药效和安全性的因素（如药械的工作压力、喷头类型、混土深度、施药均匀程度等）都应记录，药量偏差超过±10％的都应记录下来。

3.3.3 用药时间和次数

施药时间和杂草萌发，及作物出苗时间关系密切，需按标签或合同方案进行。若标签上没有说明时，可根据试验目的和试验药剂的特性进行试验。

依照杂草和作物的萌芽时间，施药的时间可分为：

① 花生播种前施药（混土或不混土）；

② 花生播后苗前施药（混土或不混土）；

③ 花生出苗后施药。

不管哪种施药方法，施药时花生和杂草的生长期都应记录下来（萌芽但尚未出土，出苗后花生和杂草的生育期）。

常规试验药剂一般为一次施药或分次施药。

3.3.4 药剂使用剂量和用水量

试验产品使用剂量可依据标签，或试验方案中推荐剂量进行。用水量多少可根据施药器械类型、供试产品作用方式、作物种类等，或参照当地常规用水量，以施药均匀为准。药剂用量一般以有效成分 g/hm^2 表示。用水量一般以 L/hm^2 表示。

3.3.5 防治病虫和非靶标杂草所用农药资料要求

花生发生病虫害需要使用其他农药时，应与试验药剂和对照药剂分开使用，并对所有试验小区均匀施药，尽量减少对试验的干扰。记录使用药剂的准确数据（如药剂名称、时期、用药量等）。

4 调查、记录和测量方法

4.1 气象和土壤资料

4.1.1 气象资料

试验当天及整个试验期间的气象资料都应记录下来。也可从试验地或最近的气象站获得如降雨（降雨类型，降雨量以 mm 表示）、温度（日平均、最高和最低温度，以℃表示）、风力、阴晴、光照和相对湿度等资料，特别是施药当日及前后 10 天的气象资料。

整个试验时期影响试验结果的恶劣气候因素，如严重或长期干旱、大雨、冰雹等均须记录。

4.1.2 土壤资料

记录试验田土壤类型、pH 值、有机质含量、土壤湿度以及施肥种类、数量和施肥方法，在施农家肥和化肥时，尽量做到定量均匀撒施，以减少测产误差。

4.2 田间管理资料

记录整地、浇水、施肥等资料。

4.3 调查方法、时间和次数

4.3.1 杂草调查

详细描述杂草的受害症状（如生长抑制、失绿、畸形等）。

记载各小区的杂草种类、株数、重量或杂草覆盖度，可用绝对数或估计值表示。

4.3.1.1 绝对值（数测）调查法

每小区随机取 3~4 点，每点 $0.25m^2$（$0.5m \times 0.5m$）~$1m^2$ 调查杂草种类、株数、重量等。

4.3.1.2 估计值（目测）调查法

这种调查方法包括估计杂草群落总体和单株杂草种类，可用杂草数量、覆盖度、高度和长势等指标。

调查处理小区同邻近的空白对照（空白对照带）进行比较。这种调查方法快速、简单。估计值调查法结果可用简单的百分比表示（如 0 为杂草无防治效果，100％为杂草全部防治）。但还应该提供对照小区或对照带的杂草株数、覆盖度的绝对值。为了克服准确估计百分比以及使用方差的困难，可以采用下列统一级别进行调查：

1 级：无草；

2 级：相当于空白对照区杂草的 0~2.5％；

3 级：相当于空白对照区杂草的 2.6％~5％；

4 级：相当于空白对照区杂草的 5.1％~10％；

5 级：相当于空白对照区杂草的 10.1％~15％；

6 级：相当于空白对照区杂草的 15.1％~25％；

7 级：相当于空白对照区杂草的 25.1％~35％；

8 级：相当于空白对照区杂草的 35.1％~67.5％；

9 级：相当于空白对照区杂草的 67.6％~100％。

分级范围可在试验田直接应用，不需要再转换成估算的百分数平均值，但为了提高估计值的准确性，调查人员须进行训练，算出百分数的平均值。

以上两种方法，不管采用哪一种调查方法，均要详细描述杂草受害的症状，如施药后杂草生长受到抑制、失绿、畸形等。

4.3.2 调查时间和次数

若无特别说明，杂草防效和作物安全性调查时间要尽量相协调。

① 播前和芽前施药 露地栽培花生药效试验一般调查三次。

第一次调查施药后 15 天，进行除草效果及作物安全性调查。

第二次调查施药后 30 天，或药效发挥最好时，进行调查。

第三次调查施药后 45 天，进行株数及鲜重防效调查。

② 苗后施药 苗后施药一般调查五次。

第一次调查施药前各试验小区杂草基数（密度、种类、每种杂草所占百分比）。

第二次调查施药后 7～10 天进行。用目测估计值调查法，调查靶标杂草的防治效果及对作物的安全性观察（株高、叶色、叶斑、株形）。

第三次调查施药处理后 15 天进行。用绝对值调查法调查试验区各种主要杂草的株数，计算株数防治效果及花生是否有畸形株。

第四次调查施药后 45 天。用绝对值调查法，调查各种主要杂草的株数、鲜重。计算株数和鲜重防效。

第五次调查收获前。用目测法，调查各处理小区的药效、作物安全性（调查处理区和对照区花生的成熟程度，是否有倒秧现象）等。

4.4 作物调查

作物的药害评价主要在选择性试验小区进行收获测产。但药效试验小区的作物受害类型和受害程度应详细记录，为作物受害评价提供有益的补充资料。作物药害可按下列要求记录。

① 若受害症状可以计数测量时，则应用绝对值表示，如花生作物的株高、分枝数等。

② 在有些情况下，估算损害程度和频率，可用下述两种方法之一进行：

a. 参照一个标准级别，给每个小区比较打分；

b. 每个处理小区与人工除草处理或不处理空白对照区作物比较，进行药害相对百分率（%）估算。

对作物受药害后的症状，如抑制生长、褪绿、斑点、矮化、畸形等应准确描述，可供药害程度评价参考。

调查评价作物药害工作，也应考虑供试药剂与其他因素的相互作用，如春播花生遇寒流冻害，夏播花生遇高温、干旱或降雨量过大造成叶片黄化，以及栽培因素、病虫害影响，所以作物药害应全面综合评价。

4.5 副作用观察

主要记录对非靶标生物的影响。

4.6 作物产量

作物产量的收获考种是对作物安全性和除草效果评价的重要指标。各试验小区 10～15m² 收获测产，折换成亩产量和公顷产量（kg/hm²）。各试验小区取代表性植株 20 株进行主茎高、分枝数、结荚数、百粒重考种。

5 结果

试验数据整理后要用统计法进行分析，列出原始数据，写出正式试验报告。对结果应进行分析说明，对除草效果、作物安全性（产品特点、关键应用技术、药效、药害）和经济效益（增产、增效、品质、药剂成本）等进行评价。

附录4 农药登记田间药效试验报告编写要求（农业部药检所）

田间药效试验报告编写要求是为了提高农药登记田间药效试验报告质量，促进农药登记资料进一步规范化、科学化而制定的。

一、报告格式要求

分封面、正文两部分。封面上应以醒目大字标明试验名称（包括药剂含量、名称、剂型、作物、防治对象）、试验委托单位、承担单位、试验地点、试验许可证编号、技术负责人、参加人员、报告完成日期。技术负责人名字需手签并加盖认证单位公章，报告还需盖骑缝章，正文使用宋体四号字（表格除外），末页需写明试验完成日期并加盖公章，统一用 A4 纸打印。

二、报告正文内容要求

1. 试验条件

（1）作物和靶标作物、品种名称、试验对象中文名和拉丁名。

（2）环境条件，如：试验地情况、肥水管理、种植密度、生育期等。

2. 试验设计和安排

（1）药剂

① 试验药剂及处理剂量应注明药剂含量、通用名称和剂型；试验方案规定的用药剂量；

② 对照药剂应注明药剂含量、通用名称和剂型及生产企业、用药剂量（一般为当地常规用量，特殊试验可视目的而定）。

（2）小区安排

① 小区排列　说明小区排列方式。

② 小区面积和重复　说明试验小区实际面积和重复次数。

（3）施药方式

① 施药时间和次数　说明用药次数、每次施药日期、作物生育期、靶标生物生长期、用药时的天气状况。

② 使用器械和施药方法　说明施药器械名称和施药方法，并说明小区用药和用水（土、沙）量。

③ 气象资料　说明试验期间降雨和气温情况，尤其是可能影响试验结果的恶劣气候因素，如严重和长期的干旱、暴雨等。

④ 土壤资料　说明土壤类型、土壤肥力、作物产量水平、试验期间施肥和排灌情况等。

⑤ 防治非靶标生物情况　说明所用药剂名称、用药次数和用药时间。

3. 调查

（1）调查方法和分级标准

（2）调查时间和次数　说明基数调查时间和试验期间调查的时间和次数。

（3）调查数据及计算　需将每次调查的各处理四个重复的数据全部列出，并计算出平均数和防效。

（4）对作物的影响　说明对作物有无药害，如有，说明药害程度（级别）或与空白对照相比药害百分率；说明对作物有无有益影响，如有，说明哪方面的影响（如促进早熟、刺激生长等）。

（5）对其他生物的影响

① 对有益生物的影响　说明对试验区内和周围野生生物、鱼类和有益昆虫的影响。

② 对其他病、虫、草等的影响　说明对非靶标病、虫、草有益或无益的影响。

③ 对产量和品质的影响（植调剂）　列出每小区产量，计算与空白对照和对照药剂相比的增（减）产百分率；处理区产品营养成分、储藏性能、外观、商品价值等与对照相比情况。

④ 结果　列出对试验数据进行生物统计分析的结果并说明计算、统计的方法。

4. 结果分析与讨论

（1）药剂评价　评价药剂防效（防效、速效性、持效期）、安全性、对有益生物影响、与常用药剂相比优缺点等情况，说明可否大面积推广使用。

（2）技术要点　推荐使用剂量及使用方法和次数；提出使用注意事项。

（3）原因分析　若试验结果不理想或年度间差异较大，从气候、耕作制度、栽培管理措施、发生基数、用药时期、调查方法等方面分析其原因，并提出建议。

附录5　生物统计概率值换算表（百分率转换为概率值表）

项目	0.0	0.1	0.2	0.3	0.4	0.5	0.6	0.7	0.8	0.9
0		1.9098	2.1218	2.2522	2.3479	2.4242	2.4879	2.5427	2.5911	2.6344
1	2.6737	2.7096	2.7429	2.7738	2.8027	2.8299	2.8556	2.8799	2.9031	2.9251
2	2.9463	2.9665	2.9859	3.0046	3.0226	3.0400	3.0569	3.0732	3.0890	3.1043
3	3.1192	3.1337	3.1478	3.1616	3.1750	3.1881	3.2009	3.2134	3.2256	3.2367
4	3.2493	3.2608	3.2721	3.2831	3.2940	3.3046	3.3151	3.3253	3.3354	3.3454
5	3.3551	3.3648	3.3742	3.3836	3.3928	3.4018	3.4107	3.4195	3.4282	3.4368
6	3.4452	3.4536	3.4618	3.4699	3.4780	3.4859	3.4937	3.5015	3.5091	3.5167
7	3.5242	3.5316	3.5389	3.5462	3.5534	3.5605	3.5675	3.5745	3.5813	3.5882
8	3.5949	3.6016	3.6083	3.6148	3.6213	3.6278	3.6342	3.6405	3.6468	3.6531
9	3.6592	3.6654	3.6715	3.6775	3.6835	3.6894	3.6953	3.7012	3.7070	3.7127
10	3.7184	3.7241	3.7298	3.7354	3.7409	3.7464	3.7519	3.7574	3.7628	3.7681
11	3.7735	3.7788	3.7840	3.7893	3.7945	3.7996	3.8048	3.8099	3.8150	3.8200
12	3.8250	3.8300	3.8250	3.8399	3.8448	3.8497	3.8545	3.8593	3.8641	3.8689
13	3.8736	3.8783	3.8830	3.8877	3.8923	3.8969	3.9015	3.9061	3.9107	3.9152
14	3.9197	3.9242	3.9286	3.9331	3.9375	3.9419	3.9463	3.9506	3.9550	3.9593
15	3.9636	3.9678	3.9721	3.9763	3.9806	3.9848	3.9890	3.9931	3.9973	4.0014
16	4.0055	4.0096	4.0137	4.0178	4.0218	4.0259	4.0299	4.0339	4.0379	4.0419
17	4.0458	4.0498	4.0587	4.0576	4.0615	4.0654	4.0693	4.0731	4.0770	4.0808
18	4.0846	4.0884	4.0922	4.0960	4.0998	4.1035	4.1073	4.1110	4.1147	4.1184
19	4.1221	4.1258	4.1295	4.1331	4.1367	4.1404	4.1440	4.1476	4.1512	4.1548
20	4.1584	4.1619	4.1655	4.1690	4.1726	4.1761	4.1796	4.1831	4.1866	4.1901
21	4.1936	4.1970	4.2005	4.2039	4.2074	4.2108	4.2142	4.2176	4.2210	4.2244
22	4.2278	4.2312	4.2345	4.2379	4.2412	4.2446	4.2479	4.2512	4.2546	4.2579
23	4.2612	4.2644	4.2677	4.2710	4.2743	4.2775	4.2808	4.2840	4.2872	4.2905
24	4.2937	4.2969	4.3001	4.3033	4.3065	4.3097	4.3129	4.3160	4.3192	4.3224
25	4.3255	4.3287	4.3318	4.3349	4.3389	4.3412	4.3443	4.3474	4.3505	4.3536
26	4.3567	4.3597	4.3628	4.3659	4.3689	4.3720	4.3750	4.3781	4.3811	4.3842
27	4.3872	4.3902	4.3932	4.3962	4.3992	4.4022	4.4052	4.4082	4.4112	4.4142
28	4.4172	4.4201	4.4231	4.4260	4.4290	4.4319	4.4349	4.4378	4.4408	4.4437
29	4.4466	4.4495	4.4524	4.4554	4.4583	4.4612	4.4641	4.4670	4.4698	4.4727
30	4.4756	4.4785	4.4813	4.4842	4.4871	4.4899	4.4928	4.4956	4.4985	4.5013
31	4.5041	4.5070	4.5098	4.5126	4.5155	4.5183	4.5211	4.5239	4.5267	4.5295
32	4.5323	4.5351	4.5379	4.5407	4.5435	4.5462	4.5490	4.5518	4.5546	4.5573
33	4.5601	4.5628	4.5656	4.5684	4.5711	4.5739	4.5766	4.5793	4.5821	4.5848
34	4.5875	4.5903	4.5930	4.5957	4.5984	4.6011	4.6039	4.6066	4.6093	4.6120
35	4.6147	4.6174	4.6201	4.6228	4.6255	4.6281	4.6308	4.6335	4.6362	4.6389
36	4.6415	4.6442	4.6469	4.6495	4.6522	4.6549	4.6575	4.6602	4.6628	4.6655
37	4.6681	4.6708	4.6734	4.6761	4.6787	4.6814	4.6840	4.6866	4.6893	4.6919
38	4.6945	4.6971	4.6998	4.7024	4.7050	4.7076	4.7102	4.7129	4.7155	4.7181
39	4.7207	4.7233	4.7259	4.7285	4.7311	4.7337	4.7363	4.7389	4.7415	4.7441
40	4.7467	4.7492	4.7518	4.7544	4.7570	4.7596	4.7622	4.7647	4.7673	4.7699
41	4.7725	4.7750	4.7776	4.7802	4.7827	4.7853	4.7879	4.7904	4.7930	4.7955
42	4.7981	4.8007	4.8032	4.8058	4.8083	4.8109	4.8134	4.8160	4.8185	4.8211
43	4.8236	4.8262	4.8287	4.8313	4.8338	4.8363	4.8389	4.8414	4.8440	4.8465
44	4.8490	4.8516	4.8541	4.8566	4.8592	4.8617	4.8642	4.8668	4.8693	4.8718
45	4.8743	4.8769	4.8794	4.8819	4.8844	4.8870	4.8895	4.8920	4.8945	4.8970

项目	0.0	0.1	0.2	0.3	0.4	0.5	0.6	0.7	0.8	0.9
46	4.8996	4.9021	4.9046	4.9071	4.9096	4.9122	4.9147	4.9172	4.9197	4.9222
47	4.9247	4.9272	4.9298	4.9323	4.9348	4.9373	4.9398	4.9423	4.9448	4.9473
48	4.9498	4.9524	4.9549	4.9574	4.9599	4.9624	4.9649	4.9674	4.9699	4.9724
49	4.9749	4.9774	4.9799	4.9825	4.9850	4.9875	4.9900	4.9925	4.9950	4.9975
50	5.0000	5.0025	5.0050	5.0075	5.0100	5.0125	5.0150	5.0175	5.0201	5.0226
51	5.0251	5.0276	5.0301	5.0326	5.0351	5.0376	5.0401	5.0426	5.0451	5.0476
52	5.0502	5.0527	5.0552	5.0577	5.0602	5.0627	5.0652	5.0677	5.0702	5.0728
53	5.0753	5.0778	5.0803	5.0828	5.0853	5.0878	5.0904	5.0929	5.0954	5.0979
54	5.1004	5.1030	5.1055	5.1080	5.1105	5.1130	5.1156	5.1181	5.1206	5.1231
55	5.1257	5.1282	5.1307	5.1332	5.1358	5.1383	5.1408	5.1434	5.1459	5.1484
56	5.1510	5.1535	5.1560	5.1586	5.1611	5.1637	5.1662	5.1687	5.1713	5.1738
57	5.1764	5.1789	5.1815	5.1840	5.1866	5.1891	5.1917	5.1942	5.1968	5.1993
58	5.2019	5.2045	5.2070	5.2096	5.2121	5.2147	5.2173	5.2198	5.2224	5.2250
59	5.2275	5.2301	5.2327	5.2353	5.2378	5.2404	5.2430	5.2456	5.2482	5.2508
60	5.2533	5.2559	5.2585	5.2611	5.2637	5.2663	5.2689	5.2715	5.2741	5.2767
61	5.2793	5.2819	5.2845	5.2871	5.2898	5.2924	5.2950	5.2976	5.3002	5.3029
62	5.3055	5.3081	5.3107	5.3134	5.3160	5.3186	5.0213	5.3239	5.3266	5.3292
63	5.3319	5.3345	5.3372	5.3398	5.3425	5.3451	5.3478	5.3505	5.3531	5.3558
64	5.3585	5.3611	5.3638	5.3665	5.3692	5.3719	5.3745	5.3772	5.3799	5.3826
65	5.3853	5.3880	5.3907	5.3934	5.3961	5.3989	5.4016	5.4043	5.4070	5.4097
66	5.4125	5.4152	5.4179	5.4207	5.4234	5.4261	5.4289	5.4316	5.4344	5.4372
67	5.4399	5.4427	5.4454	5.4482	5.4510	5.4538	5.4565	5.4593	5.4621	5.4649
68	5.4677	5.4705	5.4733	5.4761	5.4789	5.4817	5.4845	5.4874	5.4902	4.4930
69	5.4959	5.4987	5.5015	5.5044	5.5072	5.5101	5.5129	5.5158	5.5187	5.5215
70	5.5244	5.5273	5.5302	5.5330	5.5359	5.5388	5.5417	5.5446	5.5476	5.5505
71	5.5534	5.5563	5.5592	5.5622	5.5651	5.5681	5.5710	5.5740	5.5769	5.5799
72	5.5828	5.5858	5.5888	5.5918	5.5948	5.5978	5.6008	5.6038	5.6068	5.6098
73	5.6128	5.6158	5.6189	5.6219	5.6250	5.6280	5.6311	5.6341	5.6372	6.6403
74	5.6433	5.6464	5.6495	6.6526	5.6557	5.6588	5.6620	5.6651	5.6682	5.6713
75	5.6745	5.6776	5.6808	5.6840	5.6871	5.6903	5.6935	5.6967	5.6999	5.7031
76	5.7063	5.7095	5.7128	5.7160	5.7192	5.7225	5.7257	5.7290	5.7323	5.7356
77	5.7388	5.7421	5.7454	5.7488	5.7521	5.7554	5.7588	5.7621	5.7655	5.7688
78	5.7722	5.7756	5.7790	5.7824	5.7858	5.7892	5.7926	5.7961	5.7995	5.8030
79	5.8064	5.8099	5.8134	5.8169	5.8204	7.8239	5.8274	5.8310	5.8345	5.8381
80	5.8416	5.8452	5.8488	5.8524	5.8560	5.8596	5.8633	5.8669	5.8705	5.8742
81	5.8779	5.8816	5.8853	5.8890	5.8927	8.8965	5.9002	5.9040	5.9078	5.9116
82	5.9154	5.9192	5.9230	5.9269	5.9307	5.9346	5.9385	5.9424	5.9463	5.9502
83	5.9542	5.9581	5.9621	5.9661	5.9701	5.9741	8.9782	5.9822	5.9863	5.9904
84	5.9945	5.9986	6.0027	6.0069	6.0110	6.0152	6.0194	6.0237	6.0279	6.0322
85	6.0364	6.0407	6.0450	6.0494	6.0537	6.0581	6.0625	6.0669	6.0714	6.0758
86	6.0803	6.0848	6.0893	6.0939	6.0985	6.1031	6.1077	6.1123	6.1170	6.1217
87	6.1264	6.1311	6.1359	6.1407	6.1455	6.1503	6.1552	6.1601	6.1650	6.1700
88	6.1750	6.1800	6.1850	6.1901	6.1952	6.2004	6.2055	6.2107	6.2160	6.2212
89	6.2265	6.2319	6.2372	6.2426	6.2481	6.2536	6.2591	6.2646	6.2702	6.2759
90	6.2816	6.2873	9.3930	6.2988	6.3047	6.3106	6.3165	6.3225	6.3285	6.3346
91	6.3408	6.3469	6.3532	6.3595	6.3658	6.3722	6.3787	6.3852	6.3917	6.3984
92	6.4051	6.4118	6.4187	6.4255	6.4325	6.4396	6.4466	6.4538	6.4611	6.4684
93	6.4158	6.4833	6.4909	6.4985	5.5063	6.5141	6.5220	6.5301	6.5382	6.5464
94	6.5548	6.5642	6.5718	6.5805	6.5893	6.5982	6.6072	6.6164	6.6258	6.6352
95	6.6449	6.6546	6.6646	6.6747	6.6849	9.6954	6.7060	6.7169	6.7279	6.7392

项目	0.0	0.1	0.2	0.3	0.4	0.5	0.6	0.7	0.8	0.9
96	6.7507	6.7624	6.7744	6.7866	6.7991	6.8119	6.8250	6.8384	6.8522	6.8663
97	6.8808	6.8957	6.9110	6.9568	6.9431	6.9600	6.9774	6.9954	7.0141	7.0335
98.0	7.0537	7.0558	7.0579	7.0600	7.0621	7.0642	7.0663	7.0684	7.0706	7.0727
98.1	7.0749	7.0770	7.0792	7.0814	7.0836	6.0858	7.0880	7.0902	7.0924	7.0947
98.2	7.0969	7.0992	7.1015	7.1038	7.1601	7.1084	7.1107	7.1130	7.1154	7.1177
98.3	7.1201	7.1224	7.1248	7.1272	7.1297	7.1321	7.1345	7.1370	7.1394	7.1419
98.4	7.1444	7.1469	7.1494	7.1520	7.1545	7.1571	7.1596	7.1622	7.1648	7.1675
98.5	7.1701	7.1727	7.1754	7.1781	7.1808	7.1835	7.1862	7.1890	7.1917	7.1945
98.6	7.1973	7.2001	7.2029	7.2058	7.2086	7.2115	7.2144	7.2173	7.2203	7.2232
98.7	7.2262	7.2292	7.2322	7.2353	7.2383	7.2414	7.2445	7.2476	7.2508	7.2539
98.8	7.2571	7.2603	7.2636	7.2668	7.2701	7.2734	7.2768	7.2801	7.2835	7.2869
98.9	7.2904	7.2938	7.2973	7.3009	7.3044	7.3080	7.3116	7.3152	7.3189	7.3226
99.0	7.3263	7.3301	7.3339	7.3378	7.3416	7.3455	7.3495	7.3535	7.3575	7.3615
99.1	7.3656	7.3698	7.3739	7.3781	7.3824	7.3867	7.3911	7.3954	7.3999	7.4044
99.2	7.4089	7.4135	7.4181	7.4228	7.4276	7.4324	7.4372	7.4422	7.4471	7.4522
99.3	7.4573	7.4624	7.4677	7.4730	7.4783	7.4838	7.4893	7.4949	7.5006	7.5063
99.4	7.5121	7.5181	7.5241	7.5302	7.5364	7.5427	7.5491	7.5556	7.5622	7.5690
99.5	7.5758	7.5828	7.5899	7.5972	5.6045	7.6121	7.6197	7.6276	7.6356	7.6437
99.6	7.6521	7.6606	7.6693	7.6783	7.6874	7.6968	7.7065	7.7164	7.7266	7.7370
99.7	7.7478	7.7589	7.7703	7.7822	7.7944	7.8070	7.8202	7.8338	7.8480	7.8627
99.8	7.8782	7.8943	7.9112	7.9290	7.9478	7.9677	7.9889	8.0115	8.0357	8.0618
99.9	8.0902	8.1214	8.1595	8.1947	8.2389	8.2905	8.3528	5.4316	5.5401	8.7190

附录6 概率值与权重系数关系表

理论概率值$\hat{y}$	0.0	0.1	0.2	0.3	0.4	0.5	0.6	0.7	0.8	0.9
1	0.001	0.001	0.001	0.002	0.002	0.003	0.005	0.006	0.008	0.011
2	0.015	0.019	0.025	0.031	0.040	0.050	0.062	0.076	0.092	0.110
3	0.131	0.154	0.180	0.208	0.238	0.269	0.302	0.336	0.370	0.405
4	0.439	0.471	0.503	0.532	0.558	0.581	0.601	0.616	0.627	0.634
5	0.637	0.634	0.627	0.616	0.601	0.581	0.558	0.532	0.503	0.471
6	0.439	0.405	0.370	0.336	0.302	0.269	0.238	0.208	0.180	0.154
7	0.131	0.110	0.092	0.076	0.062	0.050	0.040	0.031	0.025	0.019
8	0.015	0.011	0.008	0.006	0.005	0.003	0.002	0.002	0.001	0.001

附录7 x^2值表

自由度 df	概率值(P) 0.05	0.01	自由度 df	概率值(P) 0.05	0.01	自由度 df	概率值(P) 0.05	0.01
1	3.84	6.63	11	19.68	24.72	21	32.67	38.93
2	5.99	9.21	12	21.03	26.22	22	33.92	40.29
3	7.81	11.34	13	22.36	27.69	23	35.17	41.64
4	9.49	13.28	14	23.68	29.14	24	36.42	42.98
5	11.07	15.09	15	25.00	30.58	25	37.65	44.31
6	12.59	16.81	16	26.30	32.00	26	38.89	45.64
7	14.07	18.48	17	17.59	33.41	27	40.11	46.96
8	15.51	20.09	18	28.87	34.81	28	41.34	48.78
9	16.92	21.69	19	30.14	36.19	29	42.56	49.59
10	18.31	23.21	20	31.41	37.57	30	43.77	50.89

农药毒理与农药环境毒理

实验1　杀虫剂对昆虫表皮的穿透作用测定

一、实验目的

了解杀虫剂对昆虫体壁穿透性的测定方法。

二、实验原理

不同的杀虫剂通过昆虫表皮进入虫体内的能力与药剂的油/水分配系数有关。目前国内外测定杀虫剂在昆虫体壁上穿透性的方法主要采用标记药剂示踪法和气相色谱分析法两种。

1. 标记药剂示踪法

用放射同位素标记杀虫剂，以触杀测定方法处理试虫，间隔一定时间后，用溶剂将昆虫体表残留的标记杀虫剂洗下，测定残留量，计算药剂的穿透率。

2. 气相色谱分析法

用杀虫剂的标准品，以触杀测定方法处理试虫，间隔一定时间，用溶剂将残留在昆虫表皮上的杀虫剂洗下，同时把洗净表皮药剂的试虫捣碎，用丙酮萃取杀虫剂。分别用气相色谱仪测定残留量。

三、实验材料

1. 供试昆虫

以适于点滴法测定触杀毒力的试虫为材料，试虫的虫态、大小均与毒力测定一致。

2. 试剂及处理液组成

同位素标记杀虫剂、丙酮，2,5-二苯基噁唑（PPO）、1,4-双（5-苯基-2-噁唑）苯（POPOP）、二甲苯、Triton X-100、高氯酸、双氧水、正己烷均为分析纯；消化液由高氯酸和双氧水以 2∶1（体积比）混合组成；乳化闪烁液组成为 PPO、POPOP、TritonX-100 及二甲苯分别为 7.5g、0.3g、500mL 及 1000mL。

3. 实验仪器及用品

FJ-353 双道液体闪烁计数仪、玻璃闪烁瓶、$1\mu L$ 微量注射器（或 $0.04\mu L$ 微量点滴器）、移液管、培养皿、容量瓶等。

四、实验方法（标记杀虫剂示踪法）

1. 药剂配制

用丙酮将标记杀虫剂配制成一定浓度的药液（可采用抑制中浓度 LC_{50}）。

2. 药剂处理

用 $1\mu L$ 微量注射器将标记杀虫剂点滴于幼虫的胸部背面,每头点滴 $1\mu L$,每一组处理 30 头,勿使药液流失。点滴后将试虫置于培养皿内于室温下单头饲养。

3. 药剂回收

将处理后的试虫间隔 1h、4h 取样,每次各取 10 头试虫,分别用丙酮淋洗试虫体表,每次 1mL,共 6 次,将幼虫冲下的丙酮液分别置于闪烁瓶内。

4. 回收药液处理

闪烁瓶内的淋洗液在自然条件下阴干后,加入 5mL 乳化闪烁液待测。将淋洗过的幼虫直接放入闪烁瓶中,加入 0.5mL 消化液,置于 80℃ 恒温水浴锅中消化至无色透明。然后加入 5mL 乳化闪烁液待测。

5. 测定

用 FJ-353 型双道液体闪烁仪测定幼虫体表和进入体内的标记药剂的放射强度(dpm)。

根据公式 $A = [B/(B+C)] \times 100\%$ 计算出不同时间的标记药剂对昆虫幼虫的表皮穿透率(即体内百分含量)。

式中,A 为表皮穿透率;B 为幼虫体内标记药剂的放射性强度,dpm;C 为体表残留的标记药剂的放射性强度,dpm。

五、 实验结果与分析

实验结果记录于表 6-1 中。

表 6-1　实验记录表

药剂处理后 1h			药剂处理后 4h		
幼虫体内标记药剂的放射性强度 (B)/dpm	体表残留的标记药剂的放射性强度 (C)/dpm	表皮穿透率 (A)/%	幼虫体内标记药剂的放射性强度 (B)/dpm	体表残留的标记药剂的放射性强度 (C)/dpm	表皮穿透率 (A)/%

六、 思考题

① 杀虫剂对昆虫体壁的穿透与哪些因素有关?

② 标记药剂示踪法与色谱法的优缺点?

实验2　不同类型杀虫剂中毒症状观察

一、 实验目的

了解不同类型杀虫剂处理后引起的昆虫中毒反应。

二、 实验原理

杀虫剂的中毒症状与作用机理之间的关系为现象与本质的关系,作用机理不同,其中毒症状也不同。有机磷杀虫剂主要抑制昆虫乙酰胆碱酯酶的活性,使得乙酰胆碱不能及时地分解而积累,不断和受体结合,造成后膜上的 Na^+ 通道长时间开放,突触后膜长期兴奋,从而影响了神经兴奋的正常传导。中毒表现为异常兴奋、痉挛、麻痹至死亡。昆虫生长调节剂是一类影响昆虫正常生长和发育的化学物质。如破坏昆虫表皮几丁质沉积的药物处理昆虫后,中毒昆虫首先表现为活动减少、取食降低,蜕皮或变态时旧表皮不能蜕掉,形成的新表皮薄,易裂开,老熟幼虫不能化蛹,或形成半蛹半幼虫,半蛹半成虫因畸形而死亡。保幼激素类似物和脱皮激素类似物能扰乱昆虫正常的激素水平,造成异常的发育和变态。

三、 实验材料

1. 供试昆虫

棉铃虫,选取生长发育一致的 3 龄或 4 龄幼虫作为供试昆虫。

2. 供试药剂

氟铃脲原药、乐果原药。

四、 实验方法

1. 试虫饲养

试验期间，生长发育一致的 3 龄或 4 龄幼虫在温度（25±1）℃、相对湿度（70±5）%、14h 光照：10h 黑暗的养虫室，单头分装到小塑盒中饲养。

2. 药剂配制

用丙酮分别将氟铃脲原药及乐果原药溶解并稀释，配制成浓度为 0.2μg/μL 和 5.0μg/μL 溶液。另以不加药剂的丙酮液为空白对照。

3. 药剂处理

用微量进样器将以上浓度药剂丙酮液及丙酮液点滴于棉铃虫幼虫的胸部背板（1μL/头），喂以人工饲料继续饲养。每处理 20 头试虫。

4. 中毒症状观察

处理后每天定时观察，直到化蛹为止，记载蜕皮虫数、死亡虫数及中毒和死亡症状。

五、 实验结果与分析

实验结果记录于表 6-2 中。

表 6-2 实验结果记录

药剂处理	调查时间/h	中毒及死亡症状		蜕皮虫数/头		死亡虫数/头	
		0.2μg/μL	5.0μg/μL	0.2μg/μL	5.0μg/μL	0.2μg/μL	5.0μg/μL
氟铃脲	24						
	48						
	72						
	96						
乐果	24						
	48						
	72						
	96						

六、 思考题

杀虫药剂中毒的症状表现与哪些因素有关?

实验3 杀虫剂抑制昆虫乙酰胆碱酯酶活性的测定

一、 实验目的

了解乙酰胆碱酯酶（AchE）的作用，掌握乙酰胆碱酯酶活性的测定方法。

二、 实验原理

有机磷和氨基甲酸酯类杀虫剂的作用机制在于其抑制了 AchE 的活性，使得乙酰胆碱不能及时地分解而积累，不断和受体结合，造成后膜上 Na^+ 通道长时间开放，突触后膜长期兴奋，从而影响了神经兴奋的正常传导。

以乙酰硫代胆碱（Asch）为底物，在 AchE 的作用下，Asch 被水解成硫代胆碱和乙酸，硫代胆碱和二硫双对硝基苯甲酸（DTNB）起显色反应使反应液呈黄色，在分光光度计 412nm 处有最大吸收峰，以比色法可测定 AchE 的活性。反应式为:

$$(CH_3)_3NCH_2CH_2SCOCH_3 + H_2O \xrightarrow[保温]{AchE} (CH_3)_3NCH_2CH_2SH + CH_3COOH$$

$$(CH_3)_3NCH_2CH_2SH + O_2N-\overset{}{\underset{COOH}{\bigcirc}}-S-S-\overset{}{\underset{COOH}{\bigcirc}}-NO_2 \longrightarrow$$

$$(CH_3)_3NCH_2CH_2SS\!\!-\!\!\bigcirc\!\!-\!\!NO_2 \ + \ SH\!\!-\!\!\bigcirc\!\!-\!\!NO_2(黄色)$$
$$\underset{COOH}{} \qquad\qquad \underset{COOH}{}$$

三、实验材料

1. 仪器及用品

721 分光光度计、匀浆器、恒温水浴摇床、离心机、旋涡混合器、增力搅拌机、pH 仪、离心管、移液管、试管、试剂瓶、量筒、蒸馏水、冰块等。

2. 试剂及配制

(1) 0.1mol/L 磷酸缓冲液（pH7.4）的配制   0.1mol/L 的 Na_2HPO_4（17.805g/L）和 0.1mol/L $NaH_2PO_4 \cdot 2H_2O$（15.605g/L）按 81：19 混合，用 pH 仪测定 pH 并调至 7.4。

(2) 0.075mol/L 硫代乙酰胆碱（碘化）溶液   其浓度为 21.67mg/mL，用 0.1mol/L 磷酸缓冲液（pH7.4）配制，冰箱内可保存 15d。

(3) 1×10^{-2}mol/L DTNB 溶液（含 1.8×10^{-2}mol/L 碳酸氢钠）   取 DTNB 39.6mg、$NaHCO_3$ 15mg，用 0.1mol/L 磷酸缓冲液溶解，定容于 10mL 容量瓶中。

(4) 1×10^{-3} 毒扁豆碱   先配成 27.5mg/mL 的丙酮液，再用蒸馏水稀释 10 倍。

四、实验步骤

1. 样品制备

以菜青虫、玉米螟或棉铃虫幼虫为对象，称取龄期和大小一致的试虫 0.5g 放于玻璃匀浆器中，加入 5mL 0.1mol/L 磷酸缓冲液，在冰浴下用匀浆器匀浆。然后在 4℃下，3000r/min，离心 10min，取上清液作为酶源。

2. 供试药剂准备

98% 对氧磷配成 1×10^{-3}mol/L 对氧磷丙酮液，用时，以 0.1mol/L 磷酸缓冲液稀释 10 倍，成为 1×10^{-4}mol/L（抑制剂的准确浓度需经过预测定后确定）。

3. 测定步骤

测定步骤见表 6-3。将各管混匀后在分光光度计 412nm 下测定 OD 值。

表 6-3   测定步骤

加入试剂	调零管	标准管	抑制剂 $(1 \times 10^{-4}$mol/L 对氧磷)
1×10^{-4}mol/L 毒扁豆碱/mL	0.1		
抑制剂/mL			0.1
酶液/mL	0.4	0.4	0.4
0.075mol/L Asch/mL	0.5	0.5	0.5
28℃下保温/min	15	15	15
1×10^{-3}mol/L 毒扁豆碱/mL	0.2	0.3	0.2
1×10^{-2}mol/L DTNB/mL	0.3	0.3	0.3
0.1mol/L 磷酸缓冲液/mL	1.0	1.0	1.0

五、实验结果与分析

根据标准管的 OD 值和抑制剂处理管的 OD 值，计算出抑制剂对 AchE 抑制率。

$$抑制率 = \frac{标准管\ OD\ 值 - 处理管\ OD\ 值}{标准管\ OD\ 值} \times 100\%$$

实验4 杀菌作用与抑菌作用测定

一、 实验目的

了解杀菌剂杀菌作用与抑菌作用的测定方式。

二、 实验原理

杀菌作用是一种永久的行为，即真菌的孢子或细菌经过药剂处理以后，再用清水将药剂洗去，放在适宜的条件下培养仍旧不能萌发或生长；抑菌作用就是当药剂与病菌接触时，病菌受到抑制而不能生长，当药剂用清水洗去以后病菌又能恢复生长。

杀菌作用和抑菌作用一般说来是有明显区别的，起杀菌作用的主要是影响能量生成的传统保护剂，菌体中毒后主要表现为孢子不能萌发；而起抑菌作用的主要是影响生物合成的内吸性杀菌剂，菌体中毒后主要表现为孢子萌发后的芽管或菌丝不能继续生长。

但杀菌和抑菌作用往往不能截然分开，一种杀菌剂是表现为杀菌作用还是抑菌作用还和药剂浓度及药剂作用时间有关。一般来说，杀菌剂在低浓度时表现为抑菌作用，而高浓度时则表现为杀菌作用。作用时间短，常表现为抑菌作用，延长作用时间，则表现为杀菌作用。

三、 实验材料

（1）供试药剂　敌锈钠、0.2°Bé 石硫合剂。

（2）供试病原菌　花生锈病菌。

四、 实验方法

1. 药液配制

将供试药剂敌锈钠用无菌水稀释 200 倍，石硫合剂稀释至 0.2°Bé。

2. 花生锈病孢子准备

用灭菌刀片刮取花生锈病孢子备用。

3. 试验处理

在一组培养皿内放入 0.2°Bé 的石硫合剂，另一组培养皿内放入稀释 200 倍的敌锈钠。然后再放入花生锈病孢子配成含有杀菌剂的孢子悬浮液，使锈病孢子与药剂接触 0.5h，然后离心、收集孢子。反复清洗、离心 4 次，再将收集到的孢子分别放入培养皿内保湿培养 24h。

4. 调查结果

于显微镜下观察不同药剂处理的锈病孢子的萌发情况。

五、 实验结果与分析

将实验结果记入表 6-4 中，根据孢子萌发情况判断杀菌剂的作用方式。

表 6-4 孢子萌发结果

药剂处理	调查孢子总数	萌发孢子总数	作用方式
0.2Bé 石硫合剂			
200 倍液敌锈钠			

六、 思考题

一种杀菌剂的作用方式与哪些因素有关？

实验5 杀菌剂对植物病害防治方式的测定

一、 实验目的

了解杀菌剂防治病害的方式，掌握其测定方法。

二、 实验原理

植物病害化学防治是使用化学药剂处理植物及其生长环境，以减少或消灭病原微生物或改变植物代谢过程以提高植物抗病能力，从而达到预防或阻止病害发生和发展的目的。植物病害化学防治原理包括化学保护、化学治疗和化学免疫三个方面。

化学保护是在病原微生物未接触到植物之前，施用杀菌剂消灭病原；或病原微生物虽已接触植物，但未侵入植物体内时，施用杀菌剂，消灭植物表面上的病原微生物，使植物得到保护。化学治疗是当病原微生物已经侵入植物体内，但还处于潜伏期，或植物已感病出现病状时进行施药，使病原微生物死亡或受到抑制，减轻或消除病害。

三、 实验材料

(1) 供试药剂　嘧菌酯、福美双，将供试药剂配制成 $20\mu g$（a.i）/mL 药剂浓度（或配制成系列浓度）。

(2) 供试病原菌　辣椒疫霉病菌。

(3) 供试植株。

(4) 叶期辣椒苗（感疫霉品种）。

四、 实验步骤

1. 保护作用测定

(1) 病原菌孢子悬浮液的培养　将辣椒疫霉菌在 CMA 培养基上培养一周，将产生大量孢子囊的菌丝块挑入盛有 60mL 灭菌自来水的三角瓶中，用手振荡三角瓶，挑出菌丝块，配制成孢子囊悬浮液（1×10^5 个/mL）。

(2) 辣椒苗的准备　将辣椒种子人工催芽后，在周转箱内育苗。将出苗 3 周的辣椒移植至塑料杯内，每杯一株，放入人工气候箱中（25℃，相对湿度 95%，光照 12h/d）生长至 4 叶期。

(3) 杀菌剂保护作用测定　将浓度为 $20\mu g$/mL 的嘧菌酯及福美双药液 20mL 分别对辣椒植株进行灌根处理，设清水为对照。药剂处理后间隔 24h 将制备好的辣椒疫霉孢子囊悬浮液 3mL 接种于辣椒根部土壤，每处理 10 株。待空白对照发病后，量取茎基部病斑长度，计算防治效果。

2. 治疗作用测定

(1) 病原菌孢子囊悬浮液的准备　将辣椒疫霉菌在 CMA 培养基上培养一周，将产生大量孢子囊的菌丝块挑入盛有 60mL 灭菌自来水的三角瓶中，用手振荡三角瓶，挑出菌丝块，配制成孢子囊悬浮液。

(2) 辣椒苗的准备　将辣椒种子人工催芽后，在周转箱内育苗。将出苗 3 周的辣椒移植至塑料杯内，每杯一株，放入人工气候箱中（25℃，相对湿度 95%，光照 12h/d）生长至 4 叶期。

(3) 杀菌剂治疗作用测定　将制备好的致病疫霉孢子囊悬浮液 3mL 接种于 4 叶期的辣椒根部，接种后间隔 24h 将浓度为 $20\mu g$/mL 的嘧菌酯及福美双药液 20mL 分别对辣椒植株进行灌根处理，设清水对照。将施药后的辣椒植株放入人工气候箱中保湿培养，每处理 10 株。待空白对照充分发病后调查发病情况，计算药剂对辣椒疫霉病的防治效果。

五、 实验结果与分析

将实验结果记入表 6-5。

$$防治效果=\frac{对照病斑长度-处理病斑长度}{对照病斑长度}\times100\%$$

表 6-5　杀菌剂对植物病害防治方式的测定

药剂处理	保护作用		治疗作用	
	接孢子悬浮液前 24h 施药		接孢子悬浮液后 24h 施药	
	病斑长度	防治效果	病斑长度	防治效果
福美双				
嘧菌酯				
对照				

六、思考题

了解杀菌剂的防治原理对生产上正确使用杀菌剂有何指导意义？

实验6　杀菌剂对菌体呼吸作用的测定

一、实验目的

了解杀菌剂对菌体呼吸作用的影响及其测定方法。

二、实验原理

植物病原菌和其他异氧微生物一样，通过呼吸利用摄入的氧，使有机养料氧化放出自由能以供给生命活动所需要的能量。这样有机养料作为呼吸基质氧化的最终产物就以二氧化碳排出。菌体呼吸作用的测定可以采用如下方法。

1.测压法

此法为最基本而又经典的方法，测定由于消耗溶解在水中的氧所引起的正常气相氧的减少或由于产生二氧化碳所引起的正常的气相二氧化碳的增加。

2.电学方法

属于此一类型的方法有溶解在水中氧的电学测定法与氧化还原电位测定法。

本溶解在水中氧的电学测定是用电学的测定方法，连续地在记录纸上记录溶解在水中氧的减少和增加，即能测定出反应混合液中的溶解在水中的氧。该方法常采用所谓用作氧电极的白金电极和饱和 KCl 甘汞电极为正负极的极谱，即溶解在水中的氧基于电极上还原而产生电流的方法。该方法由于采用封闭系统容器，不仅可以测定用于菌体细胞呼吸所消耗的氧，还能测定或观察与其共轭的氧化磷酸化，通过光合成所放出的氧气及光合磷酸化等。

3.指示剂法及分光光度法

指示剂法在研究呼吸链脱氢反应方面是非常重要的方法。特别是从可以采用 TTC 色素以来，就使以分光光度法测定脱氢酶活性变得准确迅速，其更精确的应用可以对 NAD^+ 或 $NADP^+$ 作为辅酶的脱氢酶活性和对细胞色素系的各成分的活动进行准确探讨。

4.放射呼吸测定法

CO_2 作为呼吸的最终氧化产物被排出，将呼吸基质 D-葡萄糖的 6 个骨架碳从第一碳依次到第六碳都用 ^{14}C 进行标记，通过呼吸氧化，分别定时地计测来源于第一碳到第六碳各个碳的 CO_2，可测出在给定情况下，在菌体 D-葡萄糖异化过程中碳的参与率。

三、实验材料

1.供试药剂

93％嘧菌酯，用甲醇配成 $1.0 \times 10^4 \mu g/mL$ 母液。

2.培养基

① PSA 培养基　马铃薯 200g，蔗糖 20g，琼脂 20g，加去离子水定容至 1L。

② AEB 培养基　酵母 5g，$NaNO_3$ 6g，KH_2PO_4 1.5g，KCl 0.5g，$MgSO_4$ 0.25g，甘油

20mL，加入去离子水定容至1L。

    3. 供试病原菌

    辣椒炭疽病菌。

四、实验方法

    1. 供试菌的准备

    用灭菌打孔器在 PSA 培养基上培养的辣椒炭疽病菌菌落边缘制取新鲜菌碟，将其移入盛有100mLAEB 液体培养基的 250mL 三角瓶中，25℃、120r/min 摇培，每瓶 10 个菌碟。

    2. 药剂抑制菌体呼吸的测定

    将摇培 5 天的菌丝用 0、20μg/mL、50μg/mL 的嘧菌酯处理 1h 后，将处理的菌丝体加入到 SP-2 溶氧仪的反应杯中，测定菌丝耗氧率，收集测定后的菌丝，在 80℃烘箱中烘 10h 至恒重并称重。

五、实验结果

    实验仪记录的数据中，溶氧仪的反应杯体积为 X（mL），某温度下所跑基线横向格数为 Y（格），某温度下水中溶解氧浓度 Z（μmol/mL）（可从表中查得）。所以每格代表溶解氧量为（ZX）/Y。

$$菌丝耗氧量＝横向格数（处理）×（ZX）/Y$$

根据记录仪记录的斜率计算出单位时间单位菌丝干重的耗氧率。公式如下：

$$呼吸速率＝（菌丝耗氧量/测定时间）/菌丝干重$$

六、思考题

    测定杀菌剂对菌体呼吸作用时有哪些注意事项？

实验7　杀菌剂对菌体物质合成的测定

一、实验目的

    了解杀菌剂对菌体物质合成的影响，掌握其测定方法。

二、实验原理

    从杀菌剂杀菌毒理的角度来说，菌体中受影响的生物合成有两大类：一是主要代谢物蛋白质、核酸、脂质等大分子化合物；二是细胞壁、细胞膜和其他一些组织上的膜以及次生代谢物质的小分子化合物。如引起与氧化有关的酶体上物质或菌体上氧化酶结合位点的蛋白质的改变，会影响氧化酶类本身活性或影响氧化酶与作用部位的结合而失活。甾醇类杀菌剂破坏菌体膜上脂质甾醇的合成会影响菌体膜功能。以三环唑为代表的多种化合物会影响到稻梨孢菌的附着胞壁上的黑色素合成，从而阻碍病菌的侵入。苯并咪唑类杀菌剂能影响微管的形成，从而干扰了细胞的有丝分裂。几丁质是菌体细胞壁的重要组成成分，对几丁质合成的影响会导致菌体细胞壁异常。应该指出，影响合成的物质不同，菌体表现出的中毒症状不同，但有时也会表现出一系列的中毒反应。如异稻瘟净等有机磷杀菌剂作用于稻瘟病菌后，菌体表现为细胞壁合成异常，但进一步研究发现，该类杀菌剂是影响了卵磷脂的合成而破坏了细胞质膜的结构，改变其通透性，使合成细胞壁的 UDP-N-乙酰氨基葡糖不能从膜的内面运至膜的外面，从而减少了几丁质的合成。

三、实验材料

    1. 供试药剂

    多氧霉素。

2. 供试病原菌

梨黑斑病菌。

3. 供试培养基

干杏培养基：商品干杏 20g 用 1L 蒸馏水热提取 1h，提取液 pH 调整至 5.5，内含琼脂 3%。

四、 实验方法

1. 病原菌的培养

将梨黑斑病菌放在干杏琼脂培养基平面上，于 27℃ 培养一周。将培养基表面上的孢子用接种环使其悬浮于灭菌水中，然后用灭菌的双层纱布过滤。悬浮液稀释到孢子数在显微镜下（40 倍）每视野中有 100～200 个。孢子数过多时，孢子集聚成块难以观察。

2. 药剂处理

将孢子悬浮液适当的分取于试管中，加药剂溶液使多氧霉素溶液最终浓度为 $2\mu mol/L$，以加蒸馏水作空白对照，立即分别取 0.2mL 轻轻滴到载玻片上。在培养皿中铺上用水湿过的滤纸等，排好玻璃管，上面放置载玻片。盖好盖，于 27℃ 在暗处培养 24h。

3. 观察结果

盖上盖玻片，在显微镜下用计数器分别计测对照和加有药剂的孢子、发芽管的形态，即正常的、异常膨肿的、没有发芽管的。正常和异常的发芽管两种孢子都作为"正常"的孢子。算出在对照中不发芽孢子的比例，减去药剂处理区不发芽孢子数的比例。

对多氧霉素敏感的梨黑斑病菌 90% 以上的孢子会因上述浓度的多氧霉素引起发芽管的膨肿。这种膨肿的发芽管有时与孢子一样大，很容易观察。

五、 实验结果与分析

实验结果记录于表 6-6 中。

表 6-6　实验结果记录表

药剂处理	调查孢子数	萌发孢子数	芽管异常孢子数
多氧霉素			
对照			

六、 思考题

病原菌培养有哪些基本方法以及相关注意事项？

实验8　除草剂对杂草光合作用的抑制

一、 实验目的

了解除草剂抑制作物光合作用的测定方法。

二、 实验原理

测定除草剂抑制作物光合作用的方法有藻类实验法、浮萍法和圆叶片漂浮法等方法。其中藻类实验法和浮萍法分别利用除草剂处理小球藻和浮萍来测定药剂对植物光合作用的影响。圆叶片漂浮法是 Truelove 等 1974 年提出的，后经多种改进，方法更加完善。它是测定光合作用抑制剂快速、灵敏、精确的测定方法。其原理是植物在进行光合作用时，叶片组织内产生较高浓度的氧气，使叶片容易漂浮，而若光合作用受抑制，不能产生氧气，则叶片就难以漂浮。

三、 实验材料

1. 供试药剂

莠去津除草剂：用 0.01mol/L 磷酸钾缓冲液配制系列浓度的含药溶液（如浓度 1、浓度 2、浓度 3 等）。0.01mol/L 磷酸钾缓冲液（pH7.5），碳酸氢钠（分析纯）。

2. 供试植物叶片

摘取生长 6 周的黄瓜叶或生长 3 周的蚕豆幼叶（已充分展开），也有用展开 10 天的南瓜子叶叶片供试验用。其他植物敏感度低，不易采用。

3. 实验用具

打孔器、三角瓶、真空泵、烧杯、250W 荧光灯、秒表。

四、 实验方法

① 在 250mL 的三角瓶中，加入 50mL 用 0.01mol/L 磷酸钾缓冲溶液（pH7.5）配制的不同浓度的除草剂，并加入适量的碳酸氢钠（提供光合作用需要的 CO_2）。

② 用打孔器打取 9mm 直径的圆叶片，立即转入上述溶液中。每只三角瓶中加入 20 片圆叶片，再抽真空，使全部叶片沉底。

③ 将三角瓶内的溶液连同叶片一起转入 1 只 100mL 的烧杯中，在黑暗下保持 5min，然后在 250W 荧光灯下曝光，并开动秒表计时，最后记录全部叶片漂浮所需要的时间，再计算阻碍指数（RI，即 retardation index），阻碍指数越大，抑制光合作用越强，药剂的生物活性越高。

五、 实验结果与分析

实验结果记录至表 6-7 中，分析除草剂对光合作用的抑制。

表 6-7 实验结果记录

药剂处理	漂浮所需时间	阻碍指数(RI)
莠去津(浓度 1)		
莠去津(浓度 2)		
莠去津(浓度 3)		
CK		

$$阻碍指数（\%）= \frac{处理组圆叶片漂浮所用的时间}{空白对照组圆叶片漂浮所用的时间} \times 100$$

六、 思考题

圆叶片漂浮法测定除草剂活性应注意哪些事项？

实验9 除草剂对植株体内乙酰乳酸合成酶活性的影响

一、 实验目的

了解除草剂抑制乙酰乳酸合成酶（ALS）活性的测定方法。

二、 实验原理

植株体内乙酰乳酸合成酶是除草剂的重要靶标，磺酰脲类、咪唑啉酮类、磺酰胺类、嘧啶水杨酸类等除草剂都作用于此靶标。靶标 ALS 抑制剂是目前开发最活跃的领域之一。

乙酰乳酸合成酶催化 2 个丙酮酸（或 1 个丙酮酸与 1 个 α-丁酮酸）形成乙酰乳酸（或乙酰羟丁酸），利用间接比色法测定该酶活性，即将产物乙酰乳酸脱羧形成 3-羟基丁酮，再与肌酸及甲萘酚形成粉红色复合物，该复合物在 530nm 处有最大吸收峰。

三、 实验材料

1. 实验试剂

黄素腺嘌呤二核苷酸（FAD）、焦磷酸硫胺素（TPP）、肌酸、二硫代苏糖醇、丙酮酸钠、α-

萘酚、$MgCl_2 \cdot H_2O$、石英砂、磷酸氢二钾、磷酸二氢钾、硫酸、硫酸铵、氢氧化钠等。

除草剂：氯磺隆，配成 10nmol/L 的溶液。

2. 供试植物

稗草植株：待稗草长至 3～4 叶期剪取植株地上部分。

3. 实验仪器

光照培养箱、紫外可见分光光度计、水浴恒温振荡器、超速冷冻离心机。

四、实验步骤

1. 试剂配制

① ALS 提取液配制　用 0.1mol/L 磷酸钾缓冲液（pH7.5）配制，其中含 1mmol/L 丙酮酸钠、0.5mmol/L TPP、10μmol/L FAD 和 0.5mmol/L $MgCl_2$。

② ALS 酶溶解液配制　用 0.1mol/L 磷酸钾缓冲液（pH7.5）配制，其中含 20mmol/L 丙酮酸钠、0.5mmol/L $MgCl_2$。

③ 酶促反应液配制　用 0.1mol/L 磷酸钾缓冲液（pH7.0）配制，其中含 0.5mmol/L $MgCl_2$、20mmol/L 丙酮酸钠、0.5mmol/L TPP 和 10μmol/L FAD。

2. ALS 的提取

取 5g 样本加 10mL 提取液，在冰浴中用少许石英砂研磨，用多层纱布过滤，定容至 10mL。于 25000g、4℃离心 20min，上清液用 $(NH_4)_2SO_4$ 粉末调至约 50% 饱和度，0℃沉降 2h。于 25000g、4℃离心 30min，上清液弃去，沉淀即为所需的 ALS 酶。该酶溶于 5～10mL 酶溶解液中，得粗酶液。

3. ALS 活性测定

在试管中分别加入 0.1mL 含 0.10nmol/L 氯磺隆溶液，再加入 0.5mL 酶促反应液和 0.4mL 粗酶液，置于 37℃水浴中暗反应 1h 后，加入 3mol/L H_2SO_4 0.2mL 终止反应（对照管于水浴前加入 3mol/L H_2SO_4 0.2mL 阻止反应发生）。然后将反应产物在 60℃脱羧 15min，再顺次加入 0.5% 肌酸（溶于去离子水）0.5mL 和 5% 甲萘酚（溶于 2.5mol/L NaOH）0.5mL，于 60℃反应 15min。取出充分摇匀反应液使其显色，4000r/min 离心 3min 去除沉淀，用紫外分光光度计在 525nm 处比色，ALS 活性用吸光值 A_{530} 表示。

五、实验结果与分析

实验结果记录至表 6-8 中，分析氯磺隆对 ALS 酶活性的抑制。

表 6-8　实验结果记录

药剂处理	OD(A_{530})	抑制率/%
氯磺隆		
CK		

六、思考题

为什么取供试植物（稗草）3～4 叶期的地上部分作为研究对象？

实验10　杀菌剂对病原菌的作用方式测定

一、实验目的

了解杀菌剂抑制菌体不同发育阶段的测定方法。

二、实验原理

杀菌剂可以影响菌丝生长，使菌丝生长受阻、畸形扭曲等，孢子不能萌发，各种子实体和侵染结构（附着胞）的形成，或导致细胞膨胀、原生质体和线粒体的瓦解，以及细胞壁、细胞膜的破坏，病菌长期处于静止状态等。不同的杀菌剂对病原菌不同的发育阶段影响不同，只有明确了杀菌剂对菌体哪些发育阶段产生影响，才能合理使用杀菌剂防治植物病害。

三、实验材料

1. 供试杀菌剂

选择对灰霉病菌有效的药剂，如抑菌脲等。

2. 供试病原菌

灰霉病菌。

四、实验方法

1. 供试杀菌剂对番茄灰霉病菌菌丝生长和菌体形态的抑制

将系列浓度的供试杀菌剂母液加至溶化后冷却至 45℃ 左右的 PDA 培养基中，制成含系列供试药剂浓度的平板。挑取预先制备的灰霉病菌菌碟，菌丝面向下接种于含药平板上。每处理 3 次重复，于 23℃ 培养 4 天后，量取菌落直径，计算供试杀菌剂对灰霉病菌菌丝生长的 EC_{50}。切取各处理的菌丝先端，于显微镜下观察菌丝形态是否发生变化。

2. 供试杀菌剂对番茄灰霉病菌孢子萌发的影响

将配好的系列浓度药液各 $45\mu L$ 滴于凹玻片内，再分别加入 $45\mu L$ 孢子悬浮液，使孢子悬浮液中药剂浓度为系列浓度，每个视野（40 倍）孢子浓度为 80～100 个，每处理重复 3 次，置于 23℃ 保湿培养 12h。显微镜下观察不同浓度药剂对孢子萌发的影响。

3. 供试杀菌剂对番茄灰霉病菌孢子产量的影响

按"1."中的方法将灰霉病菌接入含系列浓度药剂的 PDA 平板中，置于 23℃ 培养 15 天左右，待其产孢。在产孢的菌落边缘打孔，一个处理浓度打取 5 个菌饼，用镊子取出放入 1mL 的无菌水里，用玻璃棒充分搅拌，使孢子尽可能脱落。利用血球计数器记数，观察不同浓度药剂对番茄灰霉病菌孢子产量的影响。

4. 供试杀菌剂对番茄灰霉病菌菌核产量的影响

按"1."中的方法将灰霉病菌接入含系列浓度药剂的 PDA 平板中，23℃ 培养 25 天后，PDA 培养基上的灰霉病菌菌落会产生菌核，观察不同浓度药剂的 PDA 平板上番茄灰霉病菌菌核的形态，并用镊子取出菌核称重，计算供试药剂抑制菌核产量的 EC_{50}。

五、实验结果与分析

实验结果记录至表 6-9 中，并分析供试杀菌剂对菌体的哪些生长发育阶段产生影响。

表 6-9　实验结果记录

菌体发育阶段	抑制率/%					EC_{50}
	浓度 1	浓度 2	浓度 3	浓度 4	浓度 5	
菌丝生长						
孢子萌发						
孢子产量						
菌核产量						

六、思考题

杀菌剂对菌体的作用方式可以从哪些方面进行测定？

实验11　农药对蜜蜂的毒性安全评价

一、目的与要求

学会用摄入法和接触法测定农药对蜜蜂的毒性，掌握农药对蜜蜂的毒性评价标准。

二、实验原理

农药可以通过多种途径危害到蜜蜂：可以在直接喷洒时，接触蜜蜂使之死亡；可能污染花粉，在蜜蜂取食时致死；严重的是蜜蜂可能将农药带回蜂巢致使整窝蜜蜂死亡。在国外有些国家同时用蜜蜂和野蜂作试验材料，在我国目前条件下多采用养殖最普遍的意大利成年工蜂作试验蜂种。根据蜜蜂在田间与农药接触的方式，试验须做摄入毒性与接触毒性两种，供试的农药可用制剂或纯品。

1. 摄入法

将一定量的农药溶于糖水或蜂蜜中喂养蜜蜂，并对药液的消耗量进行测定。对难溶于水的农药，可加少量易挥发性助溶剂（如丙酮等）。

2. 接触法

供试农药用丙酮溶解，将蜜蜂夹于两层塑料纱网之间，并固定于框架上；或用麻醉法先将蜜蜂麻醉（麻醉时的死亡率不得大于10%），之后于蜜蜂的前胸背板处，用微量注射器点滴药液。

正式试验前先做预备试验，初步确定供试农药对蜜蜂的最高安全浓度与最低全死亡浓度。正式试验时在此范围内以一定的浓度级差配制成5~7个不同的处理浓度，并设有相应的溶剂或空白对照。试验宜在（25±2）℃微光条件下进行，记录24h死亡率，用概率法求出 LC_{50} 或 LD_{50}。根据毒性测定结果，参照Atkins毒性等级划分标准，按照 LD_{50} 值的大小，将农药对蜜蜂接触毒性分为四个等级：剧毒 $LD_{50} \leqslant 0.001\mu g$（a.i.）/蜂；高毒 $0.001\mu g$（a.i.）/蜂 $< LD_{50} \leqslant 2.0\mu g$（a.i.）/蜂；中毒级 $2.0\mu g$（a.i.）/蜂 $< LD_{50} \leqslant 11.0\mu g$（a.i.）/蜂；低毒 $> 11.0\mu g$（a.i.）/蜂，须进一步考虑做田间毒性试验。根据我国农药登记环境毒理学试验单位所采用的分级标准，将农药对蜜蜂胃毒毒性分为：剧毒（$LC_{50} \leqslant 0.5mg/L$）、高毒（$0.5mg/L < LC_{50} \leqslant 20mg/L$）、中等毒性（$20mg/L < LC_{50} \leqslant 200mg/L$）、低毒（$LC_{50} > 200mg/L$）。

三、实验材料

1. 供试药剂

1.8%阿维菌素水乳剂。

2. 供试蜂种

意大利蜜蜂（*Apis mellifera* L.），成年工蜂。

3. 实验用具

（1）试验蜂笼　为长方体框架（一般为木制），长×宽×高＝15cm×10cm×10cm，上下两面蒙上塑料纱网（一面固定，另一面活动）。

（2）储蜂笼　为长方体框架（一般为木制），一面为可抽式玻璃，其余各面均为塑料纱网（长×宽×高＝30cm×30cm×60cm）。

（3）塑料网袋　长×宽＝30cm×28cm，纱网孔径为2.5mm。

（4）蜜蜂饲料　为市售蜂蜜兑水后的蜂蜜水（蜂蜜和水的体积比为1:2）。

四、实验操作

1. 药液的配制

将1.8%阿维菌素水乳剂用蒸馏水稀释500倍，得到36mg/L的药液，将其成倍稀释得到36mg/L、18mg/L、9.0mg/L、4.5mg/L、2.25mg/L、1.125mg/L六个系列浓度。

2. 预试实验

预试实验目的是为了找出引起蜜蜂0（Dn）和100%（Dm）死亡的剂量，以便安排正式实验。预试实验一般采用少量蜜蜂（6～10 只）进行，将蜜蜂随机分为 3 组，组间剂量比值一般以 1∶0.5 或 1∶0.7 为宜，预试实验应进行到找出 Dn 和 Dm 后方可安排正式实验。

3. 接触法实验

① 将蜜蜂从蜂箱内转入储蜂笼，试验时将蜜蜂移入塑料网袋中，每次 15～20 只。轻轻拉紧塑料网袋后，用图钉将其固定于泡沫板上，蜜蜂被夹在两层塑料纱网之间。

② 通过塑料纱网的网孔在蜜蜂的前胸背板处，用 10μL 平头微量注射器分别点滴不同浓度供试药液 2.0μL。

③ 将蜜蜂放入试验蜂笼中，每笼 15～20 只，隔网用脱脂棉喂食适量的 50% 蜂蜜水，另设清水处理为空白对照，3 次重复，24h 后记录中毒死亡情况。

④ 根据点药量和药液浓度将 LC_{50} 换算成 LD_{50}，利用概率值法（EXCEL）或 DPS 软件计算出毒力回归式、半数致死量 LD_{50}、相关系数及 95% 置信限。根据 LD_{50} 值按照分级标准确定农药对蜜蜂的毒性级别。

4. 摄入法实验

① 将储蜂笼中的蜜蜂移入试验蜂笼中，每笼 15～20 只。

② 将 2mL 蜂蜜和 4mL 不同浓度的药液混匀组成药蜜混合液（下称药蜜），装在 50mL 的小烧杯中，并以适量脱脂棉浸渍形成饱和吸水状态棉球（以药蜜不扩散为宜），试验时将小烧杯口向下倒置于试验蜂笼上面的塑料纱网上，通过网眼供蜜蜂摄取。

③ 定时观察蜜蜂摄食情况，并对药液的消耗量进行测定，一旦药液消耗完，将食物取出，换用不含供试物的蔗糖水进行饲喂（不限量），随时添加药蜜，另设清水处理为空白对照，每处理 15～20 只蜜蜂，重复 3 次。

④ 24h 后观察记录各级浓度的蜜蜂中毒死亡情况，利用概率值法（EXCEL）或 DPS 软件计算出毒力回归式、半数致死浓度 LC_{50}、相关系数及 95% 置信限。

五、结果分析

将数据和结果记录在表 6-10 与表 6-11 中。

表 6-10　农药对蜜蜂接触毒性试验记录

药液浓度/(mg/L)	36	18	9	4.5	2.25	1.125
每蜂给药量/(μg/蜂)						
蜜蜂数/只						
死亡数/只						
死亡率/%						
毒力回归式						
LD_{50}/(μg/蜂)						
95% 置信限						
相关系数 r						

表 6-11　农药对蜜蜂摄入毒性试验记录

药液浓度/(mg/L)	36	18	9	4.5	2.25	1.125
药蜜浓度/(mg/L)						
蜜蜂数/只						
死亡数/只						
死亡率/%						
毒力回归式						
LC_{50}/(mg/L)						
95% 置信限						
相关系数 r						

在农药对蜜蜂的安全性实验中有哪些注意事项？

实验12　农药对鱼的毒性安全评价

一、 目的与要求

学会农药对鱼毒性安全评价的方法，掌握农药对鱼的毒性评价标准。

二、 实验原理

不同国家和地区根据实际情况可采用常见的鱼种进行试验，国际上常用试验鱼种有斑马鱼、鲤鱼、夏裬鱼、黑头软口鲦、翻车鱼、底鳉、虹鳟。鲤鱼是我国主要鱼种之一，各地都有养殖，材料易得，是理想的试验鱼种。试验鱼应同时孵化，体长 2~5cm，健康无病的鱼苗先在室内驯化饲养 7~14 天，待鱼苗死亡率稳定在＜10％时开始试验。试验期间对照组的死亡率也应控制在＜10％以下。鱼的急性毒性测定方法有静态法、半静态法和流动式法三种。在我国目前条件下，一般采用半静态法为宜（易水解与易挥发的农药需用流动式法测定）。试验容器的大小，一般应控制在每升水 1 条鱼的范围内。试验期间定期更换药液，以保证水中药液浓度不低于加入量的 80％，水中溶解氧不得低于饱和点的 60％，pH 值控制在 6~8.5 之间。正式试验前先做预试，然后在最高安全浓度与最低全致死浓度范围之间，按级差设 5~7 个组，每组养 10 尾，并设空白对照。供试水用曝气去氯后的自来水，标明水质指标。供试农药用纯品，必要时也可用工业品或制剂。难溶于水的农药，可用超声波加以分散，或用低毒的丙酮与吐温 80 助溶，用量要＜0.1mL/L，并要做对比试验。试验前 24h 停止给试验鱼喂食，在整个试验期间不喂食，试验在（22±2）℃、适度光照（12~16h/d）条件下连续 96h，记录最初 8h，以及 24h、48h、72h、96h 时鱼的死亡率与中毒症状，及时捞出死鱼。最后对鱼类的毒性一般按 96h LC_{50} 的大小划分为四个等级：LC_{50}＞10mg（a.i.）/L 为低毒农药，1.0mg（a.i.）/L＜LC_{50}≤10mg（a.i.）/L 为中毒农药，0.1mg（a.i.）/L＜LC_{50}≤1.0mg（a.i.）/L 为高毒农药，LC_{50}≤0.1mg（a.i.）/L 为剧毒农药。田间的安全使用浓度可采用 96h 的半数致死浓度 LC_{50}×0.1 系数。

三、 实验材料

1. 供试药剂

10％溴氰菊酯（brofluthrinate）乳油。

2. 供试鱼种

鲤鱼（*Cyprinus carpio* Linnaeus），大小一致，测量平均体长和平均体重，在室内条件下驯养 7~14 天以上，自然死亡率＜10％，试验前 24h 停止喂食。

3. 实验用具

15L 的玻璃缸、鱼缸气泵。

四、 实验操作（半静态法实验）

1. 预试实验

预试实验目的是为了找出引起鱼 0（Dn）和 100％（Dm）死亡的剂量，以便安排正式实验。预试实验一般采用少量鱼（5 条）进行，将鱼随机分为 3 组，组间剂量比值一般以 1：0.5 或 1：0.7 为宜，预试实验应进行到找出 Dn 和 Dm 后方可安排正式实验。

2. 正式试验

① 将 10％溴氰菊酯乳油用曝气 24h 后的自来水稀释，配制得到 20mg/L、10mg/L、

5mg/L、2.5mg/L、1.25mg/L、0.625mg/L、0.3125mg/L、0.15625mg/L 八个系列浓度。

② 在 15L 玻璃缸中加入 10L 配制好的药液,放入 10 条鲤鱼,接上鱼缸气泵充气,试验前 1 天停止给鱼喂食,试验期间也不喂食。分别于 24h、48h、72h 和 96h 观察记录鲤鱼的中毒症状和死亡数,及时清除死鱼,判断死鱼的标准是玻璃棒轻触鱼的尾部无可见运动。每24h 更换全部药液。另设清水处理为空白对照。

五、 结果分析

分别于 24h、48h、72h 和 96h 观察记录鲤鱼死亡数,利用概率值法(EXCEL)或 DPS软件计算出毒力回归式、半数致死浓度 LC_{50}、相关系数及 95% 置信限,记录在表 6-12 中。

表 6-12 农药对鲤鱼毒性试验记录

药液浓度/(mg/L)	鲤鱼死亡数			
	24h	48h	72h	96h
20				
10				
5				
2.5				
1.25				
0.625				
0.3125				
0.15625				
0				
毒力回归式				
LC_{50}/(mg/L)				
95%置信限				
相关系数 r				

六、 思考题

在农药对鱼的安全性评价中有哪些注意事项?

实验13 农药对家蚕的毒性安全评价

一、 目的与要求

学会农药对家蚕毒性安全评价的方法,掌握农药对家蚕的毒性评价标准。

二、 实验原理

家蚕是鳞翅目蚕蛾科的一种,与其他昆虫比较,一般对农药比较敏感,有时虽然中毒并没有造成死亡,但会影响蚕的体质和茧质,降低雌蛾的产卵量或使幼虫龄期不一致。因家蚕品种较多,尚难规定统一的试验品种,目前只能因地制宜,选择农药使用地区常用的家蚕品种作试验材料。

农药对家蚕影响的主要途径,多半为农田施药引起桑叶污染或大气污染两种。在测定农药对家蚕毒性时,首选食下毒叶法,该法反映了杀虫剂对家蚕的胃毒、触杀和熏蒸的联合毒性,更接近于杀虫剂对家蚕的实际危害情况。对于挥发性强的农药,尚须结合熏蒸毒性试验,还有药膜法和口器注射法等。家蚕在不同生长发育阶段,对农药的反应亦不尽相同,除蚁蚕外,二龄蚕对农药最敏感,宜选用二龄蚕为毒性试验材料。供试农药用制剂,也可用原药或纯品。难溶于水者可用助溶剂(如丙酮、乙酸乙酯等)助溶。

(1)食下毒叶法 将药液先浸渍桑叶,一般浸渍时间为 5s,待溶剂挥发完再喂蚕。每组 20 条蚕,试验用农药按一定浓度级差配制成 5~7 个处理,并设溶剂空白对照。

（2）熏蒸法　在一较密闭的容器内，将不同浓度的药液浸渍脱脂棉置于小玻皿中，放在容器内一边，使蚕体不会接触到药液，喂以无毒桑叶。

（3）口器注射法　将药剂配制成不同浓度药液，用 $5\mu L$ 气相色谱进样针向家蚕口器中注入 $1\mu L$ 药液，处理后的家蚕用新鲜无毒桑叶饲养。

（4）药膜法　将药剂用丙酮配制成不同浓度的药液，在培养皿中铺一张滤纸，用注射器或移液枪加入 1mL 药液，待丙酮挥发掉后，在滤纸上即形成均匀的药膜，放入家蚕，让其在滤纸上爬行一定时间后，一般为 1min，转入干净的培养皿中用新鲜无毒的桑叶喂养。试验在 $25\sim27℃$ 下微光环境进行。记录 24h、48h 的死亡率，用 DPS 软件或概率值法（EXCEL）求出 LC_{50} 或 LD_{50} 及 95％置信限与相关系数。现在一般直接用实验室测得的 LC_{50} 作为评价指标，对家蚕的毒性一般按 96h 的 LC_{50} 划分为四个等级：剧毒 $LC_{50}\leqslant0.5$mg（a.i.）/L；高毒 0.5mg（a.i.）/L$<LC_{50}\leqslant20$mg（a.i.）/L；中毒 20mg（a.i.）/L$<LC_{50}\leqslant200$mg（a.i.）/L；低毒 $LC_{50}>200$mg（a.i.）/L。

三、实验材料

1. 供试药剂

10％氯氰菊酯（cypermethrin）乳油。

2. 供试生物

家蚕（*Bombyxmori* L.），二龄蚕。

四、实验操作

1. 预试实验

预试实验一般采用少量家蚕（10 条）进行，将家蚕随机分为 3 组，组间剂量比值一般以 1：0.5 或 1：0.7 为宜，预试实验应进行到找出引起家蚕 0（Dn）和 100％（Dm）死亡的剂量方可安排正式实验。

2. 正式试验

① 将 10％氯氰菊酯乳油用水稀释，配制得到 5mg/L、2.5mg/L、1.25mg/L、0.625mg/L、0.3125mg/L、0.15625mg/L 六个系列浓度。

② 把桑叶在药液中浸渍 10s，取出后自然晾干表面水分，放入直径为 9cm 的玻璃培养皿中，每组接入家蚕 2 龄蚕 30 头，每个浓度设 3 次重复，以清水处理为对照。

③ 24h、48h、72h 和 96h 检查中毒死亡情况，死亡标准以轻触后不动视为死亡。

五、结果分析

利用概率值法（EXCEL）或 DPS 软件计算出毒力回归式、半数致死浓度 LC_{50}、相关系数及 95％置信限，记录在表 6-13 中。

表 6-13　农药对家蚕毒性试验记录

药液浓度 /(mg/L)	家蚕死亡数							
	24h				48h			
	处理 1	处理 2	处理 3	平均值	处理 1	处理 2	处理 3	平均值
5								
2.5								
1.25								
0.625								
0.3125								
0.15625								
0								

药液浓度 /(mg/L)	家蚕死亡数							
	24h				48h			
	处理1	处理2	处理3	平均值	处理1	处理2	处理3	平均值
毒力回归式 LC₅₀/(mg/L) 95％置信限 相关系数 r								

毒力回归式
LC_{50}/(mg/L)
95％置信限
相关系数 r

六、思考题

在农药对家蚕毒性安全评价实验中有哪些注意事项？

实验14　农药对鸟类的毒性安全评价

一、目的与要求

学会农药对禽鸟毒性安全评价的方法，掌握农药对禽鸟的毒性评价标准。

二、实验原理

农药对鸟类的毒害方式主要为急性中毒死亡，亚慢性和慢性危害主要体现在鸟类的繁殖能力降低和环境适应能力的降低。农药对鸟类的危害途径：一种是鸟类取食了被农药污染了的食物，如昆虫、植物的果实或种子、蚯蚓、鱼虾与水源等；另一种是因为农药使用时污染了鸟类的巢穴或直接喷洒到鸟类身体上或除草剂的使用破坏了鸟类的栖息场所，使其无法筑巢和隐蔽。农药对鸟类的毒性试验内容有如下几个方面。

1. 试验动物

国际上常用的试验鸟类有鸽、鹌鹑、雉、野鸭、孟加拉雀等（母鸡不适用）。鹌鹑饲养方便，是理想的试验生物。

2. 试验项目

根据哺乳动物的试验结果，如供试农药的 $LD_{50} > 50mg/kg$ 时，可免做对鸟类的经口急性毒性试验。如果供试农药在田间施用时间，与鸟类有一定的触时间，而且已有材料证明该农药在哺乳动物体内有一定富集作用者，除了要做经口急性毒性 LD_{50} 外，还要做5天的药饲试验求 LC_{50}；少数残留期长，对鸟类有长期性暴露影响的农药，还须进一步做繁殖影响试验，观察对鸟类取食性能、繁殖行为、蛋壳、孵化率以及成活率等的影响。对一些用实验室研究还难以明确其危害性的农药，须进一步做笼养试验，甚至是野外试验。

3. 试验方法

（1）急性经口毒性　供试鹌鹑用同一批大小均匀的鹌鹑蛋孵化，饲养约30天，体重基本一致、健康、活泼、雌雄各半的鹌鹑（共10只）作试验用。供试农药用制剂或纯品，溶于水或植物油中，供经口急性毒性试验。一次给药 1.0mg/100g 体重，连续7天观察死亡率。在正式试验前先做预试，然后在最高安全浓度与最低全致死浓度范围内按一定的浓度极差，设5～7个处理，不设重复，进行正式试验，并设空白对照。试验在 $(20 \pm 2)℃$ 与正常饲养条件下进行。试验结果用概率统计法求出 LD_{50} 及95％的置信限。根据毒性测定结果，我国将农药对鸟类的急性毒性划分为四个等级：$LD_{50} > 500mg$（a.i.）/kg 体重为低毒，$50mg$（a.i.）/kg 体重 $< LD_{50} \leqslant 500mg$（a.i.）/kg 体重为中毒，$10mg$（a.i.）/kg 体重 $< LD_{50} \leqslant 50mg$（a.i.）/kg 体重为高毒，$LD_{50} \leqslant 10mg$（a.i.）/kg 体重为剧毒。美国 EPA 采用5级标准制的急性毒性分级标准，即 $LD_{50} > 2000mg/kg$ 体重的为实际无毒，501～

2000mg/kg 体重的为低毒，51～500mg/kg 体重的为中毒，10～50mg/kg 体重的为高毒，<10mg/kg 体重的为剧毒。

（2）慢性毒性

① 剂量定期递增染毒法　对 20 只鹌鹑每天灌胃给药染毒，4 天为一期，给药剂量每期递增一次，开始给药剂量为 $0.1LD_{50}$，以后按照等比级数 1.5 逐期递增，鹌鹑的给药总剂量见表 6-14。若试验期间鹌鹑发生半数死亡，可按表中查得相应的给药总剂量，即蓄积系数。分级标准为蓄积系数<1 为高度蓄积，1～3 为明显蓄积，3～5 为中等蓄积，>5 为轻度蓄积。如果给药 20 天后鹌鹑死亡数没有超过半数，则试验即可结束。

表 6-14　剂量定期递增染毒法给药剂量用表

给药总天数	1～4	5～8	9～12	13～16	17～20	21～24	25～28
每天给药剂量	$0.10LD_{50}$	$0.15LD_{50}$	$0.23LD_{50}$	$0.34LD_{50}$	$0.51LD_{50}$	$0.76LD_{50}$	$1.14LD_{50}$
各期给药总剂量	$0.4LD_{50}$	$0.6LD_{50}$	$0.9LD_{50}$	$1.4LD_{50}$	$2.0LD_{50}$	$3.0LD_{50}$	$4.5LD_{50}$
试验期间给药总剂量	$0.4LD_{50}$	$1.0LD_{50}$	$1.9LD_{50}$	$3.3LD_{50}$	$5.3LD_{50}$	$8.3LD_{50}$	$12.8LD_{50}$

② 固定剂量染毒法　方法参照剂量定期递增染毒法，每天试验给药剂量为 $0.1LD_{50}$。

三、实验材料

1. 供试药剂

40％毒死蜱（chlorpyrifos）乳油。

2. 供试生物

鹌鹑（*Coturnix coturnix japonic*），挑选日龄约 30 天，体重约 100g，健康、无病、活泼的鹌鹑，在试验条件下饲养 1 周后进行试验。

四、实验操作

1. 预试实验

预试实验一般采用 5 只鹌鹑进行，将鹌鹑随机分为 3 组，组间剂量比值一般以 1：0.5 或 1：0.7 为宜，预试实验应进行到找出引起鹌鹑 0（Dn）和 100％（Dm）死亡的剂量方可安排正式实验。

2. 急性毒性试验

① 将 40％毒死蜱乳油用水稀释，配制得到 40mg/L、20mg/L、10mg/L、5mg/L、2.5mg/L、1.25mg/L 六个系列浓度。

② 受试鹌鹑每组 20 只，雌雄各半，试验前 12h 对鹌鹑禁食，仅供饮水。按确定的剂量，以每 100g 体重鹌鹑口注毒死蜱药液 1mL 处理，设空白对照，然后以正常条件饲养，观察 7 天，及时记录鹌鹑的中毒症状和死亡数。

3. 蓄积毒性试验

采用剂量定期递增染毒法（见实验原理），按照急性毒性试验中得到的 LD_{50}，确定给药剂量。

五、结果分析

1. 急性毒性试验结果

利用概率值法（EXCEL）或 DPS 软件计算出急性毒性试验的毒力回归式、半数致死浓度 LC_{50}、相关系数及 95％置信限，记录在表 6-15 中。

表 6-15　农药对鹌鹑的急性毒性试验记录

药液浓度 /(mg/L)	鹌鹑死亡数													
	1d		2d		3d		4d		5d		6d		7d	
	雌	雄	雌	雄	雌	雄	雌	雄	雌	雄	雌	雄	雌	雄
40														
20														
10														
5														
2.5														
1.25														
0														
毒力回归式(7 天)														
LC_{50}/(mg/L)														
95%置信限														
相关系数 r														

2. 蓄积毒性试验结果

按照剂量定期递增染毒法的实验结果，确定毒死蜱的蓄积毒性级别。

六、思考题

在农药对鹌鹑蛋的毒性安全性试验中有哪些注意事项？

实验15　农药对蚯蚓的毒性安全评价

一、目的与要求

学会农药对蚯蚓毒性安全评价的方法，掌握农药对蚯蚓的毒性评价标准。

二、实验原理

农药对蚯蚓的毒性，是评价农药对土壤生态环境安全性的一个重要指标，利用蚯蚓作为土壤环境的指示生物可为整个土壤动物区系提供一个安全阈值。不同种类的蚯蚓对化学物质的敏感度不同，国外做农药毒性试验的蚯蚓品种，多数用日本的赤子爱胜蚓（*Eisenia foelide*），该品种在我国已普遍养殖，是目前理想的试验品种。评价农药对蚯蚓生态毒理的研究方法，目前主要有实验室毒理试验、田间生态毒理试验和生物检定三种方法。实验室毒性试验包括急性毒性试验和慢性毒性试验，具有较好的实用性，可以通过简单、快速和便宜的方法测试某些农药对蚯蚓的毒性，从而对农药的生态毒性做出初步的判断。人们提出了许多关于蚯蚓的实验室毒理试验方法，如滤纸法、溶液法、人工土壤法、自然土壤法，其中被广泛采用的是 OECD 规定的滤纸接触法和人工土壤法。

1. 滤纸接触法

蚯蚓在填充标准化的滤纸条的玻璃器皿中与不同浓度的化学药品接触 48h 后测定其死亡率，然后通过标准化的统计方法得到 LC_{50}。这种方法具有快速、简便易行的优点，但是试验仅仅给出通过皮肤接触所产生的毒性信息，因此不能全面评估农药对蚯蚓的真实影响。

2. 人工土壤法

农药对蚯蚓的致害途径，主要是土壤中的残留农药与蚯蚓的接触或被蚯蚓吞食所致。因供试土壤种类的不同，导致对蚯蚓毒性的程度也有差别。为了使试验结果具有可比性，多采用人工配制的标准土壤作为试验材料。人工土壤由 10% 的草炭、20% 的高岭黏土（高岭土大于 50%）、69% 的工业石英砂（含 50% 以上 0.05～0.2mm 的细小颗粒）和 1% 的 $CaCO_3$（化学纯）组成。将农药按一定的级差，配成 5～7 个浓度，分别均匀地加入 1kg 土壤中，调节到一定的湿度后，装于 2L 的培养缸中。每个处理养入个体大小相近的健壮蚯蚓 10 条，在（20±2）℃和有适量光照条件下进行试验。供试农药用制剂或纯品，对难溶于水的农药，可用丙酮助溶。拌入土壤后先将丙酮挥发掉后再做试验。蚯蚓的毒性试验需连续进行 14 天，于第 7 天与 14 天时测定蚯蚓的死亡率，用概率法求半数致死浓度 LC_{50} 与 95％的置信限值。这种方法较真实反映了蚯蚓生活的土壤环境，综合考虑了农药对蚯蚓的经皮毒性和经口毒性。上述方法得到的试验结果，建议按照 LC_{50} 值的大小将农药对蚯蚓的毒性划分为四个等级：LC_{50}≤0.1mg（a.i.）/kg 干土为剧毒；0.1mg（a.i.）/kg 干土＜LC_{50}≤1mg（a.i.）/kg 干土的为高毒；1mg（a.i.）/kg 干土＜LC_{50}≤10mg（a.i.）/kg 干土为中毒；LC_{50}＞10mg（a.i.）/kg 为低毒。

3. 溶液法

将蚯蚓浸入含不同浓度化学物质的液体中，一定时间后转移至干净的土壤中培养，一段时间后调查蚯蚓的死亡率。

4. 自然土壤法

采用天然土壤为蚯蚓生活的介质，能够评价农药对某一地区的土壤生物的环境毒性情况。

三、实验材料

1. 试验动物

赤子爱胜蚓，体重 0.3～0.5g，大小一致，环带明显的健康成蚓。

2. 试验药剂

60％乙草胺乳油。

四、实验操作

1. 滤纸法

（1）蚯蚓清肠　取若干培养皿，在底部铺上滤纸，加少量水，以刚浸没滤纸为宜，将蚯蚓放在滤纸上，将培养皿放入温度为（20±2）℃、湿度 70％～90％、光照强度 400～800lx 的人工气候箱中，清肠 1 昼夜。

（2）试验浓度的选择　试验测试的浓度是 $1000\mu g/cm^2$、$100\mu g/cm^2$、$10\mu g/cm^2$、$1\mu g/cm^2$、$0.1\mu g/cm^2$、$0.01\mu g/cm^2$，经过测试确定最大无作用浓度和最小全致死浓度，在该浓度范围内，按照极差设定 5～7 个浓度用于正式试验。

（3）器皿药剂处理　将乙草胺乳油用丙酮配制成一系列浓度的溶液，试验时在 9cm 培养皿内垫入相同直径的滤纸一张，吸取 1mL 相应浓度的药剂加到滤纸上，丙酮为对照。在通风橱中放置 30min，待丙酮完成挥发后加 1mL 蒸馏水润湿滤纸，每个浓度组设 3 个平行，并设置一个空白对照组。

（4）培养及观察　将清肠后的蚯蚓冲洗干净，吸干水分后取 10 条放入培养皿中，置于（20±1)℃恒温箱中黑暗培养，于 24h、48h 各计数一次，以前尾部对机械刺激无反应视为死亡。

（5）数据处理　试验数据进行统计学处理，利用概率值法（EXCEL）或 DPS 软件计算出急性毒性试验的毒力回归式、半数致死浓度 LC_{50}、相关系数及 95％置信限。

2. 人工土壤法

（1）蚯蚓清肠　同滤纸法。

（2）试验浓度的选择　试验测试的浓度是 1000mg（a.i.）/kg 干土、100mg（a.i.）/kg 干土、10mg（a.i.）/kg 干土、1mg（a.i.）/kg 干土、0.1mg（a.i.）/kg 干土、0.01mg（a.i.）/kg 干土，经过测试确定最大无死亡浓度和最小全致死浓度，在该浓度范围内，按照极差设定 5～7 个浓度用于正式试验。

（3）土壤药剂处理 将乙草胺乳油用丙酮配制成一系列浓度的溶液，将乙草胺丙酮溶液拌于 10g 石英砂中，待丙酮完全挥发后再与 490g 人工土壤混匀，装入 1000mL 烧杯中（或 18cm 的大培养皿中），加入蒸馏水保持含水量 35％，在人工气候箱中黑暗平衡 2h。

（4）培养及观察 将清肠后的蚯蚓冲洗干净，吸干水分后取 10 条放入土壤中，用纱布封口，并加盖，并调节水分保湿，置于（20±2）℃、相对湿度 80％～90％的人工气候箱中培养。每一浓度设置 3 个重复，10 条蚯蚓，并设置一个空白对照组。7 天、14 天各调查 1 次，记录死亡数及中毒症状（以前尾部对机械刺激无反应视为死亡），培养 14 天后结束试验。

五、试验结果

试验数据进行统计学处理，利用概率值法（EXCEL）或 DPS 软件计算出急性毒性试验的毒力回归式、半数致死浓度 LC_{50}、相关系数及 95％可信限。

1. 滤纸法

将 24h 和 48h 的调查结果记入表 6-16 中。

表 6-16　滤纸法农药对蚯蚓的急性毒性试验记录

药液浓度 /(μg/cm²)	蚯蚓死亡数									
	24h					48h				
	一组	二组	三组	平均	死亡率	一组	二组	三组	平均	死亡率
1000										
100										
10										
1										
0.1										
0.01										
0										
毒力回归式										
LC_{50}/(μg/cm²)										
95％置信限										
相关系数 r										

2. 人工土壤法

将 7 天和 14 天的调查结果记入表 6-17 中。

表 6-17　人工土壤法农药对蚯蚓的急性毒性试验记录

药液浓度 /(mg/kg)	蚯蚓死亡数									
	7d					14d				
	一组	二组	三组	平均	死亡率	一组	二组	三组	平均	死亡率
1000										
100										
10										
1										
0.1										
0.01										
0										
毒力回归式										
LC_{50}/(mg/kg)										
95％置信限										
相关系数 r										

六、 思考题

在农药对蚯蚓的毒性安全评价中有哪些注意事项？

实验16　农药对土壤微生物呼吸作用的毒性安全评价

一、 目的与要求

学会农药对土壤微生物呼吸作用毒性安全评价的方法，掌握农药对土壤微生物呼吸作用的毒性评价标准。

二、 实验原理

农药特别是除草剂等土壤处理剂的大量使用后，绝大部分会残留在土壤中慢慢降解，农药在降解过程中会影响土壤微生物的呼吸作用，各类农药对不同的土壤微生物的影响是不同的。通常都采用 CO_2 释放量来表示土壤微生物呼吸作用的强弱，测试 CO_2 释放量的方法有直接吸收法和通气法两种，前一种方法应用较多。土壤类型不同，其理化性质和微生物种类也存在差异，供试土壤要用两种有代表性的新鲜土壤，并要提供 pH 值、有机质、代换量、土壤质地等数据。供试农药最好用制剂，其更接近生产实际使用情况，也可用原药或纯品。药剂浓度，每种土壤设 1mg/kg、10mg/kg、100mg/kg 三组不同处理，并设空白对照，每组重复三次。难溶于水的农药，可用丙酮助溶。将药液先与少量土混匀，待丙酮蒸发净后，再均匀拌入到处理的土壤中。每个处理用土50g 土壤，将土壤含水量调节成田间持水量的60%，装于100mL 小烧杯中，与另一个装有标准碱液的小烧杯一起置于 2L 容积的密闭广口瓶中，于 (25 ± 1)℃的恒温箱中培养。第 5 天、10 天、15 天时更换出密闭瓶中的碱液，测定吸收的 CO_2 含量。用土壤中 CO_2 释放量的变化为依据，将农药对土壤微生物的毒性划分成三个等级：用 1mg/kg 处理土壤，在 15 天内呼吸作用抑制率＞50%的为高毒农药；用 1～10mg/kg 处理的土壤，在 15 天内呼吸作用抑制率＞50%的为中毒农药；呼吸作用抑制率＜50%的为低毒农药。为了更好地接近田间实际，需要考虑农药对土壤微生物呼吸作用抑制时间长短这一因素，用危害系数的概念表示农药对土壤微生物的影响。危害系数分为三级：＞200 为严重危害，200～20 为中等危害，＜20 为无实际危害。在危害系数测定中，每隔 15 天测定一次 CO_2 释放量，直到测定值低于前一次，或当危害系数＜20 时，即可停止试验。

三、 实验材料

1. 供试土壤

采集 0～20cm 耕层土壤，风干，过 2mm 筛备用。

2. 试验药剂

50%多菌灵可湿性粉剂。

四、 实验操作

① 将 50%多菌灵可湿性粉剂用水稀释，配制得到 500mg/L、50mg/L、5mg/L 三个系列浓度。

② 取过筛后风干土壤 50g，加入 1g 葡萄糖、10mL 不同浓度的药液混匀，装入 100mL 小烧杯中，将小烧杯和装有 20mL 1mol/L NaOH 溶液的小烧杯都放入 2L 的广口瓶中，密封瓶口，放在 (25 ± 1)℃的恒温箱中培养，每个浓度 3 个重复。设空白清水对照，3 个重复；单独空白碱液对照，3 个重复。

③ 第 5 天、10 天、15 天时更换密闭瓶中的碱液，用 1mol/L HCl 溶液滴定，计算土壤微生物呼吸作用释放出的 CO_2 量。

五、 实验结果

1. CO_2 释放量的计算

由上面酸碱滴定结果计算出 CO_2 的释放量，CO_2 量的计算公式如下：

$$W = (V_{空白} - V_{处理}) N \times 44$$

式中　W——50g 土 5 天的 CO_2 的释放量，mg；

　　　$V_{空白}$——滴定空白碱液所需 HCl 的体积，mL；

　　　$V_{处理}$——滴定吸收 CO_2 后碱液所需 HCl 体积，mL；

　　　N——HCl 溶液的物质的量浓度，mol/L。

2. 呼吸作用抑制率的计算

分别计算不同药剂浓度下对土壤微生物呼吸作用的抑制率，计算公式如下：

$$呼吸抑制率 = \frac{空白处理 CO_2 释放量 - 药剂处理 CO_2 释放量}{空白处理 CO_2 释放量} \times 100\%$$

3. 危害系数的计算

危害系数的计算公式如下：

$$危害系数 = \frac{呼吸强度抑制率（\%）\times 抑制时间（月）}{药剂浓度（mg/kg）}$$

根据上面计算得到的呼吸作用抑制率和危害系数，评价 50% 多菌灵可湿性粉剂对土壤微生物的毒害水平。

六、 思考题

在农药对土壤微生物呼吸作用毒性试验中有哪些注意事项？

实验17　农药在水中溶解性的测定

一、 目的与要求

学会测定农药在水中溶解性的方法。

二、 实验原理

水溶性大的农药容易对地表水与地下水域造成污染，脂溶性强的农药，容易在生物体内富集，引起对生物的慢性危害。供试农药应为纯品，试验用水为重蒸馏水，温度一般为 25℃，或根据使用地区情况选择两极温度，常用六氯苯作为参比物（柱淋洗法，25℃时溶解度为 $1.19 \times 10^{-3} \sim 2.31 \times 10^{-3}$ mg/L），溶解度的单位用 g/L 或 mg/L。农药水溶解度的测定方法有柱淋洗法（动态法）和调温振荡法（平衡法）两种。

① 柱淋洗法适用于溶解度 <100mg/L 的农药，将供试农药涂布在惰性的玻璃微球上，装于玻璃柱内，在恒温下（一般为 25℃），用水以不同速度淋洗，逐步减慢流速，待流出液中农药含量不变时，根据已恒定不变的数值，求出农药的水溶解度，应为 5 次试验的平均值。

② 调温振荡法适用于溶解度 >100mg/L 的物质，在略高于试验温度的水中，将供试农药溶解得到饱和水溶液。然后将温度降至试验温度，并在 25℃ 的恒温下振荡 24h，达到平衡后，除去不溶物，再测定溶液中农药的浓度，即为水中的溶解度，应为 3 次试验的平均值。

农药水溶性的大小，可用来估算农药的分配系数与生物富集性，进而判断农药的安全性。根据水溶性的大小可划分为三类：溶解度 <0.5mg/L 的化合物，其生物富集性较高，

对生态系统有一定的危险性；溶解度在 0.5～50.0mg/L 之间的农药，可能有一定的危险性，使用时应注意安全；溶解度＞50.0mg/L 的农药，不易在生物体内富集，但易对生物造成急性危害。除了上面的两种方法外，近些年激光监视动态法得到了广泛研究和应用，该方法具有响应快，在晶体消失时信号突变明显，测量准确，可实现自动化测定等优点。

三、 实验材料

供试药剂 2,4-滴。

四、 平衡法测定溶解度

① 准确量取 100mL 蒸馏水于 250mL 具塞三角瓶中，水浴加热升温到 35℃，向三角瓶中加入一定量的 2,4-滴，振荡溶解，直到有少量固体不再溶，得到饱和溶液。将饱和溶液控温在 25℃，搅拌或振荡 24h 后，静止 2h 后，得上清液。

② 取①中上清液 20.0mL，加到称重后的蒸发皿中，放在 80℃ 的烘箱中加热烘干，称重，并计算得到溶于 20.0mL 水中的 2,4-滴的质量，三次重复，取平均值，换算得到在 1000mL 水中的溶解度 S_1。

③ 取①中的上清液 30.0mL，用 30mL 的乙醚萃取三次，合并，无水硫酸钠干燥，减压浓缩至干，用氮气吹干后，称重，得到溶于 30.0mL 水中的 2,4-滴的质量，三次重复，取平均值，换算得到在 1000mL 水中的溶解度 S_2。

④ 将③中的浓缩物，用乙腈定容到适当的浓度，用液相色谱法（外标法或内标法）测定 2,4-滴在水中的含量，计算得到溶解度 S_3。或直接将①中上清液，即 2,4-滴饱和水溶液稀释到一定浓度，用液相色谱法测定含量，计算得到其在水中溶解度 S_4。

五、 实验结果

将上面试验中三种方法得到的溶解度 S_1、S_2、S_3、S_4 与 2,4-滴标准的溶解度（25℃，620mg/L）进行比较，评价三种方法的优缺点。

六、 思考题

如何选择测定农药溶解度的方法？

实验18 农药分配系数测定

一、 目的与要求

学会农药分配系数测定方法。

二、 实验原理

农药的分配系数 K_{ow} 通常是指一定温度下，农药在等体积正辛醇与水两液相系统中分子浓度的分配比，它是农药的一个基本环境参数。农药的 K_{ow} 值反映了该农药的亲脂性/亲水性的大小：具有较低 K_{ow} 值的农药（如 $K_{ow} \leqslant 10$），可认为是亲水的，其具有较高的水溶解性；相反农药的 K_{ow} 值较大（如 $\geqslant 10^4$），则是亲脂性的，其与生物富集系数、土壤吸附系数有很好的正相关性。测定分配系数的试验方法有很多种，这里介绍如下两种比较适合一般实验室条件的方法。

（1）摇瓶法 该法是测定有机化合物 K_{ow} 值的经典方法。将农药加入正辛醇与水的两相溶液体系中，充分摇匀，对一般农药只需震荡 1h，溶解度＜0.01mg/L 的农药需振荡 24h，达到平衡后，分别测定两相中农药的含量，由此求出分配系数 K_{ow} 值。每种农药要做两种不同浓度，试验浓度一般不得超过 0.01mol/L，通常第一种浓度是第二种浓度的 10 倍。此方法适合测定 $\lg K_{ow}$ 范围为 2.5～4.5 的农药，对少数在水中具有离子化、质子化可逆性和表面活性的农药不适用。

（2）反相薄层色谱法　是一种较为常用的非直接测定 K_{ow} 值的方法，对仪器设备的要求不高。其原理是选用合适的展开剂，测定 K_{ow} 已知的一系列有机物在薄层板上的比移值 R_f 和 R_m。R_f 等于有机物斑点移动距离除以溶剂前沿移动距离，$R_m = \lg (1/R_f - 1)$。然后将 $\lg K_{ow}$ 与 R_m 值进行直线拟合，得到直线回归方程，将测试化合物的 R_m 代入方程，计算得到其分配系数 $\lg K_{ow}$ 值。市售的反相薄层色谱板的固定相为 C_{18} 长碳链烃，Whatman KC 18F RP 和 Merck RP-18 F254 等预涂布薄层板也可以用于试验。该方法具有设备简单、操作简便快速的特点，$\lg K_{ow}$ 测定范围可在 0～12 之间。

K_{ow} 的测定方法还有以下多种。

（3）反相液相色谱法　该法是一种较为常用的非直接测定 K_{ow} 的方法，原理与反相薄层色谱法相同，其优点是重现性好，省时间，适合测定 $\lg K_{ow}$ 值在 0～6 范围内的有机化合物。

（4）慢搅拌法　该法是摇瓶法的一种改进方法，每个样品需要搅拌平衡 2～4 天，通过慢搅拌法避免了乳化现象和采样时的污染问题，该法具有较高的准确性和重现性，适合高 K_{ow} 值化合物的测定。

（5）产生柱法　该法包括产生正辛醇/水平衡液的产生柱、萃取平衡水相中有机物的固相萃取柱和一个作为萃取富集与检测用的液相色谱系统。产生柱法能够检测平衡时水相中极微量的有机物，结果准确，其可测定高达 8.5 的 $\lg K_{ow}$ 值。

（6）电极法　该法适用于能够电离的物质，其原理是根据在有无正辛醇时，可电离物对水相的酸碱滴定曲线的漂移，通过 pK_a 值的变化来求得 K_{ow} 值。

除了以上的实验测定方法外，还有一些 K_{ow} 的估算方法，如用 Leo 碎片法估算得到，应用同类农药已知的分配系数与水溶性之间的相关公式估测农药的分配系数。

三、实验材料

试验药剂为苄嘧磺隆原药或制剂。

四、摇瓶法试验操作

1. 溶剂的预饱和

将 200mL 正辛醇和 400mL 重蒸水混合后，置于恒温振荡器中，以 150r/min 在 25℃ 振荡 24h，使其相互饱和。静置分层，将两相分出，即得被重蒸水饱和的正辛醇和被正辛醇饱和的重蒸水。

2. 缓冲溶液的配制

准确配制 0.02mol/L 的乙酸和乙酸钠水溶液，以体积比约 30:70 配制 pH=5.0 的缓冲溶液；将 0.2mol/L Na_2HPO_4 溶液 61mL 与 0.2mol/L NaH_2PO_4 溶液 39mL 混合，配制得到 pH=7 的缓冲溶液。

3. 水中苄嘧磺隆残留分析方法的建立

将苄嘧磺隆标样配制成一定浓度的丙酮母液，向重蒸水中添加不同量的苄嘧磺隆丙酮母液，使水中添加浓度分别为 0.1mg/L、0.5mg/L、2mg/L 和 20mg/L。取 0.1mg/L 水样 200mL，其余浓度的水样 50mL，分别加入 100mL 2‰ Na_2SO_4 溶液，用稀 H_3PO_4 调至 pH=3.0，再用 50mL 的二氯甲烷萃取 3 次，合并二氯甲烷相，经无水 Na_2SO_4 干燥后，在 40℃ 旋转蒸发浓缩至微干，吹干后用乙腈定容至 2mL 待测，计算添加回收率。各浓度重复三次，同时做空白试验。

4. 被水饱和的正辛醇的苄嘧磺隆标准溶液的配制

将苄嘧磺隆用被水饱和的正辛醇配制得到 $50\mu g/mL$ 的标准溶液，再取 5mL $50\mu g/mL$

的标准溶液，用被水饱和的正辛醇定容至 50mL，得到 5μg/mL 的标准溶液。

5. 平衡时间的确定

取 3mL 50μg/mL 被水饱和的正辛醇的苄嘧磺隆标准溶液，置于 50mL 具塞磨口三角瓶中，加入 27mL 被正辛醇饱和的水，盖紧盖子，在恒温振荡器上于 25℃ 振荡，每隔 30min 测定一次苄嘧磺隆的含量，当水相中苄嘧磺隆浓度达到平衡时，即为苄嘧磺隆在正辛醇和水相中达到平衡的时间。

6. 分配系数的测定

取 50μg/mL 被水饱和的正辛醇苄嘧磺隆标准溶液 1mL，置于 25mL 三角瓶中，加入 9mL 被正辛醇饱和的水，于 25℃ 振荡 4h。以 3000r/min 离心 30min，弃去正辛醇相，取水相加 10mL 2‰ Na_2SO_4 溶液，用稀 H_3PO_4 调 pH＝3.0，再用 20mL 的二氯甲烷萃取三次，合并二氯甲烷相，经无水 Na_2SO_4 干燥，二氯甲烷相在 40℃ 旋转蒸发浓缩至干，用乙腈定容，同时进行 5μg/mL 苄嘧磺隆标准溶液的试验，各浓度重复 5 次。

利用 pH＝5.0 和 pH＝7.0 的缓冲溶液代替重蒸水，重复上面的试验，分别测定苄嘧磺隆在不同 pH 条件下的 K_{ow}。

五、实验结果

苄嘧磺隆的 K_{ow} 值按下式计算：

$$K_{ow} = \frac{C}{C_w} = \frac{C_o V_o - C_w V_w}{C_w - V_w}$$

式中　K_{ow}——正辛醇/水分配系数；

C——平衡时苄嘧磺隆在正辛醇相中的浓度，μg/mL；

C_w——平衡时苄嘧磺隆在水相中的浓度，μg/mL；

C_o——苄嘧磺隆在正辛醇相中的初始浓度，μg/mL；

V_o——正辛醇相的体积，mL；

V_w——水相的体积，mL。

六、思考题

在农药油水分配系数测定中有哪些注意事项？

实验19　农药土壤吸附作用的测定

一、目的与要求

学会测定农药在土壤中吸附性的方法。

二、实验原理

农药吸附作用是指农药被吸附保持在土壤中的能力，它是评价农药环境行为的一个重要指标。农药吸附能力的强弱与农药的水溶性、分配系数、解离特性，以及土壤的性质、温度、含水量等有关。水溶性小、分配系数 K_{ow} 大、解离作用强的农药，容易被土壤吸附。有机质含量高、代换量大、质地黏重的土壤，就容易吸附农药。农药吸附性能的强弱对农药的生物活性、残留性与移动性都有很大影响。农药被土壤强烈吸附后其生物活性与微生物对它的降解性能都会减弱。吸附性能强的农药，其移动与扩散的能力弱，不易进一步造成对周围环境污染。研究农药在土壤中吸附性能的方法有平衡振荡法和土壤柱淋洗法。

平衡振荡法是将一定体积的已知系列浓度的农药水溶液和一定质量的土壤混合，在恒定温度下进行振荡，其水与土的比例一般为 5∶1（体积与质量之比），水土比对测量结果有较大的影响，平衡振荡时间通过吸附动力学实验确定，一般 24h 可达到吸附平衡。供试农药须用纯品或标记农药，试验浓度最好不超过农药最大溶解度，对难溶于水的农药，可用少量有机溶剂助溶，用量不得超过 0.2%（体积分数）。测定土壤对农药的吸附等温线时，至少要用三种性质差异较大的代表性的土壤和四种不同的农药浓度，并要求提供土壤 pH 值、有机质含量、代换量、土壤质地等资料。平衡振荡法操作方便，是目前测定土壤对农药吸附作用较多采用的方法。

土壤柱淋洗法是将土壤装入土壤渗滤柱内，表层土壤中的农药可在流动下水的带动下或随重力向下渗滤，由于土壤对农药的吸附-解吸作用，农药在土壤中逐层分布，当农药溶液淋洗土壤柱至滤出液与流入液中农药的浓度相等时，则认为吸附-解吸达到了平衡，通过流出液的总量和总浓度就可以计算出平衡吸附量。该方法适用于较强吸附作用的实验，该方法能保持土壤的团聚体，更接近于自然条件下土壤的形态，因此结果更接近实际，更为准确。但是土壤柱淋洗实验比较复杂，分析时间长。除了直接测定法外，也可用正辛醇/水分配系数法来间接粗略计算土壤对农药的吸附常数。

三、 实验材料

（1）供试药剂　吡虫啉原药。

（2）供试土壤　选用四种不同质地或采集地不同的土壤，风干后粉碎，过 60 目筛备用。

四、 实验方法

1. 药液配制

将吡虫啉原药用丙酮配制成 $1000\mu g/mL$ 母液，然后用 0.01mol/L $CaCl_2$ 水溶液配制成六个浓度：$0.1\mu g/mL$、$0.5\mu g/mL$、$1.0\mu g/mL$、$2.0\mu g/mL$、$5.0\mu g/mL$、$10.0\mu g/mL$。

2. 吸附平衡

称取 10g 土壤样品于 100mL 的三角瓶中，加入含不同浓度农药的溶液 50mL，将瓶塞塞紧，摇匀，放在恒温振荡器上，在（25±1）℃下振荡 24h，振毕，将土壤悬浮液转移到离心管中，以 4000r/min 的速度离心 15min，上清液经微孔滤膜过滤后，即为平衡水溶液。

3. 提取方法

取 20mL 的平衡水溶液，用 30mL×3 二氯甲烷萃取，萃取液经无水硫酸钠干燥后，于旋转蒸发仪中浓缩至微干，然后用氮气吹干，用乙腈定容到 2mL，供 HPLC 分析，3 次重复。

4. 色谱试验

用浓度为 $0.3125\mu g/mL$、$0.625\mu g/mL$、$1.25\mu g/mL$、$2.5\mu g/mL$、$5.0\mu g/mL$、$10.0\mu g/mL$ 的吡虫啉水溶液进行标准曲线的测定和土壤吸附试验，测定得到土壤中吡虫啉的含量。

五、 实验结果

线性模型、Freundlich 模型是对有机物吸附进行描述的两大数学模型，大多数有机物的吸附都符合这些模型。

1. 线性模型

$$c_s = Kc_e + c_0$$

式中　　c_s——平衡时吸附土壤上的农药浓度，mg/kg；

　　　　c_e——平衡时水相中的农药浓度，mg/L；

K——土壤吸附常数；

c_0——溶液平衡浓度为 0 时的土壤吸附量，mg/kg。

c_s 可通过下面公式计算得到：

$$c_s = \frac{(c_0 - c_e)\,V}{W}$$

式中　c_0——吡虫啉溶液的初始浓度，mg/L；

　　　V——溶液体积；

　　　W——土壤质量，kg。

2. Freundlich 模型

$$c_s = K_f c_e^{1/n}$$

式中　c_s——平衡时吸附土壤上的农药浓度，mg/kg；

　　　c_e——平衡时水相中的农药浓度，mg/L；

　　　K_f——土壤吸附常数；

　　　$1/n$——吸附经验常数。

将上式两边取对数可以得到 Freundlich 模型的线性表达式：

$$\lg c_s = 1/n \lg c_e + \lg K_f$$

从该式可以看出，若用 $\lg c_s$ 对 $\lg c_e$ 作图为一直线，则可以由该直线的斜率求得 $1/n$，由该直线的截距求得 K_f。

根据试验测得的数据，进行线性模型和 Freundlich 模型的拟合，根据拟合曲线，计算出 K、c_0、$1/n$、K_f。

六、思考题

在农药土壤吸附系数的测定中有哪些注意事项？

实验20　农药的土壤淋溶作用的测定

一、目的与要求

学会测定农药在土壤中淋溶性的方法。

二、实验原理

农药淋溶作用是指农药在土壤中随水垂直向下移动的能力，是污染物在水与土壤颗粒之间吸附-解吸或分配的一种综合行为。土壤淋溶可分为两种方式，一种是农药随水通过均匀的土壤介质向下渗透，这种情况较常见；另一种是农药随水通过土壤裂隙或植物根际及蚯蚓洞等大孔隙而淋溶至土壤下层，这种情况只是当漫灌式浇灌或下大雨时出现。影响农药淋溶作用的因子与影响农药吸附作用的因子基本相同，恰好成反相关关系，一般来说，农药吸附作用愈强，其淋溶作用愈弱。另外与施用地区的气候、土壤条件也关系密切，在多雨、土壤沙性的地区，农药容易被淋溶。农药淋溶作用的强弱，是评价农药是否对地下水有污染危险的重要指标。

农药在土壤中迁移的研究方法有土壤薄层色谱法、柱淋洗法、渗漏计法等，实验室内一般采用土柱淋洗法和土壤薄层色谱法。

（1）土壤薄层色谱法　试验时最好用标记农药或农药纯品，至少要用四种不同性质的土壤，常用的有沙土、沙壤、粉沙壤、黏壤，最好是取代表性的主要地区的土壤做试验。测定方法与一般的薄层色谱法相似，是用土壤作载体，用水作流动相。根据土壤薄层色谱法得到的 R_f 值的大小，将农药的淋溶性划分为五个等级：极易移动 $0.90\sim1.00$，可移动 $0.65\sim0.89$，中等移动 $0.35\sim0.64$，不易移动 $0.10\sim0.34$，不移动 $0.00\sim0.09$。

（2）柱淋洗法是指将已风干、过筛后的土样或直接从田中采集的原土装于柱中，在上端加一定量的供试农药，再用一定量的水，按一定的速度淋洗，收集淋出水测定其中的农药含量。淋洗结束后，将土柱分段采样测定其中的农药含量。根据农药在土柱中及淋出水中的分布情况，评价农药在土壤中的淋溶特性。试验时可模拟农药使用地区的气温与降雨条件，并提供土壤 pH、有机质含量、代换量、土壤质地等资料。

（3）渗漏计法　主要用来研究大田中农药淋溶迁移的情况，它是指将一由不锈钢制成的钢套直接插进大田土壤中，制成原状土柱，利用供水装置将水均匀喷布土柱表面，定期收集不同深层的水样和土样，测定其中的农药含量。此方法可较真实地反映农药在大田中淋溶的实际情况，目前在国外多采用此法。

三、实验材料

（1）供试药剂　吡虫啉原药。

（2）供试土壤　采集在 $0\sim20cm$ 深度的四种不同的土壤，风干后粉碎，过 60 目筛备用。

四、土壤薄层色谱法

1. 土壤薄层板的制备

称 10g 土壤加一定量的蒸馏水调成稀泥浆，全部倒在 $20cm\times7.5cm$ 的玻璃板上，涂布均匀，厚度 $0.75\sim1.0cm$，薄板在室温下放置 24h 晾干。

2. 点样

供试农药用丙酮配成试验浓度为 5000mg/L 的溶液，取 0.5mL 直接点在制好的土壤薄板下端 2cm 处，待溶剂挥发后放入展缸中。

3. 展开

以蒸馏水为展开剂，薄板倾斜度约为 35°，板底端淹水 0.5cm 左右，在室温下展开。当展开剂到达薄板前沿 18cm 处时，取出薄板，在室温下干燥 24h，先按 1cm 的间隔分 2 段，其余的按 2cm 的间隔，分段刮板取薄层土壤，供分析测定。

4. 土壤的提取

将分段刮板取的薄层土壤加入到 100mL 的三角瓶中，用 20mL 的二氯甲烷萃取三次，合并提取液，无水硫酸钠干燥，浓缩，定容至一定体积。

5. R_f 值的确定

将上步中各段的浓缩物用丙酮定容到 0.1mL，用微量注射器吸取 5μL 丙酮溶液，滴加在 GF_{254} 型的高效薄层色谱板上（所用的样点都加在一张薄层板上），选用合适的有机溶剂为展开剂展开，并有吡虫啉标准品的对照样点。然后在紫外分析仪下观察样点的大小与颜色的深浅，或用紫外薄层扫描仪确定每个样点的大小。最大的样点即对应着土壤薄层色谱吡虫啉的移动位置，由此可确定吡虫啉的移动距离，计算得到 R_f 值。也可采用高压液相色谱测定各部分土壤中的农药含量，来确定吡虫啉的位移中心。

五、实验结果

根据上面得到的 R_f 值来评价吡虫啉在不同土壤中的移动性能。

六、 思考题

有哪些方法可用来确定药剂在土壤薄层中的位移中心？

实验21　自我设计实验一

选取一种新农药，设计实验来评价其对一种非靶标生物的安全性。

实验22　自我设计实验二

选取一种新农药，设计实验来测定其环境行为的水溶性、正辛醇/水分配系数、土壤吸附性、土壤淋溶性中的一种，并对该农药环境安全性进行相应的评价。

参考文献

[1] 吴世晖. 中级有机化学实验 [M]. 北京：高等教育出版社，1986：1-3.

[2] 王利民. 精细有机合成新方法 [M]. 北京：化学工业出版社，2004：383-449.

[3] Miller J A Neuzil E F 著. 现代有机化学实验 [M]. 董庭威译. 上海：上海出版翻译公司，1987：319-324.

[4] 唐除痴. 农药化学 [M]. 天津：南开大学出版社，1998：252-254.

[5] 陈万义. 农药生产与合成 [M]. 北京：化学工业出版社，2000：6.

[6] 孙传经. 气相色谱分析原理与技术 [M]. 北京：化学工业出版社，1993.

[7] 傅若农. 色谱分析概论 [M]. 北京：化学工业出版社，2002.

[8] 赵欣昕，侯宇凯. 农药规格质量标准汇编 [M]. 北京：化学工业出版社，2002.

[9] [美] 施奈德 L R，格莱吉克 J L，柯克兰 J J. 实用高效液相色谱法的建立 [M]. 王杰，赵岚峰，王树力，丁浩译. 北京：科学出版社，2000.

[10] 许国旺. 现代实用气相色谱法 [M]. 北京：化学工业出版社，2004.

[11] 刘虎威. 气相色谱方法及应用 [M]. 北京：化学工业出版社，2000.

[12] 杜斌. 现代色谱技术 [M]. 郑州：河南医科大学出版社，2002.

[13] 冷士良. 精细化工实验技术 [M]. 北京：化学工业出版社，2005.

[14] 王大宁，董益阳，邹明强. 农药残留检测与监控技术 [M]. 北京：化学工业出版社，2006.

[15] 宋航. 制药工程专业实验 [M]. 北京：化学工业出版社，2005.

[16] 王晶，王林，黄晓蓉. 食品安全快速检测技术 [M]. 北京：化学工业出版社，2005.

[17] 宋航. 制药工程技术概论 [M]. 北京：化学工业出版社，2006.

[18] 吴烈钧. 气相色谱检测方法 [M]. 北京：化学工业出版社，2005.

[19] 李浩春. 分析化学手册第五分册 气相色谱分析 [M]. 北京：化学工业出版社，1999.

[20] 凌世海. 固体制剂，农药剂型加工丛书 [M]. 第3版. 北京：化学工业出版社，2003.

[21] 郭武棣. 液体制剂，农药剂型加工丛书 [M]. 第3版. 北京：化学工业出版社，2004.

[22] 邵维忠. 农药助剂，农药剂型加工丛书 [M]. 第3版. 北京：化学工业出版社，2003.

[23] 刘步林. 农药剂型加工技术 [M]. 第2版. 北京：化学工业出版社，1998.

[24] 中国农业百科全书总编辑委员会农药卷编辑委员会. 中国农业百科全书-农药卷 [M]. 北京：农业出版社，1993.

[25] 刘长令. 世界农药大全——除草剂卷 [M]. 北京：化学工业出版社，2002.

[26] 刘长令. 世界农药大全——杀菌剂卷 [M]. 北京：化学工业出版社，2006.

[27] 农业部农药检定所. 农药电子手册，2008.

[28] 汪世泽. 昆虫研究法 [M]. 北京：农业出版社，1993：193-195.

[29] 慕立义. 植物化学保护研究方法 [M]. 北京：中国农业出版社，1994.

[30] 陈年春. 农药生物测定技术 [M]. 北京：北京农业大学出版社，1992：78-81.

[31] 吴文君. 植物化学保护实验技术导论 [M]. 西安：陕西科学技术出版社，1988.

[32] 黄彰欣. 植物化学保护实验实习指导 [M]. 第3版. 北京：农业出版社，1993.

[33] 陈万义. 新农药的研发——方法·进展 [M]. 北京：化学工业出版社，2007.

[34] 方中达. 植病研究方法 [M]. 北京：农业出版社，1979.

[35] 杜冠华. 高通量药物筛选 [M]. 北京：化学工业出版社，2002.

[36] 农业部农药检定所生测室. 农药田间药效试验准则（二）[M]. 北京：中国标准出版社，2000.

[37] 深见顺一，上杉康彦，石塚皓造，富沢长次郎编. 农药实验法——杀菌剂篇 [M]. 李树正，王笃枯，焦书海，程天恩，刘品贤译，北京：农业出版社，1991.

[38] 郭敦成. 农药毒理及其应用 [M]. 武汉：湖北科学技术出版社，1987.

[39] 吴文君. 农药学原理 [M]. 北京：中国农业出版社，2002.

[40] 赵善欢. 植物化学保护 [M]. 第3版. 北京：中国农业出版社，2000.

[41] 林孔勋. 杀菌剂毒理学 [M]. 北京：中国农业出版社，1995.

[42] 黄建中. 农田杂草抗药性 [M]. 北京：中国农业出版社，1995.

[43] 蔡道基. 农药环境毒理学研究 [M]. 北京：中国环境科学出版社，1999.

[44] 孟紫强. 环境毒理学基础 [M]. 北京：高等教育出版社，2003.

[45] 惠秀娟. 环境毒理学 [M]. 北京：化学工业出版社，2003.

[46] 刘维屏. 农药环境化学 [M]. 北京：化学工业出版社，2006.

[47] 李顺鹏. 环境生物学 [M]. 北京：中国农业出版社，2002.

[48] 国家环境保护局. 化学农药环境安全评价试验准则，1989.

[49] 孙家隆. 现代农药合成技术 [M]. 北京：化学工业出版社，2011.

[50] 孙家隆. 农药化学合成基础 [M]. 北京：化学工业出版社，2013.

[51] 钱传范. 农药残留分析原理与方法 [M]. 北京：化学工业出版社，2011.

[52] 庞国芳. 农药残留高通量检测技术：第二卷动物源产品 [M]. 北京：科学出版社，2012.